科學怪人

MIT麻省理工學院出版社「特別註解版」

瑪麗・雪萊——著　黃佳瑜——譯

Mary Shelley

FRANKENSTEIN

ANNOTATED FOR SCIENTISTS, ENGINEERS, AND CREATORS OF ALL KINDS

大衛・古斯頓、艾德・芬恩、傑森・史考特・羅伯特
——編

Courant 08

Courant 書系總序

——楊照

進入二十一世紀，「全球化」動能沖激十多年後，我們清楚感受到最快速、最複雜的變化，其實發生在觀念的交流與纏捲上。來自不同區域、不同文化傳統、不同生活樣態的各種觀念，在「全球化」的資訊環境中無遠弗屆到處流竄，而且彼此滲透、交互影響、持續融會混同。面對這些新的、雜混的觀念，每個社會原本視之為理所當然的價值原則，相對顯得如此單純無助，失去了穩固的基礎，變得搖搖欲墜。

我們不得不面對這樣的宿命難題。一方面「全球化」瓦解了每個社會原有的範圍邊界，擴大了社會的互動領域，因而若要維持社會能夠繼續有效運作，就需要尋找共同價值，讓大家能在共同價值的追求下，發揮集體力量。但另一方面，現實中與價值觀念相關的訊息，卻正在急遽碎裂化。不只是觀念本身變得多元複雜，就連傳遞觀念的管道，也變得越來越多元。一種管道聚集一種人群，也就同時形成了一道壁壘，將這群人和其他人在觀念訊息上區隔開來。

過去形塑社會共同價值觀的兩大支柱，最近幾年都明顯失能。一根支柱是教育，共同的教育內容讓大家具備同樣的知識，接受同樣的是非善惡判斷標準。然而在世界快速變化的情況下，臺灣的教育完全跟不上步伐，只維持了表面的權威，孩子還是不能不取得教育體制所頒給的學歷證書，但骨子裡落後僵化的內容則和現實脫節得越來越遠，以至於變成了純粹外在、形式化的過程，無法碰觸到受教育者內在深刻的生命態度與信念。

另一根支柱是媒體。過去有「大眾媒體」，大量比例的人口看同樣的報紙或廣播、電視內容，流行的名人、現象、事件，可以藉由「大眾媒體」的傳播進入每個家戶，也就會從中產生主流的是非善惡判斷標準。現在雖然媒體還在，「大眾」性質卻瓦解了。媒體分眾化，在接收訊息上每個人都多了很大的自由，高度選擇條件下，每個人所選的訊息和別人的交集也就越來越少。於是賴以形成社會共同價值的共同知識都不存在了。

在特別需要冷靜判斷的時代，偏偏到處充斥著更多更強烈的片面煽情刺激。以前所說的「潮流」，一波一波輪流襲來的思想與觀念力量，現在變成了湍急且朝著多個方向前進的奔流、狂流。當下迫切需要的，因而不再只是新鮮新奇的理論或立場，而是要在奔流或狂流中，尋找出一塊可以安穩站立的石頭，讓我們能夠不被眩惑、不被帶入無法自我定位的漩渦中，居高臨下看明白周遭的真切狀況。

這個書系選書的標準，就是要介紹一些在訊息碎裂化時代，仍然堅持致力於有系統地將訊息整合為知識的成果。每一本納入這個書系的書，都必然具備雙重特性：第一是提出一種新的思想見地或主張，第二是援用廣泛的訊息支撐見地或主張，有耐心地要說服讀者接受乍看或許會認為突兀、激進的看法。也就是說，書裡所提出來的意見和書中鋪陳獲致意見的過程，同等重要。因而閱讀這樣的書，付出同樣的時間，就能有雙重的收穫——既吸收了新知，又跟隨作者走了一趟扎實的論理思考旅程。

導讀

楊照（Courant書系選書人）

如何為一本已經有兩百年歷史的書籍慶生？

答案不是想辦法藉機大做宣傳，讓更多過去沒讀過這本經典的人都來讀，而是編輯一個特殊的版本，刻意縮小目標，特別針對一群人，希望他們能因此受吸引，不只來讀這本書，而且以這本書當作討論的基礎、連結來思考現實。也就是不追求更多人來讀，而是追求讓讀的人可以得到更深刻的滿足與體會。

這本有兩百年歷史的書，是全世界最早的科幻小說——瑪麗·雪萊所寫的《科學怪人》。特別選定的對象，是學習理工科、可能以「科學」作為職業與志業的年輕人。希望他們能得到的深刻滿足，不是將這本書當作小說，而是挖掘出內在對待科學的一些恆常、絕不過時的關懷。

這關懷很簡單，也很直接：如果不要製造出「科學怪人」？或更普遍地說：如何避免讓你所從事的科學發明或發現，不是給人類帶來幸福，而是製造災難？這麼簡單、直接的問題，很不幸地，卻似乎在過去兩百年來，並未好好地受到重視，找到穩當的方式，放入大部分社會，包括台灣的科學教育裡。

我們很自然地視科學為一套既成的知識，要求學生盡快學習掌握，並且因為這套知識的歷史累積加上快速擴張，而特別鼓勵學生趕上進度，愈快愈好。接著我們灌注給學生科學進步的信念，期許他們學得了既有的，便該跨前一步，加入新創發明的行列，貢獻於科學知識的增加與更新。

如此的科學教育過程中，沒有時間停下來，更沒有時間從向前看改為向後省視。停下來檢驗一下，科學科技和人的關係究竟是什麼？在科學科技的發展中，是不是有什麼和人發生關係的原則，如何是好如何是壞，還有——如何是對的如何是錯的？向後省視一下，看看到目前為止，科學科技創造了什麼，又毀壞了什麼，在科學所建造的豐碑後面，藏了哪些、多少廢墟？

專科專業劃分的制度，使得學習科學科技的孩子，早早就和人文失去了連結，歷史、哲學、文學被他們看做是不相關的陌生領域，也沒有任何需要去接近、去理解。他們在科學上表現愈傑出，就愈是被鼓勵遠離人文，於是一個可怕的威脅始終如幽靈般盤旋在空中——取得了愈龐大的科學科技突破能力的人，愈是不在意、不思考科學科技會給人類個別或集體帶來的影響，甚至愈是失去了思考、想像的能力。

兩百年前，瑪麗·雪萊在《科學怪人》小說裡就點出了最根本的科學倫理原則。如果科學的重點在於創造出新的事物與現象，那麼科學家就是創造者，他就該為自己所創造出來的事物與現象負責。創造者（Creator）和受造物（Creature）之間的最強烈連結，是責任。無論是未曾認真思考責任便進行創造的人，或是刻意忽略、逃避對於受造物責任的人，都不是合格的科學家，都不應該被允許進行科學研究與創新。

因為他們不去想像在這個世界上多出一個新的事物或現象，會帶來什麼樣的可能後果。他們不關心人，不只是沒有將人的福祉擺在前頭，同時也在忽略中喪失了去同情地與他人連結的能力，這樣的態度不管出現在什麼樣的人身上，都會為自己與別人帶來災難，更何況是有本事藉由科學釋放自然能量的人！

瑪麗．雪萊鮮活地將她的警告訊息置放在巧妙的多重自述中。被創造出來的「怪人」向他的製造者維克多痛切自白遭遇、掙扎與仇恨，維克多又將這些內容以及自己的驚心動魄歷程，作為臨終告白，對在冰原上解救他的船長傾訴。這位前往極地冒險的船長再向家鄉令他思念的姊姊寫信，將他聽到的維克多與「怪人」的糾結故事忠實記載。

如此創造出來的效果，一方面使離奇的經歷都發為第一人稱的剖白，充滿感情的激動敘述有助於讀者放下懷疑，同情地領受故事；另一方面則凸顯了人類本能的需求——我們需要和別人產生關係，需要有別人來聽我們的故事，需要有人在乎我們的死活，作為人，我們必然不斷尋求可以讓我們投注感情、也會回應將感情投注在我們身上的其他人。如此對照出「怪人」的可悲，他被他的製造者維克多無情遺棄了，他的醜陋外貌激發人們最強烈的負面偏見，使得他接近不了任何人，他的孤獨如此耀眼、如此驚人。

不是那神祕的「生命元素」，不是軀體或器官，也不是人的外表，而是社會關係、社會紐帶，決定了人之所以為人。「怪人」渴求成為人，卻一直被剝奪和其他人建立社會關係的機會，於是他胸中燃起對於創造者的仇恨，發而為血腥的報復行為，釀造了悲慘的結局。

用這種方式，瑪麗·雪萊得以將科學與社會、人文在小說中密切結合起來，兩百年後仍然散放著令人難以抗拒的迷魅力量。也因此，兩百年後仍然是最理想的科學教育補充教材。

《科學怪人》在台灣早有多版譯本流傳，但這次放入Courant書系中的這本真的不一樣，不只是翻譯文字不一樣，還多出了不一樣的內容，召喚不一樣的閱讀方式。

這本書的註釋不是附隨的，不是可有可無的增添，而是和後面所列入的論文同樣，是主要的內容。每一條註釋都是由參與此計畫、特別關心人文與科學對話的學者，幾經討論後才特別寫出來的。因而讀這本書的方式，應該將每條註釋隨文詳細閱讀，註釋和本文同等重要，並且可以、應該藉由註釋的引導，形成讀者互動，追尋註釋中提示的觀念、主張，進行討論。

小說文本結束了，閱讀沒有結束，七篇論文是七支手電筒，從不同方向照亮不同角落，幫助讀者自我檢查——我有讀出、讀到這樣的訊息嗎？也推動讀者探究——我有自己的手電筒可以拿來照亮書中其他不一樣的角落嗎？

我們期待這本書在台灣真的能在理工科學生中流傳、閱讀，作為完整科學教育不應被忽略的一環。我們也期待愛讀小說的朋友，藉由這個版本重新認識《科學怪人》，不只是注意其情節緊湊、故事好看，而是能接觸到更深、更廣的生命與環境課題。

獻給山姆，感謝他的熱情與耐心（古斯頓）
獻給安娜以及我們心愛的小獸們，諾拉和德克蘭（芬恩）
獻給三名養得很好的小怪物：安妮卡、阿斯崔德及亞歷山大（羅伯特）

並以此紀念我們的朋友和好同事查爾斯·羅賓遜。

他的學識及慷慨對本書之問世功不可沒，正如前人對《科學怪人》的許多研究傳承一樣。我們希望藉由他離世前最後合作完成的這本書，讓他的知識、智慧及風度得以觸及新一代的讀者。

目次

論文

編者前言

大衛・H・古斯頓（David H. Guston）
艾德・芬恩（Ed Finn）
傑森・史考特・羅伯特（Jason Scott Robert）

《科學怪人》——瑪麗・雪萊關於創造與責任的不朽傑作——塑造了人類對科學樣貌及其道德後果的想像，沒有其他文學作品能出其右。《科學怪人》是一位十八歲少女在日內瓦湖畔過著浪漫而陰鬱的夏日假期時，為了回應一個講鬼故事「挑戰」而誕生的文學產物。這項挑戰是在略早於兩百年前發起的。瑪麗在故事中刻劃的科學怪人及其創造者，成了至今仍能激起讀者內心共鳴的比喻用詞。這些比喻詞和它們引發的想像，實實在在影響了我們面對新興科學與技術的態度、我們對科學研究過程的概念化思考、我們如何想像科學家的動機與道德掙扎，以及如何在科學研究的利益及其可預見和不可預見的陷阱之間權衡輕重。

全球將於二〇一八年一月一日慶祝《科學怪人》問世兩百周年，亞歷桑納州立大學（ASU）則將是這場頌揚文學、科學、藝術、想像與巧思力量的慶典樞紐。ASU的「科學怪人兩百周年計畫」是一項兼具建設性與智性的公開活動，旨在歌頌《科學怪人》對當代文化及科學研究的廣泛影響。有賴國家科學基金會的贊助（NSF資金編號1516684），我們與數十家博物館及其他協辦單位合作，針對《科學怪人》及其衍生作品，製作出由公民集展的電子版故事體驗，目的是要理解《科學怪人》對大眾想像力的刺激力量，並運用那份力量重新在科學家、技術研究員、學生和大眾之間掀起一場關於創造與責任的對談。我們希望這些對談能啟發人們更深刻地理解如何以負責任的態度管理科學與技術。我們相信《科學怪人》是一本能鼓舞讀者變得既深思熟慮又滿懷希望的書：這些對談能幫助所有人更明智地決定如何塑造並理解科學研究與技術創新，使其符合我們經過深思的價值觀與雄心壯志。

值此合成生物學、基因編輯、機器人技術、機器學習與再生醫學當道的時代，瑪麗・雪萊融合了科學、道德議題與文學表現的劃時代作品，為我們提供一個機會去反省大眾對科學的想像與理解，並思索如何把嶄新的科學和技術創新融入社會脈絡中。雖然《科學怪人》充滿著看似無限的人類創意帶來的激情，但它也促使讀者認真思考，當我們培育創造力的產物，並對人類改變周遭世界的能力設限時，應該承擔怎樣的個人與群體責任。鑽研《科學怪人》可以讓一般大眾——尤其是未來的科學家與工程師——思索科學的發展史以及人類未來的拓展能力，並且反思對於這類能力蘊含的責任，我們的觀念出現了怎樣的改變。

這部專為科學家及工程師編纂的評述版《科學怪人》——和書中的科學怪人一樣——是同類中的首創之舉，其構造與產物也同樣異常巨大。這個概念最早是我們在ASU英語系任教的同事卡吉莎·波狄尼（Cajsa Baldini）提出的。二〇一四年春天，我們其中兩人（古斯頓和芬恩）透過NSF贊助（NSF資金編號1354287）在ASU主持了一場座談會，探討可以成立哪些以《科學怪人》為核心的科學與社會學計畫，為評述版的骨架添上血肉。羅伯特負責記錄以充實評述版內容為目標的分組會議，與會人士包括波狄尼、歷史學家凱瑟琳·奧唐內爾（Catherine O'Donnell），以及來自ASU圖書館、當地高中與廣大民間的各界代表。接著，我們將《科學怪人》小說寄給科學、技術、工程、數學等理工科系的教授與學生閱讀，請他們指出有哪些關鍵用語和段落需要為高中到研究所的理工學生進行說明與闡釋。我們收到將近上千條建議！編輯工作就此如火如荼展開。

二〇一五年春，依舊靠著NSF贊助，我們邀集一小群顧問，共同商討加了註解的《科學怪人》平面印刷版與沉浸式電子版。其中一位大功臣是德拉瓦大學榮譽退休教授、全球頂尖的《科學怪人》權威查爾斯·羅賓遜（Charles E. Robinson）。羅賓遜嘔心瀝血地逐行編輯並訂正作者一八一八年發表的原始手稿，更慨然提供他的修訂版作為我們的核心文本。這次座談會讓我們強烈意識到這個評述版和之前各個版本不同的地方，後者多半著墨於小說的文學性或歷史重要性，把它視為浪漫主義或哥德式文學的代表。其他一些卷冊則側重《科學怪人》的科學或道德層面，或兩者兼而有之，但它們若非評論輯，就是以間接的方式探討這部小說。我們集結了原始文本、註解和各方專家撰寫的短篇論文，希望創造獨一無二的版本。原始文本、註解與論文並列，可以讓理工科讀者在維克多．法蘭肯斯坦、他的創造物，以及這篇關於創造與責任的精采故事即時對照下，對科學研究的道德與社會層面進行思辨式探索[1]。與其將焦點放在瑪麗．雪萊說對或沒說對哪些科學細節，我們的版本雖然稍微觸及這方面的議題，但我們強調的是關於科學研究、科學家的角色，以及科學創造力與責任間的關係等更宏觀的問題。

在維拉麗．米爾森（Valerye Milleson）、瑪莉．德拉戈（Mary Drago）和喬伊．埃施里奇（Joey Eschrich）等人一連串且偶爾大規模的平行協助下，我們爬梳了洋洋灑灑的註解建議清單，然後邀請、分配、蒐集、編輯、引申、刪簡、修改並合併各個註解，彙整出構成本書的大規模評述對談。我們也制定出必須仰賴較長篇論文深入探究的關鍵主題——包括創造力、想像力、怪物性、憂懼感、責任，以及性別在《科學怪人》[2]、科學和工程中的角色——然後委託ＡＳＵ乃至全美、甚至全球的權威學者及作家撰寫論文。我們相信，最後的成果是一個獨特的《科學怪人》版本，能夠在個人與專業認同發展的複雜過程，以及科學及科學家在這日新月異世界中的適當位置等議題上，激起深刻的跨領域討論。

……

在安排及編輯材料的過程中，我們無數次面臨風格與內容方面的決策。回想起來，最重大的決策或許是我們採用的稱呼慣例。首先，我們決定盡可能簡單地以瑪麗和維克多稱呼作者和她的故事主人翁。我們無意以如此親暱的稱呼貶低他們的地位，但我們確實希望拉近讀者和他們的距離。瑪麗開始將她腦中的故事付諸筆墨時，只有十八歲。維克多是個年輕人，基本上還在就學階段。從這個角度來看，他們更接近諸位讀者，和我們的差距反而比較大。我們希望讀者把他們視為同事、同學，或甚至朋友，而不是遙不可及的文學經典作家，以及她刻劃出的瘋狂角色。

從《創世紀》的作者到瑪麗本人，我們之前已有許許多多人認清，為事物命名，即是對事物施加某種程度的創造力量。因此，我們決定一致以「創造物」（the creature）稱呼維克多造出的生命。我們有許多理由，其中最重要的，是讓讀者自己決定（故事文本中經常出現的）「魔鬼」和（後人經常使用的）「怪物」等稱號是否恰當。在我們看來，「創造物」是個比較中性、更能說明情況，並且更符合教育意義的稱呼。

1 所謂「思辨」，我們指的是深入閱讀文本，並非只看到表面，而是探討深層的意義與理解。人文學科的學者經常把這種方法稱為「精讀」。我們所說的「思辨」不是「貶低」或「指摘」式的批評。事實上，你在本書中見到的思辨風格，其啟迪力量與樂趣是單純攻擊小說或突顯其缺陷所望塵莫及的。

2 關於這個角度的當代內容，可參考有線電視台《科幻新知》（*Prophets of Science Fiction*，2011）系列節目中，專門探討瑪麗．雪萊及《科學怪人》的一集。賣座科幻電影導演雷利．史考特（Ridley Scott）是這個系列節目的發想者、主持人兼執行製作人。

在此值得指出的是，我們如今使用「creature」這個詞的時候，多半指的是「生物」，忽略了這個詞原本更豐富的涵義。如今，我們把小鳥和蜜蜂稱為生物。顧名思義，生物即活生生的事物。我們今天把某件事物稱為生物時，很少想到這件事物是被創造出來的，因此抹煞了生物背後的造物主概念。同樣地，我們也丟失了「生物」這個詞的社會涵義，因為生物的存在並非單靠生物性（或魔力），還得靠社會。舉例來說，在當代電影《怪物》（*Victor Frankenstein*，2015）中，《哈利波特》的演員丹尼爾．雷德克里夫（Daniel Radcliffe）飾演的伊果（維克多的駝背助手，不存在瑪麗的小說中，而是舞台和螢幕上發明出來的角色）被維克多從馬戲團中解救出來。維克多治好他的駝背，把他視為助手，後來更當成實驗室的合作夥伴。維克多把他從低人一等的生命狀態中救拔出來，甚至為他取名「伊果」（因為怪胎秀裡的駝子沒有名字），使他成為值得受邀前往俱樂部和舞會、甚至受到美女青睞的英國紳士。伊果明白，就這一點而言，他是維克多的創造物，正如他明白自己的生活是從零中創造出來的。因此，為了彰顯「創造」的生物層面及社會層面——以及瑪麗的維克多沒有為他的創造物命名，因此剝奪了創造物的社會面——我們決定採用「創造物」這個稱呼。如此一來，瑪麗、維克多和創造物便構成了我們行文中的鐵三角。

我們也想指出，我們是三個有可能把瑪麗的作品視為己有的中年男子。雖然我們不可能為本書變性，但我們可以設身處地思索《科學怪人》遭遇的性別議題，提出來供我們自己和讀者深思。首先必須再次強調，雖然「科學怪人兩百周年計畫」是我們其中一人的點子，但本書的概念是我們的同事卡吉莎．波狄尼首先提出的。卡吉莎是ASU英語系的講師，在學術界的地位比我們脆弱（我們其中二人已獲終身聘書，另一人也有機會晉升終身職）。她和許多女性一樣，多了生兒育女的負擔，最終不得不將這項計畫轉交給我們。若非她的創意火花，這項計畫不可能存在，我們感謝她給予的祝福，也感謝她願意讓我們代替她完成這項工作。

某些讀者——尤其是習慣了相對優越地位的白人男性——可能很難體會，作為一個年輕女孩，沒有錢也沒有家人支持（除了幾乎和她一樣處於社會邊緣的丈夫，詩人珀西．比希．雪萊），瑪麗要撰寫和出版這本書，過程有多麼艱難。一八一八年問世的小說初版並沒有列出作者姓名，某些評論家和讀者假定珀西是故事背後的真正創作者。知道真相的幾位評論家大為震驚。《英國書評》將它在文中看見的瑕疵歸咎於作者的性別，在書評結尾狠狠地抨擊：「據我們所知，本書作者是個女人，這無疑加劇了本書顯著的缺陷。但如果我們的女作家忘了她的性別應有的溫婉，我們也沒理由心慈手軟。因此，我們摒棄這部小說，不必多作評論。」（〈科學怪人書評〉；一八一八）。瑪麗經常因為她的性別與不符合常規的選擇而受人摒棄，這不過是其中一個例子。

我們也可以談談瑪麗值得我們學習之處，因為如果不承認她的文章，以及她的文章遺留給後人的財產與成果、其錯綜複雜與清澈眼界所洋溢的才華，就跟維克多不承認他的創造物擁有智力一樣錯得離譜——只除了我們是瑪麗的創造物，而不是顛倒過來。作為大學老師，我們知道（但有時沒有表達出來）學生可以教會我們許多東西。我們不想讓人誤以為我們在為瑪麗製造光環，相反地，我們希望清晰而有力地將瑪麗呈現在讀者面前。這項行動有賴承認瑪麗不僅是個有趣的作家，也是個強大的思想家；但願透過邀集的論文與註解，我們做到了這一點。她的雙親——因生育瑪麗而死的女權主義哲學家瑪麗．吳爾史東克拉芙特，以及同樣激進的政治哲學家威廉．戈德溫——為她提供了原材料。父親對她的嚴格教育，令人聯想起十九世紀的其他幾位虎爸，包括詹姆斯．彌爾（James Mill）。彌爾對其子約翰．史都華．彌爾（John Stuart Mill）的嚴格教育，使得後者歷經一次精神崩潰，才終於成為超越父親的政治理論家。瑪麗並未變得內向焦慮，相反的，她扭轉了性別角色，變得外向而叛逆。十六歲的瑪麗隨著珀西從英國私奔到歐洲大陸，不久後回家，卻再度出逃，投入這趟令她蘊生《科學怪人》靈感的旅行。瑪麗嗑藥（服用粉狀的鴉片酊），還懷了有婦之夫的孩子；如果她出現在ASU或其他學校，肯定會被貼上「高風險學生」的標籤，成了輔導的目標對象。

而她面臨的風險極其巨大。瑪麗動手寫《科學怪人》時，已經當上了母親、也失去了一個孩子。一八一五年二月，小克萊拉提早兩個月降臨人世，卻在兩週後夭折，令瑪麗哀痛欲絕。瑪麗後來寫下她做了一場「清醒夢」，為她激發了《科學怪人》的靈感。在這場夢中，瑪麗把嬰兒克萊拉抱到火爐邊起死回生，並且照顧她直到她恢復健康。瑪麗最終生下四名子女，卻親手埋葬了其中三人。終其一生，生產與死亡始終密不可分。《科學怪人》中的父母職責主題，以及失去的創造物與死去的孩子，全是瑪麗的內心經歷。對於作者而言，《科學怪人》是一篇有切身之痛的鬼故事；這是這部小說的許多面向之一。

《科學怪人》出版後，瑪麗的生活或許變得更加艱難。她失去了另外兩個孩子，主要是因為她為了追隨摯愛的珀西，帶著孩子們在大半個歐洲顛沛流離。然而她也失去了珀西；他在義大利溺斃，年僅二十九歲。在瑪麗的時代，韌性較差的女主角或許會親手結束自己的生命，隨著珀西奔赴黃泉。但瑪麗撐過來了。正如我們折服於她的智力，她的韌性和情感力量也令人驚嘆不已[3]。

性別與邊緣化的議題在本書收錄的許多篇論文中浮現出來，尤其是學者安・麥勒與小說家伊莉莎白・貝爾的來稿。我們同意，唯有瑪麗以其切身經驗與智慧，才能寫出如此深刻的《科學怪人》。事實上，即便在揭露瑪麗是本書作者之後，瑪麗的作者身分仍持續遭到質疑。後來的評論家推測這篇故事其實出自珀西之手，彷彿瑪麗不可能寫出如此大作。當然，珀西確實功不可沒。但是如果你曾一覽存放在牛津大學博德利圖書館的手稿和校正本，並聽過布魯斯・巴克爾—班菲爾德（Bruce Barker-Benfield）對手稿中透露的蛛絲馬跡所做的精采講解（正如我們其中一人的經驗），你就可以看出她究竟是如何辦到的——愛與創意的動力在瑪麗作家之手的流暢弧圈，以及珀西插入的有稜有角的編輯評論中源源湧現。這本書是一位花了無數時間在母親墳前閱讀文學、哲學和歷史，在她與珀西私奔到歐洲時被父親切斷關係，並且在十七歲之齡就失去孩子的年輕女性的偉大成就。在她之前或之後，沒有其他人能寫出這部結合了淵博知識、深刻道德觀和強烈個

3 跨越幾世紀後要理解瑪麗・雪萊，其難度在巴肯博物館發起、並於館內表演的一場獨白戲中活靈活現地呈現出來。坐落於明尼亞波里斯市的巴肯博物館，是一所小型博物館，專門以厄爾・巴肯（Earl Bakken）啟發的電學與磁學研究史為主題。巴肯先生是一項最具科學怪人色彩的技術——電晶體心律調節器——的發明者。我們在二〇一四年五月的研討會中，欣賞了由唐・克茲克芙斯基・布洛迪（Dawn Krzykowski Brodey）演出的獨白。

人經驗的《科學怪人》。

……

我們也認為有必要提出論點，將瑪麗、維克多和科學怪人推上現代科學與技術的討論核心。誠然，能夠投入研究英語世界最具影響力、最常被指定閱讀（甚至受到最多人閱讀），並激發了如此眾多高雅與低俗文化表達的小說，是我們的一大榮幸。這部小說的豐饒，透露了這篇故事的重要性：《科學怪人》絕非一篇反科學的文章，科學家和工程師不需要懼怕它。瑪麗犀利的筆鋒並非指向維克多從事的科學內涵，而是他追求科學的方法。這個批判目標和大多數科幻小說——瑪麗無疑是這個文學類型的開山功臣——如出一轍，特別是那些帶有反烏托邦色彩的作品[4]。我們可以選擇將焦點放在這篇故事的警世意味，或者放在能啟發學生相信自己可以做得更好的部分，幫助他們成為有創意、肯負責的思想家、製造者、研究員和公民。

從瑪麗的時代以來，科學與技術在社會上越來越普及（我們不打算爭論哪一個社會變化較快——是瑪麗那個採用蒸汽動力的時代，還是我們這個擁有太陽能、核能和電腦的時代）。在瑪麗的先見之明即將邁入第三個世紀之際，我們為或許是有史以來最具滲透性的科學與技術研究開啟了大門：透過合成生物技術設計並創造活的有機體、透過氣候工程設計並創造全球性系統，並且將電腦的力量與流程融入全球社會的每一個層面，甚至融入人類生命的肌理。這些技術的規模與材料雖然天差地別，但都具有普羅米修斯式色彩。它們分別將人類最新的巧思和造福廣大人群的決心融入自然流程中，但也各自具備真實的、甚至關乎生存的風險，這些風險在人類反覆展現巧思與決心的漫長歷史中早已有跡可循。然而，從風險與利益的角度思索合成生物學、氣候工程學以及無孔不入的電腦，無疑掩蓋了有關價值觀與政治的關鍵問題：誰有權力決定科學研究與發展的日程表？誰有權力決定我們應該設法解決哪些問題或重大挑戰？誰有權力決定我們如何解決它們（或克服它們或應付過去）？誰有權利分享利益？他們是我們在解決眼前問題時，承擔了風險的同一群人嗎？

凡此種種問題，是瑪麗．雪萊的《科學怪人》這部不朽傑作的一部分。在此，我們帶給你本書的全新評述版，希望藉此增進我們的集體認識，並且有意識地創造出適合每個人生活、甚至能讓每個人成長茁壯的世界。

4　科幻小說與社會更宏偉的未來觀之間的關係，是我們其中一人（芬恩）在ＡＳＵ的科學與想像中心的研究工作核心。該中心的宗旨，是要探索並拓展我們對未來各種可能性的集體想像力，尤其強調創造力與責任之間的關係。

致謝

若非朋友與同事們孜孜不倦的付出、睿智的建議和強大的腦力，本書不可能存在。

我們感謝以下讀者不辭辛勞地指出原書需要註解的段落：亞歷桑納州立大學的Cristi Coursen、Mary Feeney、Steve Helms Tillery、Gary Marchant和Clark Miller，以及西北大學的Stephanie Naufel。

亞歷桑納州立大學在二〇一四年四月舉辦「科學創造力與社會責任跨領域座談會」，會中首度討論了這本書的藍圖。我們要感謝每一位與會人士，同時感謝國家科學基金會的計畫專員Al DeSena以慷慨的資金和更慷慨的智慧支持這場座談會。我們尤其感謝最早提出本書概念的Cajsa Baldini（本書〈編者前言〉詳盡描述了Cajsa對這項計畫的珍貴貢獻），以及評述版工作小組的所有成員：亞歷桑納州立大學的Joshua Abbott、Brad Allenby、Joe Buenker、Jenefer Husman、Jane Maienschein、Catherine O'Donnell和Jameson Wetmore，以及鳳凰城生物科學高中的Deedee Falls。

二〇一五年五月，我們在ＡＳＵ舉辦了第二次諮詢委員座談會，制定多項關於本項計畫目標和本書架構的重大決定。會中的對談確實對本書的形成起了決定性作用，幫助極大。我們感謝每一位諮詢委員給予淵博的知識、良好的脈動，以及敏銳的洞察：*Slate*雜誌的Torie Bosch、紐約公立圖書館的Elizabeth Denlinger、亞歷桑納州立大學的Karin Ellison和Erika Gronek、Neologic實驗室的Kate Kiehl和Corey Pressman，以及德拉瓦大學的Charles E. Robinson。

特別感謝林肯應用倫理學中心的前任博士後研究員、臨床倫理學領域的深刻思想家Valerye Milleson，她細心又活力十足地呵護這項計畫走過最初的階段。

在ＡＳＵ，文理學院院長Patrick Kenny，以及研究副校長兼知識事業發展中心主任Sethuraman "Panch" Panchanathan均給予我們機構性的支持，我們不勝感激。同時也感謝提供了各式協助的其他諸多人員，包括Sally Kitch、George Justice和Jim O'Donnell。

我們無限感激所有合作者，包括不及在此處備載的每一位人員。書中若有任何錯誤，全然是我們個人的疏失。

導言

查爾斯・E・羅賓遜（Charles E. Robinson）

在瑪麗・吳爾史東克拉芙特・雪萊（1797-1851）寫的這部小說中，維克多・法蘭肯斯坦（從未被稱作法蘭肯斯坦「博士」）拋下恬靜的童年生活和伊甸園般的日內瓦，赴外地上大學，研究最新的科學與醫療技術，創造出一個無名的怪物[1]，然後因為他的創造物殺了他的弟弟威廉、

1 在我之前發表的《科學怪人》論文中，我以「怪物」（the monster）稱呼維克多・法蘭肯斯坦的無名創造物，我認為那是書中給他的最貼切名稱——他另外還有「創造物」（creature）、「那東西」（Being）、「醜八怪」（wretch）、「惡魔」（devil）和「魔鬼」（daemon）等稱號。在這篇導言中，我遵照編輯的用詞，以「創造物」稱呼這個無名的「東西」，儘管稱呼他「創造物」的人會寬恕他的行動，而稱呼他「怪物」的人則會追究他的殺人罪責。瑪麗沒有為他命名，肯定是想強迫讀者對這個「創造物」進行道德評判。舉例而言，倘若我們稱呼他「daemon」，不見得會把他妖魔化，因為對瑪麗而言，「daemon」這個字不必然代表魔鬼（當然也不是Unix系統的一個執行程式），而是希臘神話中天堂與人世之間的使者，一種介於神與人之間的生命。由於沒有單一固定名稱，這怪物便有了一種能容納各種人性的普遍性。事實上，當這部小說一八二三年首度搬上舞台，瑪麗見到節目單上寫著由「T・庫克先生」飾演「——」，

妻子伊麗莎白和摯友亨利．克萊瓦爾，嘗盡追求知識的危險後果，備受煎熬。簡言之，《科學怪人》是一篇警世故事，如今首度由一所理工學院刊印出版，目的是教育STEM領域——即科學（science）、技術（technology）、工程（engineering）與數學（mathematics）——的學生（對於STEM這個縮寫中的M，有些讀者或許希望或需要以醫學（medicine）取代數學）。這個版本問世以前，《科學怪人》的編輯與出版始終是以人文科系的學生為目標讀者，這群學生同樣需要閱讀這部有關禁忌知識與扮演上帝角色的警世故事。為了囊括最大量的讀者，我們這個版本或許可以被定義為《科學怪人》的「STEAM版」，其中新添加的A代表藝術、設計與人文領域。

STEAM為分析《科學怪人》提供了一個起點，因為故事背景設定在一七九〇年代，當時，詹姆斯．瓦特（James Watt，1736-1819）大幅改良了蒸汽引擎，揭開工業革命的序幕，從而加速科學與技術以及十九世紀醫學與機械的發展[2]。新的蒸汽引擎為造紙及報紙印刷提供了動力，並透過蒸汽船及後來的火車，進一步促成商業的發展。這也是法國大革命風起雲湧的年代；有意為《科學怪人》故事情節編寫年表的人會發現，維克多是在一七八九年——巴士底監獄陷落的一年——負笈英戈爾施塔特大學，而在一七九三年——法國進入恐怖統治（Reign of Terror）[3]的一年——造出他的創造物。恐怖（和錯誤）是這兩場革命的產物；新革命時代的誕生令人心生畏懼，至今仍餘波盪漾，影響著我們的生活，而瑪麗的小說恰恰記錄了新革命時代的誕生造成的恐怖效果。

《科學怪人》為我們呈現一個充滿恐怖、陰影與黑暗的世界：我們頻頻在《科學怪人》的故事裡看見這三個字眼和它們的同義詞；也在根據這部小說改編的好幾百齣舞台劇和影視劇中，看見這三個詞彙的視覺畫面，其中最家喻戶曉的，就是布利斯・卡洛夫（Boris Karloff）飾演的脖子上插了螺栓的怪物；而當我們讀到有關生物複製、基因工程、科學怪食（Frankenfoods），以及二〇一五年九月發布的最新發現的法蘭肯病毒（Frankenvirus）等許許多多新聞報導時，更切身感受到陰影、黑暗與恐怖。這種種隱喻的源頭，全是一位名叫瑪麗・戈德溫的少女。一八一四年七月底，十六歲的瑪麗與已婚詩人珀西・比希・雪萊私奔到歐洲大陸；一八一六年六月中，她在日內瓦著手撰寫關於維克多及其創造物的小說，年僅十八；珀西的第一任妻子哈莉葉自殺身亡後，她於一八一六年十二月底與珀西在倫敦正式成婚；一八一七年四月或五月間以十九歲之齡完成她的小說，並在一八一八年一月出版，當時她二十歲。我們在整整兩百年後籌畫這部小說的STEAM版，紀念這位年輕女子不凡成就的兩百周年。

在此必須堅定地指出，瑪麗並非反對新科技的盧德主義者。事實上，或許是受到雙親——

她在寫給利・亨特（Leigh Hunt）的信上說，「以無名的模式替一個不可命名者命名，手法相當高明」（M. Shelley 1980, 1:378）。這也提醒了讀者，「命名」是一件具有象徵意義的行動，其中，命名者的地位高於被命名者；維克多沒有替他的「創造物」命名，由此便說明了他們之間的關係。

2 瓦特遺留給後世的諸多影響，包括我們今日稱為「瓦特」的功率單位名稱。

3 詳見羅賓遜 2016b 1:lxv-lxvi，尤其是安・麥勒和 Leonard Wolf 也引述過的 lxxv n. 46；以及羅賓遜 2016a。也請參考 Crook 1996 1:51 n。

瑪麗・吳爾史東克拉芙特（1759-1797）和威廉・戈德溫（1756-1836）——影響，她對科學事物抱持非常濃厚的興趣。吳爾史東克拉芙特是著名的政治哲學家兼女性主義者，在女兒瑪麗・戈德溫出生十一天後過世，但女兒藉由閱讀母親的著作而獲得滋養，包括《女教論》（*Thoughts on the Education of Daughters*，1787）以及較為知名的《為女權辯護》（*Vindication of the Rights of Woman*，1792）。吳爾史東克拉芙特在後面這本書中主張，那個年代的小學女學生應該跟同齡男童一樣操作簡單的「自然哲學」或科學實驗。瑪麗也間接透過父親得到科學教育。她的父親是一位著名小說家兼政治哲學家，許多著名作家和知識份子都是他們家的座上賓，包括科學家兼發明家威廉・尼科爾森（William Nicholson，1753-1815）。瑪麗小時候肯定見過在一八一〇年二月之前屢屢拜訪戈德溫的尼科爾森，應該也很熟悉他的著作，包括《化學基本原理》（*The First Principles of Chemistry*），以及他早年的教科書《自然哲學導論》（*Introduction to Natural Philosophy*）。根據威廉・聖克萊爾（William St. Clair）為戈德溫及雪萊等人撰寫的權威知名傳記，威廉・戈德溫仰賴尼科爾森為他提供「化學、物理、光學、生物學和其他自然科學的最新理論」，並且「向他請教科學方法」（[1989] 1991, 61）。

瑪麗和珀西・雪萊相遇後，得知他就讀伊頓公學時，曾在詹姆斯・林德（James Lind，1736-1812）醫生的鼓勵下進行科學研究。林德是月光社（Lunar Society）的成員，這個社團涵蓋了眾多知名科學家，包括詹姆斯・瓦特，曾發表《動物生物學》（*Zoonomia*，1794-1801；一部探討繁殖、發育、感官和疾病等議題的醫學哲學論文集）的醫生、詩人兼自然哲學家伊拉斯謨斯・達爾文（Erasmus Darwin，1731-1802），非國教派牧師兼政治運動家約瑟夫・普利斯特里（Joseph Priestley，1733-1804）。普利斯特里認識富蘭克林，並出版了《電的歷史與現前狀態》（*The History and Present State of Electricity, with Original Experiment*，1767）[4]。瑪麗必定也知道，一八一〇到一八一一年間，珀西曾在牛津建造他自己的引電風箏、運用電子儀器發出火花，並將電的「液體」貯存於萊頓瓶中：這些行動為《科學怪人》故事中維克多的父親阿方斯的電力實驗提供了素材。當時，倫敦經常舉辦化學與電子學講座，雪萊夫婦至少參加過其中一場。瑪麗在一八一四年十二月二十八日記錄，他們倆去了春園大會堂的「哲學娛樂講堂」，聆聽知名的熱氣球駕駛人兼跳傘家「加納林教授」的一場演講，講題是「電、瓦斯、熱氣球操縱法、幻象和水力活動」[5]。一八一六年六月，史上最冷的夏天，瑪麗在日內瓦聆聽拜倫勳爵與珀西高談闊論，兩人

4 這個版本的讀者若有興趣研究為《科學怪人》一書奠定了基礎的科學進展，不妨透過《牛津國家人物傳記大辭典》（大多數大學圖書館的線上資料庫都有提供）尋找這些以及其他十八世紀科學家的資料，並且上網透過Google Books和hathitrust.org閱讀他們的著作及其他文獻。

5 詳見M. Shelley 1987 I:56，以及刊登在一八一四年十一月八日《晨間郵報》（*Morning Post*）第二版第一欄的一則廣告。這裡說的「加納林教授」，指的可能是熱氣球駕駛家安德烈—雅克・加納林（André-Jacques Garnerin，1769-1823），但也可能是他的哥哥尚—巴蒂斯—奧立維爾・加納林（Jean-Baptiste-Olivier Garnerin，1766-1849）。許多網站和書籍誤讀瑪麗的日記，把這位演講者誤認為安德魯・克羅斯（Andrew Crosse）——例如Prior 2015。（值得注意的是，文學分析和科學論文一樣瀰漫著難以糾正的錯誤。）戈德溫在一八一二年初（一月二日、九日、十三日、十六日、二十日及二十七日）帶瑪麗去聽的演講，主題也可能是解剖學和化學——詳見Godwin 2012及http:// godwindiary.bodleian.ox.ac.uk/diary/1812.html。

談起人類有可能發現了「生命起源的本質」，也聊到了電療法和伊拉斯謨斯・達爾文的實驗，以及屍體死而復生的可能性[6]。一八一六年八月初，她為珀西製作了一顆氣球，並買了一副望遠鏡作為他的生日禮物[7]。短短幾個月後，在十月二十八日，她記錄自己熟悉漢弗里・戴維爵士（Sir Humphry Davy，1778-1829）的科學知識。她在一八一六年秋天草擬《科學怪人》的開頭幾章時，正在閱讀戴維所著的《化學哲學原理》（*Elements of Chemical Philosophy*，1812）[8]。

瑪麗動手寫《科學怪人》之前的兩年間，十之八九曾從珀西口中，聽聞兩位著名科學家針對生命定義的一場赫赫有名的生機論論戰。這兩位科學家是約翰・阿伯內西（John Abernethy，1764-1831）和他的學生威廉・勞倫斯（William Lawrence，1783-1867），兩人都是倫敦皇家外科學院的解剖學和外科教授[9]。珀西在一八一一年曾多次聽阿伯內西講課，而勞倫斯則是珀西的私人醫生[10]。此外，瑪麗在一八一二年六月一日和一八一三年三月五日陪同父親到以推動素食聞名的約翰・法蘭克・紐頓（John Frank Newton）[11]家中參加茶會時，至少曾見過勞倫斯兩次。勞倫斯與阿伯內西在一八一四年正式決裂：前者主張以唯物論解釋生命，阿伯內西則主張生機論，亦即用「某種『添加的』力量……某種堪比靈魂或電的『微妙、易變、不可見的物質』[12]」來解釋生命。勞倫斯與阿伯內西的論戰或許啟發了瑪麗，幫助她描繪維克多與英戈爾施塔特大學兩位教授之間的關係。英戈爾施塔特大學是實際存在於巴伐利亞的學術機構，研究範疇包括科學、人文與醫學等領域[13]。維克多一開始排斥「傳授自然哲學的克倫普先生」，後者對他熱衷於大阿爾伯特（Albertus Magnus，c.1193-1280）和帕拉塞爾蘇斯（Paracelsus，1493-1541）

等煉金術士的學問嗤之以鼻，然後推薦他閱讀自然哲學領域上的最新著作。維克多並不天真，但他對克倫普的負面觀感，主要是受到教授的長相所影響（長相是這部小說反覆出現的主題，表現在人們對畸形怪物的恐懼反應上）。正如維克多自己的解釋：「我早就知道教授嚴詞批評的那幾

---

6 一八一五年，印尼的坦博拉火山爆發，導致沼氣和火山灰覆蓋大氣層，造成史上最冷的夏天（請參考〈科學怪人之夏〉與〈阿爾卑斯山的冰海嘯〉，D'Arcy Wood 2014, 1-11, 150-170）。聚在拜倫的迪奧塔蒂別墅講鬼故事的人，包括瑪麗與珀西、二十八歲的詩人拜倫（1788-1824）、懷了拜倫之子的瑪麗的十八歲繼妹珍（克萊兒）・克萊爾蒙特（她只比瑪麗小一點），以及拜倫的私人醫生，年輕的約翰・威廉・波里道利（John William Polidori，1795-1821）。

7 詳見瑪麗在一八一六年八月一日到四日的日記，M. Shelley 1987, 121-122。

8 Garrett 2002, 24-25。瑪麗在一八一六年九月二十八至三十一日間閱讀戴維的《化學哲學原理》，她當時正在撰寫《科學怪人》。聰明的讀者或許可以試著在《科學怪人》中尋找戴維著作的痕跡。

9 若要深入理解唯物論和生機論，請參考本書收錄的論文——珍・梅恩簡及凱特・麥克寇德的〈改變中的「人類本質」概念〉。

10 詳見Bieri 2008、135、266、313、383-384。

11 紐頓當時剛剛出版了《回歸自然：為蔬食療法辯護》（*The Return to Nature, or, A Defense of the Vegetable Regimen; with Some Account of an Experiment Made during the Last Three or Four Years in the Author's Family*，[1811] 2015）。請注意，科學怪人是一個可以靠「橡實和漿果」維生的素食主義者。

12 M. Butler 1993a, 12-14引述了阿伯內西的話。也請見Marilyn Butler為牛津世界經典版的《科學怪人》寫的導言〈雪萊伉儷與激進科學〉（The Shelleys and Radical Science）。更多內容請參考Mellor 1987，以及本書收錄的麥勒的論文。另外也請參考Rushton 2016。

13 英戈爾施塔特大學的另一特點是一七七六年於此間成立的祕密革命組織光明會（Illuminati）。

位作家根本毫無價值。不過，我也提不起勁鑽研他建議的那幾本書。克倫普先生又矮又胖，聲音粗啞，長相醜惡，因此，我對這位老師沒有太大好感，也聽不進他的訓示。此外，我還瞧不起現代科學的實際運用。」

維克多一聽到華德曼先生（以珀西．雪萊伊頓公學時期的教授、和藹的林頓醫生為原型）述說科學的歷史，立刻改變了對現代科學的看法。當今絕大多數STEM學生也該聽聽這段講話：

> 沒過多久，華德曼先生進來了。這位教授和他的同事截然不同。他看上去大約五十來歲，容貌極其和藹親切……他首先簡單扼要地說明化學的歷史，以及不同的學者做出的各項改進，慷慨激昂地列舉諸位大發現家的姓名。然後他概述這門科學的現狀，解釋了許多基本的專有名詞。他做完幾項預備性的實驗，最後高聲頌揚現代化學，作為這堂課的句點。我永遠忘不了他的那一番話：
>
> 「這門學問的先師們，」他說，「許下了天花亂墜的諾言，卻從未兌現。現代大師則很少誇口；他們知道點石不可能成金，而長生不老藥不過是一種妄想。但這些現代科學家，儘管他們的雙手似乎生來就是要沾泥巴的，雙眼就是來盯著顯微鏡或熔爐的，然而他們的確製造了奇蹟。他們鑽進大自然的幽暗深處，揭示了她不為人知的神祕運作；他們衝上天際，探索

了宇宙的奧妙；他們也發現了血液的循環規律，以及我們所呼吸的空氣本質。他們獲得了新的力量，幾乎無所不能；他們可以控制雷電、模擬地震，甚至以無形世界本身的幻影來仿造那個看不見的世界。」

當天晚上，維克多上門拜訪華德曼，發現他的新導師格外親切友善：

他聚精會神聽我描述我的學習過程，聽到康留尼斯．阿格里帕和帕拉塞爾蘇斯的名字時，臉上不禁浮出微笑，但沒有像克倫普先生那樣露出鄙夷的神色。他說，「正是這些人不倦的熱情，為現代科學家奠定了知識的基礎。我們現在所知的事實，很大程度上是靠前輩們的努力才能公諸於世；他們留給我們一個比較簡單的功課，只需要將這些事實重新命名、分門別類就好。天才所做的努力，不論方向錯得多麼離譜，最後總會為人類帶來實實在在的好處，少有例外。」……我對他補充說，他的課消除了我對現代化學家的偏見，在此同時，我請他建議我去找哪些書看。

華德曼邀請維克多使用實驗室的儀器之前，對他說了一段值得二十一世紀STEM學生聆聽的話：

在自然哲學的領域中，化學是進步最大的一個分支，而且很可能會繼續出現新的進展。正因如此，我選擇以它作為專業的研究方向，但在此同時，我並未忽略科學的其他分支。如果一個人光閉起門來研究化學一門學問，他會是非常差勁的化學家。如果你想成為真正的科學家，而不只是小小的實驗人員，我建議你認真研究自然哲學的每一門學問，包括數學。

儘管瑪麗在小說中支持化學及自然哲學，但她明白科學可能遭到濫用，維克多沒有考慮後果、魯莽而自私的實驗就是明證。就連維克多都懂得自私和無私行為之間的區別。在他一開始與這部框架小說（frame-tale novel）[14]的敘事者——科學探險家羅伯特．華頓——的對話中，他拒絕透露他的祕密：「我不會誘導你誤入歧途，像我當年一樣，懷著滿腔熱情毫無防備地跌入萬劫不復的深淵。」維克多接著說：「就算你不聽我的勸，請至少記取我的教訓，引以為鑑：獲取知識何其危險，而比起不自量力、妄想成就一番偉大事業，一個以為自己家鄉就是全世界的人，又是何其幸福啊！」到了故事結尾，維克多在彌留之際對華頓提出類似的忠告：「你要在平靜的生活中尋找快樂，千萬別野心勃勃，即便那些看起來單純無害、只是想在科學與探索的領域中出人頭地的抱負也應該避免。我為什麼這麼說呢？我自己就是毀於這些雄心壯志，但是，可能還會有其他人步入我的後塵啊。」

雖然瑪麗似乎替無私與科學可以互相為用的未來留下了餘地，但這部小說的基本主張是認為科學既具有建設性，也可能具有破壞性。書中的科學怪人「發現了幾個流浪漢留下的篝火，篝火帶來的溫暖讓我高興得無法自已。我開心地把手伸向還沒燒完的餘燼，卻疼得大叫一聲，趕緊縮手。多麼奇怪啊，我心裡想著，同樣的東西竟會產生如此截然不同的效果！」[15]這段話突顯了知識的危險。瑪麗透過這部小說的副標題「現代普羅米修斯」，邀請讀者回想普羅米修斯的神話故事。泰坦族的普羅米修斯向奧林匹亞的宙斯盜火（火象徵知識），送給原始的、尚未開發理性的人類，結果為自己的行動嘗盡了苦頭。宙斯用鐵鍊將普羅米修斯——理性人的創造者——鎖在岩石上，每天派一頭禿鷹／老鷹去啄食他的肝臟／心臟，日復一日，周而復始。換句話說，知識能帶來遺憾，火則會造成痛苦；「普羅米修斯」這個名字的涵義（先見之明）帶有諷刺意味：維克多——這位「現代普羅米修斯」——缺乏先見之明，也沒有試圖理解他的造人行動會帶來怎樣的破壞性後果。雖然瑪麗沒有在她的故事中明言這則神話的必然結果，但普羅米修斯的弟弟伊皮米修斯（象徵「後知後覺」）打開了潘朵拉的盒子，將種種邪惡釋放到人間：現代的科技官僚決策實現了這則神話，衍生出DDT殺蟲劑、三哩島事件、車諾比事件，以及據二〇一六年二月一日英國報紙報導，英國政府准許幹細胞科學家進行基因編輯，不顧因道德議題未受重視而激起的反對聲浪。

---

14 框架故事（frame tale）基本上是一種說教手段：若由外而內，讀者之於華頓，正如華頓之於維克多，正如維克多之於科學怪人，正如科學怪人之於德萊西一家。若由內而外，則是德萊西教科學怪人，科學怪人教維克多，維克多教華頓，華頓教他姊姊瑪格麗特·華頓·薩維爾（注意她的名字縮寫為MWS），後者再教讀者追求知識會有什麼危險後果。

15 當科學怪人送柴薪給德萊西一家人、分擔他們的家務，後來卻在德萊西一家拒絕他之後焚毀他們的屋舍，瑪麗也傳達了相同的象徵意義。

普羅米修斯並非瑪麗在鋪陳主題時引用的唯一神話，更值得注意的是她多次援引內容涵蓋伊甸園和知善惡樹的《創世紀》。《科學怪人》一八一八年初版扉頁上的引言，就是擷取自約翰·彌爾頓著名的長篇史詩《失樂園》；這是科學怪人用來學習閱讀的書本之一。他有超強的學習能力；當他讀到亞當和夏娃受到撒旦誘惑，想和神一樣懂得區分善惡，因而吃了樹上的果實，被逐出天堂之外，他也「學得很快」。知識招來遺憾，並導致人類因驕傲自大的罪惡而墮落。細心的讀者會發現，當維克多遠赴大學研讀科學，他在日內瓦伊甸園般的童年生活便一去不返：他哀嘆失去了「故鄉」，正如科學怪人在學會說話這門「莊嚴神聖的學問」以及「文字的學問」之後哀嘆自己的損失：「知道的事情越多，心裡的憂傷就越深。啊！要是我永遠留在最初的那一片樹林，除了飢餓、口渴與炎熱之外，什麼也不知道、什麼也感覺不到，那該有多好！」[16]

對於知識的危險，維克多和科學怪人兩人說詞的異曲同工，讓我們不由得注意到本書的「分身」（doppelgänger）主題，其中，科學怪人的醜惡相貌，反射出其創造者維克多的醜惡心理。正如維克多本人對這段關係的描述：「我想著我把這個怪物丟進人群之中，賦予他意志與力量去逞凶行惡，正如他已經犯下的這起罪行。我簡直把他當成我自己的吸血鬼，猶如我自己的靈魂從墳墓中被釋放出來，被迫去摧毀我所珍視的一切。」假如人是依照上帝的形象塑造的，那麼科學怪人的外表依照其心理扭曲的創造者的形象來塑造，再恰當不過；維克多的頭腦或理性，毀滅了代表他的心靈或情感的伊麗莎白和克萊瓦爾：在一八三一年的版本中，伊麗莎白是他心靈圓滿所需的「活生生的愛神」，而在一八一八年及一八三一年的版本中，維克多都從克萊瓦爾身上「看到了從前的（更好的）自己」。下圖說明各個主要角色之間的象徵關係，有助於具體呈現維克多的內心衝突：

頭腦	羅伯特·華頓	維克多·法蘭肯斯坦	創造物（科學怪人）
心靈	瑪格麗特·華頓·薩維爾	伊麗莎白·拉凡瑟和亨利·克萊瓦爾	女創造物

當維克多毀滅了女創造物，科學怪人勢必要毀滅伊麗莎白和克萊瓦爾；事實上，這部小說在維克多造出科學怪人的那個晚上就「結束」了，其餘情節只是一五一十地呈現出維克多抹除心中之愛後的自我毀滅行為，並且以一個象徵他邪惡自我的分身殺害了伊麗莎白和克萊瓦爾，而這或許可以解讀為自殺。

《科學怪人》可以有各種不同的詮釋，這篇分析只是其中之一。維克多建造出醜惡的怪物，

16 第三則關於追求知識導致危險後果的西方神話，存在於柏拉圖的《會飲篇》（*Symposium*）。故事裡，阿里斯托芬為了闡述愛的定義，說了一則有關圓形且性完整（四手四腳）的原始人滾上奧林帕斯山半山腰，然後用多餘的附肢攀到山頂、闖入眾神領土的故事。諸神為了懲罰人類的放肆與傲慢，把人類從中間剖開。阿里斯托芬最後說，愛就是對回到原初那份完整與圓滿的渴望。瑪麗一直到一八三一年的版本才影射了這則神話，她讓維克多對華頓說：「我們是尚未雕塑成形的生命，如果一位比我們更睿智、更美好、更可親的人——朋友就該如此——沒有來幫助我們，使我們軟弱而有瑕疵的天性臻於完美，那我們只能算是半成品。我曾有個朋友（克萊瓦爾），他是世間最高尚的人，因此我有資格評論高貴的友誼。」（[1831] 2000, 38）瑪麗是在一八一八年幫忙謄寫珀西翻譯的《會飲篇》時認識了這則神話。

或許也可以解讀成政治學或政治哲學家創造出毀滅性的法國大革命，或者自然哲學創造出泯滅人情味的工業革命。然而，這部小說還可以有另一種解讀，也就是關於小說本身的創造：維克多把骨頭、肌肉、肌腱和其他身體部位縫在一起，組成了他的創造物；同樣的，瑪麗也將文字、畫面、象徵記號和標點符號連綴在一起，組成了她的小說。為了闡明這一點，她在一八三一年版的引言中，以生育作為隱喻——她「生出了這麼一個驚悚的構想」：「我將我這個可怕的孩子公諸於世，願它一路平安順遂。我對它的感情很深，因為它是我在幸福快樂的日子裡誕生的作品。」[17]

那些幸福快樂的日子，包含了一八一六和一八一七年間，她在撰寫這本書時和珀西．雪萊合作無間的日子——這樣的合作對求取科學新知至關緊要，這是STEM學生必須學習的一課。我曾在其他文章[18]概略提到，珀西曾潤飾瑪麗的小說、建議她從原來的短篇拓展成我們今天讀到的這部小說、在草稿空白處寫下某些情節的修改建議，並在進行最後修訂以便寄給出版商時，重寫了小說的部分結尾。他還建議她把原本分為三十三章的初稿，修改成份為二十三章的「修訂本」；這部小說七萬兩千字的篇幅當中，至少有五千字出自他的手筆。總而言之，瑪麗一八一八年一月一日首度發表的第一版小說，十分倚重珀西幫助她達成部分成就[19]。她在字裡行間含蓄地推崇克萊瓦爾的品格；這位曾遵照父親心願留在日內瓦的社會學家兼語言學家，後來為了求學離開家鄉，不料最後竟得扛起照顧維克多的責任；他為讀者提供了一個範例：克萊瓦爾追求的「學問」涉及他人，因此不像維克多在追求知識時那樣與世隔絕，閉門造車。正如維克多後來對他的形容：「克萊瓦爾！我摯愛的朋友！……他是『自然之詩』孕育的生命，他那顆敏銳的心，鍛造出他奔放熱情的想像力。」這段話很可能是珀西後來加進小說初印稿上的，而提及「想像力」（被心靈鍛造或指引的頭腦或理性），有助這篇導言畫下一個我但願具有啟發性的句點。

經過錘鍊的、具有創造性的想像力，始終是英國浪漫主義的關注核心。有關想像力的各種定義，或多或少涉及或源自柯立芝（Samuel Taylor Coleridge，1772-1834）的著作《文學傳記》（*Biographia literaria*，1817）中那篇著名而簡短的第十三章。他在文中直言：「第一級的想像力是人類一切知覺的活力與主要媒介……是在有限的心靈中，重現無限的自我所具有的永恆創造活動。」（[1817] 1907, 202）。正如從本體論的角度，上帝在渾沌之中創造或塑造了這個宇宙，而

17 這部小說包含許多關於生育的隱喻，例如法蘭肯斯坦在打造他的創造物期間，「因為過於勤奮而臉色蒼白，身體則因為足不出戶而變得羸弱憔悴」，在此，瑪麗用「confinement」表示他足不出戶，而這個字的另一個意思是分娩之前的短暫期間。另一個影射生育的例子，是華頓的故事前後說了兩百七十六天——即九個月的妊娠期。

18 詳見我的〈科學怪人年表〉（Frankenstein Chronology；Robinson 2016a, 1:lxxvi-cx），尤其是一八一六年六月十五日到一八一七年十月二十八日間的條目。這份年表可以在線上的雪萊—戈德溫檔案館查到，網址是http://shelleygodwinarchive.org。讀者也可以在這個檔案館中看到雪萊夫婦的親筆手稿，包括這部小說的初稿和修訂本。不過讀者須注意，這些手抄的紙頁欠缺精裝版的整齊編排，也少了大量註腳。有關他們兩人的合作的最新論文，請參考Robinson 2015。珀西對瑪麗草稿的評語圖檔，請見M. Shelley 2008, 39-254。

19 第一版由Lackington, Hughes, Harding, Mavor, & Jones出版，分為三卷，印了五百本。第二版分成兩卷，由G. and W. B. Whittaker在一八二三年八月十一日出版，印了五百本。修訂過的第三版添了一個章節，由Henry Colburn and Richard Bentley在一八三一年十月三十一日萬聖節時以單卷出版，共印了四千零二十本。

從認識論的角度，人類的心靈或想像力，也根據外在世界傳來的混亂的感官資料創造了自己的宇宙。人類並非上帝（儘管維克多試圖扮演上帝）；更確切地說，在生命每一秒鐘所發生的每一個創造性知覺中，人類便如同上帝。這句話的意思是，我們從來不認識事物的本身——我們認識的，無非是我們對事物的創造性認知。珀西．雪萊說得最直白：「任何事物都是以它被感知的方式存在」，以及「萬物因為被感知而存在」[20]。這兩句話意味著對珀西．雪萊而言，並非由本體論（存在論）決定我們的認識論（知識論），相反的，認識論是人類一切經驗的基礎或特權。如果創造性知覺決定了存在，那麼我們可以公平地說，一部小說就跟一套科學理論一樣真實或正確——兩者都是人類的想像力給予混亂經驗的具體形貌。這樣的推理就把A放回了STEM中，證明了科學與人文其實並非「兩種文化」[21]——只有一套由我們所創的統一的存在理論，用來為我們從未透徹認識的現實本身賦予形貌。雪萊夫婦試圖告訴我們，人文科學（包括《科學怪人》）對世界的描繪，正如工程師的藍圖一樣站得住腳。

因此，《科學怪人》以及這篇導言鼓勵STEM學生尊重人文科學；人文科學提供了定義、甚至改進世界的有效方法，正如科學希望達到的那樣。《科學怪人》肯定不是探討這些議題的唯一作品，但它已成了科學忽視人性後果與價值觀的象徵。每天都有某個部落格、報紙、雜誌、書本、電影或電視節目為了描述科學的墮落而提及《科學怪人》，但這些對科學之惡的指涉，可以幫助我們深入了解人類的處境。事實上，某些受《科學怪人》啟發的近期電影（發明家愛迪生在一九一〇年製作了第一部科學怪人影片），演出非人類生命對人類生活及價值觀產生了尊敬。姑且不提大家耳熟能詳的眾多科學怪人電影，包括梅爾・布魯克斯（Mel Brooks）精采的《新科學怪人》（*Young Frankenstein*，1974）[22]，我最後在此說說我最喜愛的兩部寓意深遠的作品：詹姆斯・卡麥隆（James Cameron）的《魔鬼終結者2：審判日》（*Terminator 2: Judgement Day*，1991），以及以一台人工智慧機器為劇情核心的CBS電視台影集《疑犯追蹤》（*Person of Interest*，2011-2016）。

大多數人不知道《魔鬼終結者2》是對瑪麗及其小說的一次致敬，但是電影一開始，阿諾・史瓦辛格飾演的機器人從未來回到現在，透露他顯然已發展出可以感受人性的心靈時，那電光四射的場景在在令觀眾聯想到《科學怪人》。暗示意味更濃的，是他無私地摧毀電腦晶片，適當地在一九九七年八月二十九日——瑪麗兩百歲冥誕的前一天——拯救洛杉磯和整個世界免於熱核毀滅，好讓我們可以慶祝她的兩百歲生日，而不必怪罪她開啟了一場最終帶來電腦晶片，因而帶來微處理器，因而帶來天網，因而導致數十億條性命不保的科學革命。

《疑犯追蹤》的情節雖然影射意味較輕，但同樣引人入勝。故事是關於一位擁有億萬身家的

---

20 這兩句引言請參考珀西・雪萊的論文《論生命》（*On Life*）和《為詩辯護》（*A Defence of Poetry*）。

21 在此，我引用了化學家、物理學家兼小說家斯諾（C.P. Snow，1905-1980）的著名演講——「兩種文化」；講詞收錄在他的《兩種文化與科學變革》（*The Two Cultures and the Scientific Revolution*）一書中。

22 請見我的〈科學怪人影片一覽表〉（Frankenstein Filmography）。《科學怪人》影片的其他列表，請見http://knarf.english.upenn.edu/Pop/filmlist.html。另外也請參考科學怪人大全的目錄（Glut 1984）。

天才軟體工程師哈洛・芬奇（他還有其他假名）為政府開發了一台用來防範恐怖攻擊的人工智慧機器。在政府濫用這部無所不知的機器之際，芬奇和他的夥伴則用它來預測並防止地方上的謀殺和其他非關恐怖攻擊的暴力事件。為了偵測恐怖主義，這台沒有道德意識的機器監控著全世界每一部手機、每一封電子郵件和每一架監視錄影機，最後竟和魔鬼終結者一樣，自己學會並顯然發展出對當地暴力受害者的同情心。當它被各式各樣的反對者追蹤，並受到一部叫做「撒馬利亞」的機器對手攻擊，它把自己藏進了全國電網中。到了第四季結尾，撒馬利亞從西岸開始逐步關閉電網，「機器」被逼著撤退到布魯克林的一座大型變電所，直到芬奇和他的夥伴從硬碟下載了足夠的電腦程式，裝進行李箱帶走，力圖拯救世界免於撒馬利亞的詭計（某種程度上可以這麼說）。從富蘭克林的風箏和電風暴，到約瑟夫・普利斯特里的《電的歷史》帶動十八世紀和十九世紀初的各種科學實驗，到《科學怪人》，到好萊塢將《科學怪人》搬上螢幕，用閃電為機器提供動力而生出科學怪人，再到最近期的改編，劇情主打電腦、程式、演算法、硬碟，以及一台將決定全世界命運的最終末日機器[23]——在這個情節的這一刻，電、技術和「科學怪人」的神話似乎走過一個圓滿的輪迴，重新回到了原點。

23　CBS在二〇一六年六月二十一日播映的《疑犯追蹤》第五季大結局中，我們遇見最終毀滅撒馬利亞並幾乎摧毀「機器」的電腦病毒Ice-9；「機器」、芬奇及其夥伴在這場「網路末日」中倖存下來，而芬奇創造的「機器」說出兩句舉世皆然的箴言：「每個人都會孤伶伶地死去」，但是「也許你從未真正死去」。雖然《疑犯追蹤》全劇一百零三集中從未直接提及《科學怪人》，但這部影集為瑪麗・雪萊及其創造物在過去兩百年來的生命做出了見證。

造物主啊，難道是我懇求您，用泥土將我塑造成人？難道是我乞求您，將我從黑暗中救拔出來？

——《失樂園》

【卷一】

原序

達爾文博士[1]和德國某些生理學作家認為，這部小說所根據的事件並非完全不可能發生。不過，請別以為我把這樣的想像當真了；我壓根不信。然而，若把它當作虛構作品的基礎，我不認為我只是在編織一連串超自然的恐怖情節。故事裡引人入勝的事件，並沒有一般鬼怪或魔幻故事中的種種缺點。這部小說因為逐漸展開的新奇情節而受人稱許；而且，不論多麼違背自然現象，它為想像力提供了一個新的視角，比訴說任何現存事件之間的普通關係，更能全面且有力地刻劃人類的激情。

1 這裡指的是瑪麗的父親威廉・戈德溫的好友，伊拉斯謨斯・達爾文（1731-1802）。他是一位醫生、博物學家、哲學家兼詩人，也是生命單一起源概念的先驅。後世所知的「進化論」，便是他奠定了基礎，後來再由他的孫子查爾斯・達爾文發揚光大。（Jason Scott Robert 註）

因此，我一方面努力保留真實的人性本質，一方面無所顧忌地嘗試為人性進行創新組合。希臘悲劇史詩《伊里亞德》、莎士比亞的《暴風雨》與《仲夏夜之夢》，尤其是彌爾頓的《失樂園》，均遵循這一條法則。而希望透過作品自娛娛人的卑微小說家，可以毫不放肆地為散文體小說賦予一種不拘一格的形式，或者更確切地說，一種創作手法；詩歌的最高典範正是運用了這種手法，為複雜的人性情感留下許許多多細膩的刻劃。

這篇故事的場景來自一次閒聊。事情一開始，一部分是為了好玩，另一部分則權當為了鍛鍊尚未開發的腦力與才情。隨著寫作的進展，其他動機漸漸融入其中。我絕非漠不關心書中情感與角色的道德傾向會對讀者造成什麼影響，不過在這方面，我最在乎的是如何避免當今小說那種萎靡人心的力量，以及如何展現親情的美好和人性中共通的高貴品德。至於根據書中人物以及主角的處境順理成章出現的看法，絕不可被視為我個人固有的信念；同樣的，依據書中內容所做出的合理推斷，也不可當作是對任何一種哲學理論的偏見。

這篇小說也是作者額外感興趣的一部作品，因為故事的起源之地，正巧是書中主要場景所在的壯麗地區。當時陪伴我的，是我永遠無法停止懷念的一群朋友。我在日內瓦近郊度過一八一六年夏天，那個夏季陰冷多雨，每到夜裡，我們總圍坐在熊熊爐火旁，偶爾拿手上恰有的日耳曼鬼故事自娛。這些故事勾起了我們的模仿玩興。我的兩位朋友和我約定，各自根據某種超自然事件寫下一篇故事（他們其中若有人能執筆寫下故事，絕對會比我所能創造的任何作品更受大眾歡迎）。

然而，天氣突然轉晴，我的兩位朋友丟下我去阿爾卑斯山旅行，然後在他們置身的壯麗景色中，把腦中的鬼魅場景忘得一乾二淨。接下來的這篇故事，是唯一一篇從頭到尾寫完的故事[2]。

2 為了回應挑戰，喬治．戈登．拜倫勛爵當晚寫下受德國鬼故事啟發的吸血鬼故事，不過只寫了第一段。約翰．波里道利（1795-1821）接續這個開頭，寫下了《吸血鬼》（*The Vampyre*，1819）。這部短篇小說後來又帶給布拉姆．斯托克（Bram Stoker）靈感，後者於一八九七年出版了風靡一時的小說《德古拉》（*Dracula*）。（Ed Finn註）

第一封信

致薩維爾夫人，英格蘭
寄自聖彼得堡，一七××年，十二月十一日

這個在妳看來九死一生的探險行動，如今無災無難地展開了。聽到這個消息，妳想必倍感歡喜。我昨天剛到這裡，抵達後的第一個任務，就是跟我親愛的姊姊報平安，並且向妳保證，我越來越有信心成功完成這項計畫。

我此刻已在和倫敦相距遙遠的北地。走在聖彼得堡的街上，冷冽的北風吹拂我的臉龐，振奮我的精神，令我充滿喜悅。妳能理解我此刻的感受嗎？這風吹自我即將遠征的地方，讓我預先品嘗那裡天寒地凍的滋味。這股風吹來了希望，鼓舞著我，使我的白日夢變得更加熾熱和逼真。我試著說服自己相信極地是嚴寒荒涼之境，卻徒勞無功；在我的想像中，北極始終是一方美好而歡樂的土地。在那裡，瑪格麗特，太陽永不落下；碩大的圓盤低垂在地平線上，散發永恆的璀璨光芒。那裡——我的姊姊，請允許我姑且相信航海前輩們說的話——那裡已杜絕了霜雪；航行在風平浪靜的海上，我們也許會隨風漂向一片大地，那兒的神奇與美麗，超越人類迄今在這座適宜居住的星球發現過的任何地方。那片土地或許擁有前所未見的物產與地貌，正如在未知的荒野中，必然存在不可思議的天體現象。在永晝的國度，還有什麼不可料想的事？我也許會在那兒發現吸引磁針的神奇力量[3]，也許整理出上千條天體觀測資料，唯有靠這次航行，就此從它們看似偏離軌道的角度校正出天體運行的一致性。我那旺盛的好奇心將獲得滿足[4]，因為我將見到人類

---

3 當華頓船長談起「磁針的神奇力量」，他指的是磁力以及最早運用磁力的指南針。幾世紀以來，人們為磁鐵礦和磁石的力量附上了神奇色彩，直到威廉・吉爾伯特（William Gilbert，1540-1603）首先發現磁力的基本特性，以及地球本身就是個微弱磁場的事實。在瑪麗的時代，電與磁之間的關係始終是科學研究的一大主題，許多人為了探索地球磁場的奧祕而遠赴北極與南極探險。（Nicole Herbots註）

4 對現代人而言，這句話或許看似不言而喻，甚至有些浮誇。但是並非每個時代、每個文化或每個人都具有如此普羅米修斯式的雄心壯志，它反映的，是一種結合了好奇心、野心和歷史觀的有趣組合；那是與歐洲的科學探索以及多元文化世界共同演化而得到的結果。瑪麗的寫作年代，正值地理大發現時代剛剛結束，歐洲人已繞過非洲南端、「發現」並殖民了新大陸，並已繞行地球一周；極地探索是唯一有待搶占的功勳。那也是浪漫主義、弗里德里希（Caspar David Friedrich，1774-1840）與德拉克羅瓦（Eugène Delacroix，1798-1863）的繪畫，以及貝多芬與白遼士的音樂的時代。丁尼生（Alfred Tennyson，1809-1892）在一八三三年寫下詩作〈尤里西斯〉，描述了這股探索的熱忱：

我無法停下漂泊的腳步，
我要飲盡人生這杯酒，直至只剩最後的殘渣。
我曾享受莫大的歡樂，也曾經歷巨大的痛苦，
有時和愛我的人同甘共苦，有時獨自一人默默承受，

從未見過的世界，踏上人類從未踏過的土地[5]。這一切讓我的心蠢蠢欲動，足以克服我對危險或死亡的一切恐懼，誘使我喜孜孜地展開這趟艱苦的航行，就像一個孩子跟他的假日玩伴一起登上小舟，沿著家鄉河流展開一段探險行程那樣。然而，就算這些遐想全都虛妄不實，我也將找到北極附近的新航道，通往目前需要好幾個月才能抵達的國家，或者查明磁場的奧祕——倘若這事真能查明的話，還非得靠我這樣的探險行動不可——那麼我將對千秋萬世的人類做出無可估量的貢獻；這一點是妳無法駁斥的。

這些省思驅散了我一開始寫信時的焦躁不安。激情彷彿帶著我騰空飛向天際，讓我的心暖洋洋的，因為沒有什麼比堅定的目標更能安定心靈——那是靈魂的智慧之眼可以聚焦的地方。這次探險行動是我打孩提起最渴望的夢想。我津津有味地讀過各種有關穿越極地周圍以求抵達北太平洋的航行紀錄。妳也許還記得，我們的好叔叔湯瑪斯的書房裡，堆滿了關於航海探險的歷史書籍。我的學業荒廢了，但是我熱愛閱讀。我日以繼夜研究這些卷帙。小時候，我得知父親臨終時禁止叔叔讓我展開航海生涯；隨著我越來越熟悉書中內容，父親的遺願帶給我的遺憾也跟著越積越深。

然而，當我初次吟詠那些情感洶湧、令我心醉神馳的詩作，航海的夢想便慢慢褪色。我也成了一個詩人，整整一年生活在我自己的創作天堂，幻想自己也能在祭獻荷馬與莎士比亞的殿堂占據一席之地。妳十分清楚我的挫敗，也知道失望為我帶來多大的打擊。可就在此時，我繼承了堂哥的遺產，我的想法又走回原來的老路。

有時在岸上，
有時在被畢宿星團捲起狂濤的陰沉大海上穿越狂風暴雨，
如今我徒具虛名，因為我總是帶著飢渴的心浪跡天涯。
…………
我是我的一切經歷的一部分，
而一切經歷都是一道拱門，
我從未到過的世界在拱門外閃閃發亮。
隨著我不斷前進，那世界的邊緣始終隱沒在遠方。（丁尼生2004, 49）

諷刺的是（至少就現代人的情感來看），如此浪漫的文字適合用來追求藝術，卻不適合理性的科學探索。（Braden Allenby註）

5 十九世紀的美國出現了「昭昭天命」（manifest destiny）這個名詞。它描述一種信念，認為美國的人民、文化與制度向整個北美洲大陸擴張，乃是上天賦予的使命，不僅僅為了滿足實際需求，例如得到更多的土地與資源等等。然而，這個觀念其實由來已久且廣為流傳，顯現在以亞伯拉罕的應許之地以及他的以色列後裔為故事原型的早期西部小說中。羅伯特．華頓的探索隱約呼應了這項觀念；除了能幫助他「實現某種偉大的目標」，這項探險行動似乎不需要其他任何解釋。到了十九世紀，科學與工業的發展不僅為探險行動帶來更大的便利，也使得征服知識成了一個新的疆域，跟征服土地一樣重要——而且同樣可以用「昭昭天命」說明征服知識的正當性。《科學怪人》的故事反映出這項轉變，將華頓決心踏上人類從未踏過的土地，跟維克多決心實現人類從未實現的研究相提並論。我們經常以「邊疆」（frontier）這個詞暗喻科學探索的前沿——例如「研究的邊疆」。一九四五年，二次大戰即將告終之際，由於擔心美國的西向擴張以及作為擴張動力的昭昭天命觀已經失去了動能，麻省理工學院工程師兼總統資政萬尼瓦爾．布希（Vannevar Bush）上書杜魯門總統，在標題中提出「沒有止境的邊疆」（the endless frontier）這個新的辭彙。這份報告籲請美國聯邦政府在戰後繼續大力支持科學研究，因為科學研究可以取代西向擴張的角色，為美國人民帶來新的啟發與經濟利益。（Ariel Anbar註）

自從我立志展開這次探險，六年過去了。即便現在，我仍然記得當初決心投身這項偉大事業的那一刻。我首先鍛鍊自己，使身體能夠適應艱苦的環境。我數度隨捕鯨船前往北海，心甘情願忍受嚴寒、飢渴與少眠。白天，我往往比一般水手更勤奮，夜裡則專心學習數學、醫理，以及對航海探險家而言最實用的各種自然哲學。我曾兩度在一艘格陵蘭捕鯨船當上了二副，並且備受愛戴。我得承認，當船長邀請我擔任船上的二當家，以最真摯的態度懇請我留在船上，我不免因為他如此看重我的貢獻而有些得意。

現在，親愛的瑪格麗特，難道我不配實現某種偉大的目標？我原本的生活也許輕鬆優渥，但比起財富帶來的種種誘惑，我寧可追求榮耀。噢，但願有個鼓勵的聲音給予我肯定的答案！我的勇氣與決心堅定不移，但是我的希望起伏不定，心情也常常感到沮喪。我即將踏上一段漫長而艱苦的旅程，途中的種種突發狀況將需要我打起全副精神，頑強應對。我不僅需要鼓舞其他人，偶爾當他們意志消沉，我也需要為自己加油打氣。

此刻是旅行俄羅斯的最佳季節。人們乘坐雪橇飛也似地划過雪地，那酣暢淋漓的馳騁，在我看來，遠比在英國搭乘驛馬車來得愜意。只要裹上毛皮大衣，這裡還不至於過度寒冷。我已經學會穿皮衣了，因為接連幾小時動也不動地坐著、沒辦法靠活動來防止血液結凍，跟原本能在甲板上走來走去的情況簡直判若天淵。我可沒打算在聖彼得堡和阿爾漢格爾之間的郵道上就丟了小命。

我將在兩三個星期後啟程前往阿爾漢格爾。我計畫在那裡雇一艘船——這件事很好辦，只要替船東付一筆保險金就行；然後從慣於捕鯨的老手中，聘用足夠多的船員。我準備直到六月才啟航，至於我何時回歸故里？啊，親愛的姊姊，我該怎麼回答這個問題？如果我成功了，你我見面之日會在好多個月、甚至好多年以後。如果我失敗了，你會很快見到我，或者就此天人永隔。

別了，我親愛的、出色的瑪格麗特。願上蒼賜福於你，同時保佑我，讓我能綿綿不絕地對你的愛與恩德表達感激之情。

妳摯愛的弟弟，

R．華頓

第二封信

致薩維爾夫人，英格蘭

寄自阿爾漢格爾，一七××年，三月二十八日

我被圍困在冰天雪地之中，時間過得真悠長啊！然而，我已經朝我的壯舉邁出第二步。我雇了一艘船，此刻正忙著招募水手，而那些已經受聘的船員看來十分可靠，而且無疑都具備大無畏的勇氣。

但是，我有一個渴望至今無法獲得滿足；我現在覺得，少了這樣東西是我此生最大的不幸。我沒有朋友[6]，瑪格麗特：當我洋溢成功的激情，沒有人分享我的喜悅；當我遭受失望襲擊，心灰意冷，沒有人費勁鼓勵我振作起來。的確，我會把我的想法付諸筆墨，但那不是交流情感的良好媒介。我渴望朋友的陪伴，他能跟我心意相通，彼此肝膽相照。妳也許認為我不切實際，我親愛的姊姊，但我淒楚地感受到對朋友的渴望。我身邊沒有一個人能讚許或修改我的計畫，沒有一個文質彬彬卻膽識過人、既有修養又有雅量、與我志趣相投的朋友。妳可憐的弟弟多麼需要這樣

一位朋友來指正錯誤啊！我辦起事來太過急切，遇到困難又太缺乏耐心。然而，我更大的不幸是我沒上過學，完全靠自修：人生的前十四年，我整天四處遊蕩，除了湯瑪斯叔叔的航海書籍外，什麼書也沒讀過。十四歲那年，我熟讀本國著名詩人的作品，可是當我意識到我有必要熟悉更多異國語言時，我已經沒有能力從這樣的體認得到最寶貴的益處。如今我已二十八歲，實際上卻比許多十五歲學生更無知。的確，我比他們更常思考，我的白日夢也更遠大，但用畫家的術語來說，這些夢想不夠「匀稱」，而我迫切需要一位朋友，他足夠近情理，不至於鄙視我的浪漫，對我的感情也足夠深厚，願意費神約束我的心靈。

唉，這些都是徒勞無益的牢騷。我肯定不會在汪洋大海上找到知交，即便在這阿爾漢格爾城裡，我也不可能在商人與船員之間覓得朋友。然而，某些迥異於人性雜質的情感，依然在他們粗獷的胸膛裡跳動著。好比說，我的副手就是一個勇氣十足、充滿雄心壯志的人，瘋狂渴望榮耀。他是英國人，雖然他的教養並未軟化他對某些民族與職業的偏見，但他身上仍保留了某些最高貴的人類天性。我最初是在一艘捕鯨船上認識他的，當我發現他在這座城市裡無所事事，不費吹灰

6 綜觀全書，「同伴情誼」是華頓、維克多和維克多的創造物反覆遭遇的一大課題。友誼是群體的基礎，因為它將個人和更大規模的人類活動連結起來——不論是社會、政府或科學探索。這部小說探討了信任與友誼的價值；人們可以對值得信任的朋友吐露內心的憂慮、渴望與抱負，並透過朋友的角度透視自己的觀點。本書從頭到尾都可見到因為缺乏與人連繫而導致嚴重後果的課題。瑪麗本人幾乎沒有可以交心的朋友，或許唯有珀西·雪萊除外。而珀西與拜倫勛爵的友誼則有據可查，而且被譽為浪漫派詩人與思想家之間交流意見、分享藝術喜好的典範。（Ron Broglio註）

之力便說服他接受聘用，為我的探險行動助一臂之力。

船長的個性極好，在船上以斯文有禮、治下寬厚著稱。事實上，他的性格極其溫和，以至於不願意打獵，因為他無法忍受殺戮（打獵是這一帶最受歡迎也幾乎算是唯一的娛樂）。除此之外，他的慷慨大度也超乎常人。幾年前，他愛上一位出身小康家庭的俄羅斯女孩，當他攢下一筆可觀的賞金，女孩的父親答應了這樁婚事。婚禮之前，他和未婚妻見了一面，但她卻淚流滿面地撲倒在他的跟前，懇求他放了她，並承認自己愛上了另一個人，只不過對方身無分文，她的父親絕不會同意他們倆結合。我那慷慨的朋友要女孩放心，並在得知她的意中人名字之後，隨即放棄了他的追求。他原本已用自己的錢買下一座農場，打算在那兒度過後半輩子，但是他將這座農場連同用剩餘賞金購買的牲口，一併送給他的情敵，然後親自請求女孩父親同意她與心上人結合。但老人堅決反對，認為自己有義務對我的朋友信守承諾。船長發現女孩的父親完全不為所動，於是遠走他鄉，直到聽說他原來的未婚妻如願以償結婚以後，才終於返家。妳肯定會驚呼，「多麼高貴的人啊[7]！」他確實如此，不過話說回來，他一輩子在船上度過，除了纜繩和橫桅索，其餘幾乎一竅不通。

但是，不要因為我略有怨言，或因為我預先為可能永遠不會遭遇的勞苦尋求慰藉，就以為我動搖了決心。我的決心如同宿命一般，無可改變。我的航行只是暫時延遲，等到氣候許可，我將立刻啟程。今年的冬天異常嚴峻，但春天的前景很好，而且大家都認為春天會來得特別早，因此，我也許會比預訂的日期更早動身。我不會貿然行事；妳很清楚我的個性，足以相信我一定會為了其他人的安全而小心謹慎、細心周到。

出航在即，我無法向妳描述此刻整裝待發的心情。我既開心又害怕，那種戰慄的感受，無法用言語表達。我即將前往人類未曾探索的地區，遠赴那「迷霧與冰雪之地」，但是我絕不會射殺信天翁[8]，所以妳不必為我的安全擔驚受怕。

在我橫渡無垠的大海，越過非洲或美洲最南端的海角歸來以後，妳我會再相見嗎？我不敢奢望這樣的成功，但我也無法忍受與此相反的結果。請繼續抓緊每一次機會寫信給我，我也許會在最需要精神支持的時候接到妳的來信（儘管機會十分渺茫）。我深深愛妳，萬一我從此再無音訊，願妳深情地把我放在心中。

妳摯愛的弟弟，
羅伯特・華頓

---

7 「nobility」這個字有兩層意思，兩者經常被混為一談。第一層意思是「高貴」，指的是具有人性中最崇高的品德，例如正直、莊重、有節操、善良。但這些品德經常被認為是社會最高階級——也就是這個字的第二層意思，「貴族」——特有的屬性。華頓的副手在未婚妻表示自己另有心上人時放棄了婚約，並且資助未婚妻的愛人，讓他能被女方家庭接納；這樣的表現遠遠超出預期。也許，正是這些舉動為他贏得了一個驚嘆號？瑪麗為華頓的副手賦予這些高貴的品格，也許是要挑戰一般將這些品德歸於上流人士的理所當然的階級意識。不過，瑪麗刻意沖淡這項選擇的崇高色彩，表示由於船長長年生活在海上，他也沒有其他更好的辦法，進一步暗示這樣的犧牲對他而言不算什麼。在現實生活中，瑪麗嫁進了一個貴族家庭，對方因瑪麗父親負債累累而反對這樁婚事。（Mary Margaret Fonow 註）

8 瑪麗讓華頓船長影射詩人柯立芝的詩作〈古舟子詠〉（The Rime of the Ancient Mariner，1798）。柯立芝經常到戈德溫家作客，瑪麗曾在家中聆聽柯立芝朗誦這首詩。詩中的主角射殺了尾隨船後的信天翁，把好運變成了厄運。（David H. Guston 註）

第三封信

致薩維爾夫人，英格蘭
一七××年，七月七日

親愛的姊姊，

我匆匆寫下數語，只為了告訴妳我很平安，航程也進展得十分順利。這封信將由此刻從阿爾漢格爾返航的一艘商船帶回英國；它比我幸運，因為我或許好幾年後才能再次見到故土。然而，我的精神昂揚，手下的人個個勇猛剽悍，而且顯然意志堅定，就算漂浮的冰層不斷從我們的船邊掠過，顯示我們即將前往的地方充滿危險，他們也了無懼色。我們已到達緯度很高的地帶，不過此刻正值盛夏，雖然比不上英國暖和，但陣陣南風帶來我意想不到的暖意，令人神清氣爽，並且將我們快速吹往我熱切渴望到達的彼岸。

迄今，我們沒碰上任何值得在信中大書特書的意外事件。曾有一兩次遭遇強風，或者桅杆斷裂，但是對於經驗老到的航海家來說，這些都是不值一提的小事。如果航程中沒有發生其他更糟糕的狀況，我就心滿意足了。

再會了，我親愛的瑪格麗特。請放心，為了我自己，也為了妳，我絕不會魯莽地冒險。我會保持冷靜的頭腦，鍥而不捨，同時戰戰兢兢，謹慎行事。

請代我向英國的每一位朋友致意。[9]

妳最親愛的，

R. W.

9　瑪麗採用書信體貫穿整部《科學怪人》：書中許多篇幅是由人物之間的書信往來所構成。這些信件通常洋洋灑灑且深情款款，涵蓋大量無益於故事情節開展的生活瑣事與個人情感。這種手法也許看似東拉西扯，但其實是非常高明的敘事技巧。瑪麗巧妙地運用這些書信強調社會紐帶的重要性；社會連繫讓維克多與華頓船長等書中人物在極其艱苦的時候得到情感的寄託。這些信是情緒勞務（emotional labor）——為了維繫人際關係並從中得到益處所付出的時間、腦力與用心——的具體成品。這與科學怪人的生活形成強烈對比，恰恰顯示他缺少了什麼。他無處傾訴自己的經歷與挫折，生命於是變得難以承受，而他以暴力發洩自己的怒氣。語言是人們表達並接受愛與理解的一個重要工具。科學怪人必須靠撿來的書和偷聽別人說話來學習語言；如此費勁且孤獨的學習方法，說明他多麼欠缺有益身心的社會互動。維克多為了追求科學發現，罔顧周遭親友的安全與福祉；相較之下，華頓最後懸崖勒馬，避開了同樣的錯誤。幸好華頓一直和姊姊瑪格麗特維持通信，後者始終深情地勸阻他長征北極。這對姊弟之間的一連串書信對話，或許挽救了華頓和全體船員的性命。（Joey Eschrich 註）

第四封信

致薩維爾夫人，英格蘭
一七××年，八月五日

我們遇到一件非常奇怪的事，雖然妳很可能在收到這幾張信紙以前就先見到我，但我還是忍不住把它記錄下來。

上星期一（七月三十一日），我們幾乎被海上的浮冰團團圍住，冰塊從四面八方靠攏過來，幾乎沒給船身留下迴旋的餘地。我們的處境多少有些危險，尤其因為當時還被漫天濃霧所籠罩。於是我們頂著風原地停泊，期盼四周情況和天氣會出現好轉。

兩點鐘左右，迷霧消散了，我們極目遠望，看見四周盡是廣闊而崎嶇的冰原，無邊無際。幾位夥伴叫苦連天，我自己的心思也因為憂慮而變得益發警覺。就在此時，一個奇異的景象突然引起我們注意，讓我們暫時忘了自己的處境。我們看見半英里外，幾條狗拉著一輛裝了低矮車廂的雪橇，正往北駛去。一個生物坐在雪橇上指揮狗隊，他的身形像人，但個頭顯然極其巨大。我們用望遠鏡看著旅者風馳電掣而去，直到他消失在遠方高低起伏的冰原中。

這副景象讓我們大感詫異。我們原以為自己離陸地還有好幾百英里，但這幽靈的出現，似乎意味我們和陸地的距離其實沒有想像中那麼遙遠。我們聚精會神觀察他的行蹤，但由於被浮冰困住，我們無法尾隨他的蹤跡。

事發大約兩小時後，我們聽見長浪翻湧的聲音，入夜之前，冰層破裂了，我們的船也隨之脫困。不過，由於擔心在黑暗中撞上冰層碎裂之後四處漂浮的巨大冰塊，我們繼續原地停泊，直至第二天早上。我也剛好趁這段時間休息了幾個鐘頭。

隔天清晨，天剛破曉，我走到甲板上，卻看見所有船員鬧哄哄地擠在船身一側，顯然正在跟海上的某個人講話。事實上，那是一輛雪橇，正如我們先前看到的那輛。它在夜裡隨著一大片碎冰漂流到我們附近。只有一條狗還活著，但雪橇上有個人，船員們正努力說服他上船。這人的模樣和另一個旅者不同，他並非居住在某個未知荒島上的野蠻人，而是個歐洲人。當我出現在甲板上，船長說：「我們的東家來了，他是不會任由你死在這片茫茫大海上的。」

陌生人一見到我，就開口用英語對我說話，不過口音裡帶著外國腔調。「在我上船之前，」他說，「可否請您先告訴我，你們要往哪裡去？」

我原以為對一個瀕臨生死關頭的人而言，我的船是極其珍貴的資源，就算拿稀世珍寶跟他交換，他也不會答應。所以你可以想像，當我聽到他對我提出這樣一個問題，我有多麼驚訝。不過我還是回答他，我們正航向北極，進行探險。

聽到我的話，他才露出滿意的神色，同意上船。天啊，瑪格麗特，如果妳見到這麼一個對自身安全還得談條件才肯屈服的人，肯定驚訝得不得了。他的四肢幾乎凍僵，身體也因為疲累與種種磨難而顯得虛弱不堪。我還沒見過這麼悽慘的人！我們試著把他抬進船艙，但他一離開新鮮空氣，立刻暈了過去。於是我們把他抬回甲板上，用白蘭地替他搓揉身體，又灌他喝了幾口，他這才恢復意識。一見他露出生命跡象，我們連忙用毯子裹住他，把他抬到廚房爐灶的煙囪旁邊。他漸漸甦醒，喝了一點湯，精神好多了。

就這樣過了兩天，他才有辦法開口說話，而我老擔心他吃過的苦頭已讓他喪失理解能力。等到他稍微恢復氣色，我把他搬進我的艙房，在工作之餘盡可能照顧他。我從未見過比他更有意思的人了：他經常露出迷亂、甚至瘋狂的眼神，但是只要有人對他好，或者為他做任何最微不足道的小事，他的整張臉就會亮起來，煥發出我所見過最親切溫柔的笑容。但他平常總是憂鬱消沉，偶爾還齜牙咧嘴，彷彿壓在他身上的災難讓他痛苦難耐。

當這位客人的身體狀況稍有起色，我費了好大力氣阻擋船員對他問東問西。要恢復身心健康，他顯然需要澈底靜養，我絕不允許船員用無謂的好奇心去騷擾他。不過有一次，我的副手問他為什麼乘坐這麼一輛奇怪的交通工具，大老遠跑到這片冰原上？

他霎時露出極為陰鬱的神色回答說：「去追捕一個從我身邊逃走的人。」

「你要追的人也駕著類似的雪橇嗎？」

「是的。」

「那我們想我們見過他，因為就在我們救起你的前一天，我們看見幾條狗拉著一架雪橇穿越冰原，上頭還坐了一個人。」

這番話引起陌生人的注意，他提出許許多多問題，查問那個惡魔——他是這麼稱呼他的——行駛的路線。沒過多久，只剩下我和他獨處時，他說：「我想必讓你和這群好心人深感好奇，但是你太體貼了，沒有對我刨根問底。」

「當然。如果我為了滿足好奇心而去折騰你，那就太無禮、太沒人性了。」

「然而，是你把我從一個古怪且危險的處境中解救出來，仁慈地救了我的性命。」

這話說完不久，他問我是否認為冰層的破裂摧毀了另一輛雪橇。我回答說，這件事情我無法肯定，因為冰層是在接近午夜時破裂的，在此之前，那名旅者很可能早就抵達某個安全的地方，不過，這一點我也無從判斷。

從這時起，那名陌生人似乎迫不及待想登上甲板，等候之前曾經出現的那輛雪橇。但是我說服他留在船艙裡，因為他還太虛弱，抵擋不住惡劣的天候。不過我答應派人替他留意，一發現任何新事物便立刻通知他。

以上就是我對這起怪事迄今為止的紀錄。那名陌生人慢慢恢復了健康，但他非常沉默，而且除了我以外，只要有人走進他的艙房，他就會露出不安的神色。然而，他的態度隨和、舉止斯文，水手們雖然很少跟他交談，卻都非常關注他。至於我自己，我漸漸愛他如兄弟，而他揮之不去的深切哀傷，讓我的心充滿了同情和憐憫。在比較平順的日子裡，他必定是一位高貴的紳士，因為即便此刻落了難，他仍然那麼有魅力、那麼和藹可親[10]。

親愛的瑪格麗特，我曾在一封信中說，我絕無可能在這片汪洋大海上覓得知交，然而我卻遇上了這個人，在他的心靈沒被痛苦擊垮之前，我應當會很樂意把他當成兄弟。

如果再有任何新鮮事的話，我會不時在日記中繼續書寫有關這位陌生人的故事。

一七××年，八月十三日

我對這位客人的感情與日俱增。他讓我既欽佩又憐惜，兩種情感都到了令人吃驚的地步。我怎能眼見這麼一位高貴紳士被痛苦擊垮，而不難受得椎心刺骨？他是如此溫文儒雅、聰明睿智，同時擁有深厚的修養。他說起話來雖然字斟句酌，卻總是流利曉暢，顯現無與倫比的口才。

他現在已大致從病中復原，經常登上甲板，顯然在等候比他早出現的那輛雪橇。然而，他雖不快樂，卻沒有完全沉溺於自己的痛苦。他深深關切其他人的工作，也時常問起我的計畫，我則把自己貧乏的經歷對他和盤托出。這樣的推心置腹讓他顯得很高興，他對我的計畫提出許多修改建議，令我非常受用。他沒有賣弄學問的意思，他所做的一切，無非是出於希望身旁每一個人都過得幸福快樂，那是他的天性。他經常愁眉深鎖，憂鬱得無法自持。這時，他會獨自坐著，想辦法克服個性中陰鬱或孤僻的一面。雖然他從未澈底擺脫絕望的情緒，但總能很快甩開突然襲來的憂傷，猶如遮日的浮雲倏忽散去。我努力爭取他的信任，而我相信自己做到了這一點。有一天，我跟他談起我總渴望找到一個能跟我心意相通、為我指引方向的摯友。我告訴他，我不是那種聽不進意見的人。「我從小在家自學，對自己的本事始終沒有太大信心。所以我希望同伴比我更睿智、更有閱歷，可以認可我、支持我，而我也不認為人生不可能找到真正的知己[11]。」

「我同意你的話，」陌生人附和道，「我也認為友情非常可貴，而且有可能獲得。我曾有個朋

---

10 這就是維克多在救援船船長羅伯特．華頓眼中的形象，儘管華頓只知道維克多是個歐洲人，而且不同於他在追捕的那個看似「野蠻」的生物。雖然身體虛弱，維克多的高貴品格依然顯而易見。維克多很可能成為華頓長久以來熱切渴望的高貴朋友，一個跟他地位相當、能夠理解他、為他提出忠告的知己。瑪麗為維克多的性格賦予了高貴和不太高貴的層面，但華頓必須聽完整個故事才能明白維克多性格上的複雜性。（Mary Margaret Fonow 註）

11 羅伯特．華頓在寫給姊姊薩維爾夫人的信中，回顧了自己的早年生活：「〔我的〕學業荒廢了，但是我熱愛閱讀……〔並且〕繼承了堂哥的遺產。」對早年生活的深刻理解，或許是促使華頓為自己設立挑戰性目標的原動力。他似乎很認真地面對他在教育上的不足，也承認自己對勤奮與艱苦所知有限。亞伯特．班杜拉（Albert Bandura）提醒我們，「人們藉由設立挑戰性目標來激勵並指引自己的行動，然後調動他們的能力與努力來達成目標。達成目標之後，具有強烈效能意識的人會為自己設立更高的目標」（1944, 265）。華頓顯然也不例外。在這趟重大航程中，他的思想益發孤立，因此，找到一個更有智慧、經驗和同情心的「同伴」便成了他至關重要的需求。他渴望得到可以進行思想交流的良師益友，而這樣的渴望，具有認同感與親密感兩方面的報酬。認同感在華頓心裡的重要性顯而易見：「我得承認，當船長邀請我擔任船上的二當家，以最真摯的態度懇請我留在船上，我不免因為他如此看重我的貢獻而有些得意」。不過，直到出現一位受過良好教育、謎一般的陌生男子，才烘托出華頓對智力同伴（良師益友）的激情：他擔心自己「絕無可能在這片汪洋大海上覓得知交，然而我卻遇上了這個人……他是如此溫文儒雅、聰明睿智，同時擁有深厚的修養。他說起話來雖然字斟句酌，卻總是流利曉暢，顯現無與倫比的口才」。華頓找到了一個「真正的朋友」、一名智識上的同伴、一位良師益友、一個「有如被光環圍繞的」天神般的流浪者。（Carlos Castillo-Chavez 註）

友，他是世間最高尚的人，因此我有資格評論高貴的友誼。你還擁有希望，全世界都在你眼前，毫無理由感到沮喪。而我——我失去了一切，生活已無法重新來過。」

他說這話時，臉上流露出平靜而深切的悲哀，深深觸動我的心。但他沉默不語，不久就返回自己的艙房。

雖然他意志消沉，卻沒有人比他更能深刻感受大自然的美。星空、大海，以及這塊奇妙地區呈現的每一道風景，似乎仍有力量帶領他的心靈遠離凡塵。他這樣的人擁有雙重生活：他或許遭遇了不幸，被失望擊潰，然而一旦遁入自己的內心世界，他就像被光環圍繞的天神，任何悲傷或愚昧都無法近身。

妳會譏笑我談起這位神聖流浪者時展現的熱情嗎？如果妳嘲笑我，那麼妳必定失去了曾經讓妳別具魅力的那份純真。然而，如果妳願意，請為我字裡行間的溫情展露笑顏，我將每天都找出新的理由，把這些事情一說再說。

一七××年，八月十九日

陌生人昨天對我說：「你或許不難看出，華頓船長，我遭受過無可比擬的巨大不幸。我曾打定主意帶著記憶中的罪孽一起死去，但你的話改變了我的心意。你和過去的我一樣，渴望追求知識與智慧；但我迫切希望，當你實現了心願，你不會遭毒蛇反咬一口，如同我往昔的經歷[12]。我不知道述說我的不幸遭遇對你是否有益，但如果你願意，請聽聽我的故事。我相信故事中的種種怪事會讓你對大自然產生新的認識，幫助你提升領受力與理解力。你將聽到你早已認定不可能發生的力量與事件，但我深信隨著故事逐漸開展，各項事件的真實性將不證自明。」

妳應該不難想像，他主動開口令我多麼高興。然而，我不忍心他為了述說不幸的往事而重新陷入悲傷。我亟欲聽到他答應要說的故事，一方面是出於好奇，另一方面也是因為我強烈希望改善他的命運——只要我力所能及。我在回答他的時候表達了這些想法。

「我要謝謝你，」他答道，「謝謝你的同情，但這無濟於事。我的命數已經快走完了，只等辦完一件事，我就可以永遠安息。我明白你的感受，」他察覺我想打斷他的話，於是緊接著說下去，「但是你錯了，我的朋友——如果你允許我這麼稱呼你；沒有什麼可以改變我的命運。聽聽我的經歷，你就會明白我的命運多麼無可挽回。」

他接著告訴我，等我隔天空閒的時候，他便開始述說他的故事。這句承諾使我由衷感激，我下定決心，每天晚上只要不忙，我都要把他白天述說的內容盡可能如實記錄下來。萬一有要事纏身，我至少也會做些筆記。這份手稿無疑會帶給妳莫大的樂趣，至於我，我認識他，又是親耳聽到他說出這些故事，有朝一日重讀這份手稿，我將感受到多麼濃厚的興味和多麼深切的憐憫啊！

12 「養育一個忘恩負義的孩子，比被毒蛇咬到還令人刺痛！」維克多的話，顯然出自莎翁名劇《李爾王》（I.iv.288-289）的典故；瑪麗讓維克多這麼說，也許是為了顯示維克多明白自己是科學怪人的父親；他明白自己的父親身分，但和李爾王一樣，他依然沒有充分認清自己的全部罪過與責任。（David H. Guston 註）

第一章

我是日內瓦人，出身共和國的名門望族[13]。我的祖輩長期出任地方議員和政務官，父親也曾擔任多項公職，聲名顯赫。他為人正直且勤於公務，認識的人都很尊敬他。他年輕時全神貫注於政事，直到晚年才動了結婚的念頭，生下能為他傳承香火的子嗣。

由於他結婚的始末正可以說明他的性格，我不得不說說這件事。他的一位摯友是個商人，原本家道興旺，卻因為屢遭橫禍而變得一貧如洗。這人名叫波佛特，為人心高氣傲、寧折不彎，無法忍受在他原本因為地位顯赫、氣派尊貴而名滿全國的地方，活得如此貧窮而落寞。因此，他還清債務，以最高尚的方式帶著女兒避居琉森鎮，過著窮困潦倒的日子。我父親對波佛特的感情極其深厚，見到他在如此不幸的情況下離群索居，父親心裡非常難過。他也因為兩人斷了關係而傷心，因此決意找到波佛特的下落，設法說服對方借助他的信譽和協助重起爐灶。

波佛特的藏身辦法非常高明，我父親花了十個月才打聽到他的住處。父親喜出望外，兼程趕往羅伊河畔的一條陋巷，找到了那間屋子。然而他進屋的時候，迎來的只有淒涼與絕望。波佛特破產以後剩下一小筆錢，尚可維持幾個月的生活，他希望利用這段時間在某個商家找份體面的工作。然而，這段期間卻在無所事事中虛度了。他閒暇之餘回想過去，卻反而加深了痛苦，對往事耿耿於懷。他的心靈完全被哀傷盤據，終於在三個月後一病不起。

他的女兒體貼入微地照料他，但是她絕望地看著他們那一點點錢迅速坐吃山空，而且沒有其他人可以接濟他們。但是卡洛琳．波佛特擁有不凡的意志力，逆境反倒激起她撐下去的勇氣。她找到一份簡單的針線活，還替人編織草帽，想方設法賺取微薄收入，勉強餬口。

就這樣過了幾個月，她父親的病情日益沉重，她的時間幾乎全都用來照顧父親。她的手頭越來越拮据，到了第十個月，她的父親在她懷中過世，留下她孤苦無依，囊空如洗。這最後的打擊壓垮了她，我父親進屋的時候，她正跪倒在波佛特的靈柩前，十分傷心地哭著。他像個守護神般來到女孩面前，女孩於是將自己託付給他。父親埋葬摯友後，便將她帶回日內瓦，交給一位親戚照顧。兩年後，卡洛琳成了父親的妻子。

父親娶妻生子後，發現這個新身分的職責非常占據時間，於是辭去多項公職，全心全意教育

---

13 故事背景設在瑞士日內瓦，歐洲最古老的首都大城之一。維克多出身當地最尊貴的一大望族。他運用自己的科學修養創造出一條新生命，後來卻沒有負起疼愛和照顧那條生命的責任。他因為創造出來的成品和原先的計畫不同而感到震驚與嫌惡，但是他大概沒意識到，正由於他疏於照顧自己的創造物，才產生了他恐懼與排斥的怪物。瑪麗及其家人往來於比較開放、甚至激進的圈子，她厭惡並鄙視上流社會那套因循守舊的道德觀念。她是希望藉由《科學怪人》，引起讀者注意上層人士往往罔顧後果、魯莽行事的弊病？社會地位無法保護個人免於意想不到的後果。經常名列學術界最頂層的科學家與工程師，需要更謹慎地留意其研究工作的意外後果。（Mary Margaret Fonow 註）

子女。我是家中長子，注定要繼承他的一切家業。我擁有全天下最溫柔的父母，他們時時刻刻照顧我的健康、督促我進步，尤其有好多年時間，他們只有我這麼一個孩子。不過，繼續往下陳述之前，我得先說說在我四歲那年發生的一件事。

父親有個妹妹，年紀輕輕就嫁給一位義大利紳士。父親非常疼愛這個妹妹。婚後不久，她便隨著丈夫回到他的家鄉，多年來幾乎音信全無。大約在我提到的那一年，她過世了，幾個月後，父親收到她丈夫的來信，說明他有意迎娶一位義大利姑娘，要求我父親照顧亡妹的獨生女——還在襁褓中的伊麗莎白。他說，「我願您對她視如己出，像對待親生子女般栽培她。她母親已將自己的財產遺贈給她，我會把繼承文件交給您保管。請您考慮這項提議，然後決定您是否願意親自撫養您的外甥女，或是寧可把她交給繼母養育長大。」

父親毫不遲疑，立刻前往義大利，準備把小伊麗莎白帶回她未來的家。我經常聽母親說，當時，她是母親見過最漂亮的孩子，即便還在稚年，就已露出個性柔順、情感豐富的跡象。這些跡象，再加上渴望一家人能夠緊密地連結在一起，母親決定把伊麗莎白視為我未來的妻子。從未有任何理由讓母親後悔做出這樣的安排。

從這時起，伊麗莎白．拉凡瑟就成了我的玩伴，隨著我們漸漸長大，她也成了我的朋友。她的個性溫馴，脾氣很好，不過卻像夏日的蟲子那樣活潑淘氣。她精力旺盛，成天活蹦亂跳，卻擁有磅礡深邃的情感，超乎常人。沒有人比她更熱愛自由，然而，也沒有人比她更優雅地服從約束、接受各種反覆無常的變化。她的想像力豐富，又有很強的辦事能力。她的容貌一如內心美麗；淡褐色雙眸雖然像小鳥的眼睛一樣清澈靈動，眼神卻溫柔得令人著迷。她的體態裊娜輕盈，看似極其嬌弱，卻耐得住最苦最累的體力活。儘管她的領悟力和想像力都令我折服，我卻喜歡保護她，彷彿照顧小動物一樣。我從未看過有誰像她這般表裡如一地真摯美好。

人人都喜歡伊麗莎白。僕人若有任何要求，總是請她代為說情。我們從不吵架拌嘴，也從不曾心生嫌隙。儘管我們的性格有很大的差異，但差異之中自然存在一股和諧。我比我的同伴冷靜、喜歡沉思，但脾氣沒有她柔順。我有更長的專注力，用功時孜孜不倦。我熱愛探索真實世界的真相，她卻醉心於詩人筆下虛無縹緲的天地。世界對我而言是個謎，我渴望揭開其中奧祕；然而在她看來，世界是一片空白，她打算用自己的想像力書寫這個世界。

我的弟弟比我小很多歲，但我有一個同學成了我的好友，為我填補這段空缺。亨利．克萊瓦爾是一位日內瓦商人的兒子，他的父親和我父親私交甚篤。他天資聰穎，想像力驚人。我記得他九歲時寫了一篇童話故事，朋友們莫不讀得津津有味，驚嘆不已。他最喜歡讀有關騎士的俠義浪漫小說。我還記得，小時候，我們經常演出他利用這些故事編寫的劇本，其中角色包括奧蘭多、羅賓漢、阿瑪迪斯和聖喬治。

沒有人的童年比我過得更快樂了。我的父母寬厚慈祥，友伴們親切可愛。我們從沒有被逼著讀書，而是不知怎麼地，眼前總有個目標激發我們追求知識的熱情。父母靠這個方法督促我們勤勉向學，而不是讓我們相互競爭。伊麗莎白並非為了超越同伴才熱衷於學畫，而是渴望親手畫下最美好的風景，讓舅媽高興。我們之所以學習拉丁文和英文，則是因為日後有可能閱讀以這些文字寫成的作品。我們並未因為受到懲罰而厭惡讀書，恰恰相反，我們熱愛求知。我們的娛樂，很可能是其他小孩眼中的苦差事。也許比起世俗方法教育下的孩子，我們的書讀得沒那麼多，語言學得沒那麼快，但是我們獲得的知識，卻更深刻地銘刻在記憶中。

我描述這些家常生活時，是把亨利．克萊瓦爾算在內的，因為他總是和我們在一起。他跟我一同上學，平常都在我們家度過午後時光。由於他是獨子，家中沒有人作伴，他的父親也很高興他在我們家找到相互陪伴的朋友。而當克萊瓦爾不在身旁，我們的快樂也總帶著一點缺憾，若有所失。

回憶童年時光總讓我滿心歡喜。那時候，厄運還沒有沾染我的心靈，還沒有把我心裡那份光明燦爛的遠大前景，轉變成陰鬱狹隘的自我反省。但是，要描述我的早年生活，就不能不說說讓我在不知不覺中，一步步走向悲慘境遇的那些事件，因為當我在心裡追索日後左右我命運的那股熱情究竟何時萌芽，我發現它就像山間溪流，雖然源於某個微不足道、幾乎為人遺忘的地方，卻在流淌過程中逐漸壯大，終至變成一道湍流，奔騰而下，沖走我的一切希望與喜悅[14]。

自然哲學[15]宰制了我的命運，因此，我希望說明導致我偏愛這門學問的幾件事情。十三歲那年，我們全家前往托農附近的溫泉區遊玩，卻因為天氣惡劣而不得不整天待在客棧裡。就在這間客棧中，我偶然發現了康留尼斯．阿格里帕（Cornelius Agrippa）的一部著作。我百無聊賴地打開書頁，然而，他試圖闡明的理論及種種奇妙現象，一下子讓我的態度從冷淡變得興致勃勃，彷彿有一道曙光照亮了我的心靈。我開心地向父親稟明我的發現。在此，我忍不住得說說，為人師表者經常有機會將學生的注意力導向有用的知識，卻澈底忽略了這些契機。父親漫不經心地朝書的扉頁瞄了一眼，隨口說道：「啊！康留尼斯．阿格里帕！親愛的維克多，別浪費時間在這本書上，書裡的內容全是謬論，糟糕透頂。」

倘若父親不是這樣三言兩語打發我，而是耐心向我說明阿格里帕提出的觀念已被全盤推翻，現在出現了一套現代化科學體系，它比古代的思想更強大，因為古代科學的力量純粹出於幻想，

---

14 這段話談的是感知上的動態（perceived momentum）：以現在的觀點重建過去，過去似乎總具有某種結構、動能與一條清晰的路徑。人們之所以樂觀地認為自己有能力預測未來並操縱現在、進而達到理想的未來狀態，一部分便是出於這項重大的錯覺。然而，鑑於科技界與政府在這日益複雜的世界面臨的挑戰，這樣的樂觀無疑既傲慢又無用。說它傲慢，是因為它誇張地高估了任何一個人——不論科技專家或政府決策者——預測社會科技系統未來走向的能力；而說它無用，則是因為它使人迷失在異想天開的空想之中，而不是促使人們努力克服日新月異的艱難挑戰，並以正直、負責、理性的態度，應付這個變化無常且基本上無法預測的真實世界。你盡可以回顧往昔，聲稱過去和現在之間有一條清澈的溪流，但你實際上只是在進行標準的重建工作，頂多打造出一個武斷而片面的過去。（Braden Allenby 註）

15 「自然哲學」（natural philosophy）這個詞，泛指對自然世界進行的理論性與實證性探索。在「科學家」（scientist）一詞於一八三四年首次出現之前，人們便以「自然哲學家」泛指進行這類探索的人。不過，瑪麗在書中也用了「科學」這個字眼；維克多在描述法蘭肯斯坦一家人時說，「我的家人對科學一竅不通」。化學家漢弗里．戴維跟瑪麗的父親威廉．戈德溫很熟，瑪麗也讀過戴維的著作。有一部講述戴維生平的傳記（Golinksi 2016, 1），將焦點放在戴維如何「在還沒有科學家這個行業之前」成了科學家。書中每個章節都以瑪麗小說中的段落作為引言，似乎暗示在追求科學的道路上，戴維與維克多同病相憐，而其研究過程的艱辛，可以用瑪麗對維克多的類似困境所做的描述代為表達。（David H. Guston 註）

現代科學的力量才是真實而有效的；要是這樣，我肯定會把阿格里帕扔到一邊，而把我被激起的熱情，投入當代發現的、更合理的化學理論[16]。如此一來，那股導致我毀滅的致命衝動，甚至可能永遠不會出現在我的思緒中。但是父親對那本書的匆匆一瞥，讓我根本不相信他熟悉書中內容，於是我繼續廢寢忘食地讀下去。

回家以後，我最掛念的事情就是蒐集這位作者的全套著作，然後是帕拉塞爾蘇斯和大阿爾伯特的作品[17]。我歡喜地研讀這幾位作家不著邊際的空想，在我看來，它們是除了我之外少有人知道的珍寶。雖然我常渴望跟父親討論這些祕密的知識寶藏，但是他曾含混地批評我最喜歡的阿格里帕，我總忍著沒把話說出口。我倒是向伊麗莎白透露了我的發現，並要她發誓守口如瓶，但她對這門學問興趣缺缺，拋下我獨自一人沉浸其中。

看起來也許非常奇怪，十八世紀竟然出現了大阿爾伯特的一個門徒，但我的家人對科學一竅不通，我也未曾上過日內瓦學校提供的任何課程[18]。因此，現實從來沒有機會把我的美夢打醒。我認真尋找點金石和長生不老藥[19]，毫不懈怠。不過，我很快就把全副注意力放到長生不老藥的

16　雖然「煉金術」（Alchemy）這個詞源於阿拉伯，但煉金術是自古以來即有的概念。其內容主要牽涉物質轉換，最著名的就是將鉛和錫等卑金屬轉換成金和銀。古代煉金術大體上可被視為現代化學的雛型，涉及了冶金以及製作染料和人造寶石等各種技術。煉金術也與醫學息息相關，到了文藝復興時期，人們開始將煉金術與占星術、密契主義甚至魔法歸為一類。十八至十九世紀期間，越來越多人把煉金術斥為偽科學，屬於騙術的範疇；維克多的父親及克倫普教授都反映出這種觀點，並且堅決將現代化學與不理性的古代煉金術區分開來。（Joel A. Klein 註）

17 在中世紀和文藝復興時期，歐洲許多煉金術士都相信人類有可能研製出可以延長壽命或醫治百病的「長生不老藥」。包括康留尼斯．阿格里帕在內的某些煉金術士，認為這類長生不老藥與點金石有關；點金石是煉金術傳說中的一種神祕物質，可以將鉛之類的普通金屬轉變成黃金。中世紀神學家大阿爾伯特從未公開支持這種觀點，但一本訛傳——但人們普遍相信——為大阿爾伯特所著的《煉金術小書》（*Little Book on Alchemy*）卻贊同這種說法。然而，在有關煉金術與生命概念的文本中，影響最深遠的要屬文藝復興時期的醫生、主張破除偶像觀念的帕拉塞爾蘇斯的文章——雖然作者很可能另有其人。在一篇名為〈物性論〉（On the Nature of Things）的文章中，作者提起一種稱為「何蒙庫魯茲」（homunculus）的人造小人，其製作過程和維克多為「無生命的物質」注入生命的過程隱隱相似。將裝有精液的密封燒杯加熱保溫，四十天後就能產生一個人形，接連四十個星期以鮮血餵養後，該人形就會發展成完整的何蒙庫魯茲，擁有不凡的力量與知識。（Joel A. Klein註）

18 這段話暗指正規教育優於在家自學。此外，人們普遍認為正規教育可以為學生打下真理的基礎，自學者則無法分辨真偽，因為沒有旁人來告訴他什麼是對的。這樣的教育觀點特別有意思，因為學校教育必定存在偏見——不論偏見是來自課程設計、指導者對課程的看法，或甚至指導者在課堂上提出的問題。人們假設學校傳授的是不偏不倚的真理，但這樣的假設有其瑕疵。（Sara Brownell註）

19 康留尼斯．阿格里帕迄今仍是他那個時代最有智識說服力的魔法師兼自然哲學家。他窮畢生之力寫下的煌煌鉅著《秘教哲學三書》（*De occulta philosophia libri tres*），始於少年時代獻給老師——斯蓬海姆修道院院長特里特米烏斯（Abbot Trithemius of Sponheim）——的一篇手稿。這部鉅著在一五〇九至一五一〇年間開始流傳，一五三一年第一次印刷出版，一五三三年完成最終修訂版。這本書被大量印刷流通，一五三五年以前便出現了德文、拉丁文與法文版，十七到十八世紀之間不斷再版，並翻譯成英文。儘管沒有證據支持，但阿格里帕身為黑魔法師的傳聞甚囂塵上；而誤傳為他所做的第四本書，內容確實是關於黑魔法。這本書在十七世紀出現英文版，到了十九世紀，銷量已超越阿格里帕的原始著作。

維克多．法蘭肯斯坦是否讀過《秘教哲學三書》，書中並未言明，但維克多對阿格里帕「試圖闡明的理論」大表佩服，這顯示他或許曾接觸該書提到的神奇宇宙論。阿格里帕認為天地萬物都有魔法，世界是一個由連結、感應與互斥研究上。我將財富視如敝屣，但如果我能為人類趕走一切疾病，讓人們除了死於非命之外，可以免於任何傷害，這樣的發現將帶來多麼大的榮耀[20]！

我的志向還不僅止於此。我最喜愛的作家一致保證確實有招魂重生這種事，而我熱切渴望實現這個可能性。假如我的咒語屢試不靈，我將把失敗歸咎於自己經驗不足或犯了錯誤，而不是我的導師們學藝不精或欺世盜名[21]。

每天在我們眼前上演的自然現象也沒有逃過我的觀察。蒸餾法以及蒸汽的奇妙作用讓我驚異不已，而我最喜歡的作家卻完全無視這些現象。然而，最讓我瞠目結舌的，要屬我們經常拜訪的一位紳士用氣泵做的一些實驗。

早年的自然哲學家對種種自然現象的無知，足以動搖我對他們的信任，但是在另一個體系取代先哲在我心目中的地位之前，我還沒辦法澈底拋棄他們。

大約在我十五歲那年，我們全家搬回位於貝勒里夫附近的宅邸。在那裡，我們經歷了一場最猛烈、最駭人的暴風雨。狂風暴雨從侏羅山背後席捲而來，驚雷同時在四面八方的天際炸裂，發出令人魂飛魄散的轟隆隆巨響。暴風雨肆虐大地之際，我好奇而歡喜地注視它的行進。我站在門口，突然看見二十碼外那棵美麗的老橡樹發出一道火光。等到絢爛耀眼的火光消失，橡樹已無影無蹤，只剩下一截毀壞的樹墩。我們翌日早晨去查看時，發現那棵樹四分五裂，情況十分奇特。它不是被劈成碎片，而是整個被炸得粉碎。我從來沒見過什麼東西被破壞得如此澈底。

這棵樹遭遇的災難令我咋舌，忙不迭向父親請教打雷閃電是怎麼一回事。他答道，「電

力」；同時說明這種力量的不同作用。他打造一個小型的電力機器，展示了幾項實驗，另外用鐵

構成的系統，造物主將魔法置於這個系統中，只要熟悉其中門道，就可以跳脫自然界、影響超越界。雖然《秘教哲學三書》顯然與新柏拉圖主義的思想相通，並且為煉金術士指出一條藉由研究造物主的工作而獲得提升的明路，但阿格里帕的獨特之處，在於他也提到活著的煉金術士有可能透過法術超越自然界，並重新擁有神格。若要取得這樣的法術，煉金術士首先必須去除人類的欲望與野心，提升自己的心靈。阿格里帕相信，透過提升心靈，煉金術士可以運用法術繼續推動造物主設計的世界秩序——他也許將煉金術士視為天啟中的一大防禦力量。然而，我們並不清楚一個訓練有素但包藏邪心的煉金術士取得神格之後會發生什麼——也許會導致世界失序。無論如何，維克多之所以認為自己可以跟造物主等量齊觀，其靈感或許來自這個文本，因為他是在文藝復興時期的神學脈絡之外讀到這個文本，並不了解具有法力的煉金術士需要遵守極大的紀律。他的創造物是一面借鏡，顯示未受約束、充滿野心、自我中心的科學研究會帶來什麼威脅。它無法匡正文藝復興時期自然哲學的弊病；這些弊病如今已被現代科學解決。然而，它可以作為證據，證明從十九世紀初開始被人稱之為科學、如今越來越常見的同儕評議與機構化研究，究竟多麼重要。（Allison Kavey註）

20 年輕、叛逆、聰明又胸懷大志的維克多，孜孜不倦地追求榮耀與名聲。他渴望出名。他要的不只是成功，而是輝煌的、一鳴驚人的成功。而他追求顯赫名聲的方法，就是透過那個「宰制了……（他的）命運」的現代自然哲學，也就是我們今日所稱的實驗科學。維克多明言他的目標是創造某種永生不死的生命，而這東西正可以為他帶來他亟欲追求的名聲。（JJ LaTourlle註）

21 認為學習不良是學生的責任，可以被形容為教學的「學生缺陷模式」（student-deficit model）；這項理論假設老師的教學完善無缺，學習若出現缺陷，完全是學生的錯。這種觀點也可被視為以老師為中心的教學模式，其中，學生必須負起聽課與學習的責任。這跟當今的教育觀形成強烈對比；如今，許多人認為教育應該是一種建構式活動，以學生為中心，由學生創造自己的學習。（Sara Brownell註）

絲和細繩製作一隻風箏，接引雲裡的電漿[22]。

這最後一擊澈底推翻了長期以來主宰我的想像力、在我心中如神一般的康留尼斯·阿格里帕、大阿爾伯特和帕拉塞爾蘇斯。不過或許基於宿命，我無心著手研究任何新的體系，而我的抗拒心態，是受了下面這件事情影響。

父親表示他希望我去聽一門自然哲學課程，我欣然同意。然而，我被一些偶發事件絆住，直到課程即將結束才終於去上課。那時已是最後的幾堂課，我完全跟不上課程內容。教授滔滔不絕說著鉀和硼、硫酸鹽和氧化酶，以及我毫無概念的各種術語。這讓我對自然哲學心生厭惡，不過我還是樂於閱讀普林尼[23]和布豐[24]的作品。在我看來，這些著作的娛樂性與實用性幾乎不相上下。

我在這年紀最著迷的是數學，絕大部分學科都離不開這門學問。我還勤於學習語言。我這時已熟悉拉丁文，並且開始閱讀最粗淺的希臘文作品，不必借助辭典。另外，我也能完全理解英文與德文。這是我在十七歲達到的種種成就，你可以想像，我把全副時間投入浩瀚書海，致力於獲取書中知識，並且時時溫習。

我還被賦予管教兩個弟弟的任務。恩尼斯特比我小六歲，是我最主要的學生。他幼年時期疾病纏身，伊麗莎白和我始終照料著他，寸步不離。他的性情溫和，但是沒辦法做任何勞神費力的事。小弟威廉這時還是個嬰兒，天底下沒有哪個小傢伙比他更漂亮。他有一雙會說話的藍眼睛，臉頰上有小酒窩，還有惹人喜愛的性格，讓人不由得又愛又憐。

我們的家庭生活就是這樣，憂慮與痛苦似乎和我們澈底絕緣。父親指導我們讀書，母親與我們同享歡樂。誰都沒有比誰的地位更高，誰都不曾用命令的口吻說話。我們相親相愛，每個人都願意成全彼此心中最微小的願望，互相退讓。

---

22 驚心動魄的自然現象，向來是科學及文學想像的靈感泉源。這段話重現了哲學家法蘭西斯．培根（Francis Bacon；1561-1626）心目中的科學發明過程——科學家首先對自然現象產生認識，然後運用他們的知識，建造出使用相同原理的技術。這段話描述維克多的父親如何將雷電的原理運用到各種技術上——一個小型的電力機器（也許是電堆或萊頓瓶），以及一隻可以引電和導電的風箏（效法富蘭克林的實驗）；兩者都是珀西．雪萊所受教育的一環。這段話預示了維克多最終選擇以電為他的創造物注入生命。敘事者描述在目睹暴風雨時產生了驚異感；這些感受十分重要：歡喜、好奇、敬畏和其他種種情緒擄獲了目睹者的想像力與情感，產生了科學探索的動力。一八一六年夏天，日內瓦陰雨不絕，天空經常雷電大作，瑪麗很可能將她的感受寫進了男主角的經驗中。（Delhia Hannah 註）

23 老普林尼（Pliny the Elder；23-79）是羅馬時代的博物學家兼自然哲學家，著有百科全書式的《博物誌》（*Naturalis historia*）。維蘇威火山爆發時，他為了幫助朋友們逃生而不幸喪命。（David H. Guston 註）

24 喬治—路易．勒克萊爾，布豐伯爵（Georges-Louis Leclerc, Comte de Buffon；1707-1788）是一位法國博物學家，他效法老普林尼，寫下卷帙浩繁的《自然通史》（*Histoire naturelle*）。在博物學家仍然企圖理解物種是否演變以及如何演變的時代，布豐提出了一個理論，認為新世界（指美洲大陸）的物種——包括人類——比舊世界的物種劣等。這項理論引發湯瑪斯．傑佛遜不滿，他寫信強烈反擊，並蒐集健壯的北美洲野生動物標本，包括一頭充填的大角麋鹿，寄給大西洋對岸的布豐。（David H. Guston 註）

第二章

滿十七歲的時候，父母親決定讓我去英戈爾施塔特大學求學。在此之前，我一直就讀於日內瓦的學校，但父親認為，若要接受完整的教育，我有必要認識其他地方的風土民情，不能局限於自己的國家。就這樣，我的出發日期訂得很早，但還來不及動身，生命中的第一樁厄運便降臨了，彷彿預告未來的悲慘命運。

伊麗莎白染上了猩紅熱，但病情並不嚴重，很快就恢復健康。在她隔離期間，我們費盡唇舌勸阻母親去照顧她。母親起初答應我們的請求，但是當她聽說她最疼愛的孩子正漸漸復原，再也按捺不住思念之情，走進了伊麗莎白的房間，這時候，傳染的危險還遠遠沒有結束。一時的大意造成了致命的後果。第三天，母親病倒了，發起了高燒，醫護人員的神色預示了不堪設想的情況。臨終之前，這位最值得敬佩的女人依舊維持她的堅毅與慈祥。她把伊麗莎白和我的手拉在一起。「孩子們，」她說，「對於未來的幸福，我把最大的希望寄託在你們倆的結合上。如今，這份願望將是你們父親的慰藉。我親愛的伊麗莎白，請務必取代我的位置照顧妳的兩個表弟。唉！真遺憾，我就要離開你們了。我這一生被人深愛著，過得幸福快樂，如今怎麼捨得離開你們每一個人？不過我不應該有這些想法，我將努力讓自己愉快地接受死亡，盼望在另一個世界與你們重逢。」

她安詳地走了，遺容依舊流露出深情。我無須贅述一個人至深的親緣被這種無可挽回的災難[25]撕裂、靈魂扯開一道缺口是什麼感覺，也無須形容表露在我們臉上的絕望神情。好久好久以後，我們才終於說服自己，和我們朝夕相伴、血脈相連的母親已永遠離開，我們摯愛的那雙明眸已褪去光彩，熟悉的悅耳聲音也已沉寂下去，再也聽不到了。這就是我們開頭幾天的感受，但是當時間的流逝證明這樁邪惡之事確實發生過，真正的哀傷才正要開始[26]。然而，又有誰未曾被

---

25 母親過世被視為一項災難，一項「無可挽回的災難」。瑪麗小時候會坐在母親的墳前讀書；這是創造物在失去他們的創造者時，心中感受到的一種獨特的哀傷。維克多之所以致力於創造科學怪人，很大一部分是受到死亡的災難以及人類壽命有限等想法所驅策。這段話接下來以災難對情感的衝擊——在此是哀傷——作為災難認知的連結。諷刺的是，當他成功造出科學怪人，卻讓科學怪人成為無母的孤兒。（Joel Gereboff註）

26 當維克多描述他因母親過世而哀傷，他的焦點在於他個人所受的衝擊。他哀悼母親留下的空缺，而不是為了母親臨終前所受的痛苦，或她無法繼續體驗人生而悲傷。維克多在母親過世時的哀痛，為塑造他的人物性格起了重大作用，反射出科學怪人在書中的經歷。維克多悲歎生命出現空缺——也就是他的母親；科學怪人也悲歎生命出現空缺——也就是朋友、夥伴和伴侶。鑑於維克多對哀傷和失落有深刻的體會，我們期望他對科學怪人的困境會有更大的同情。也許他是刻意視而不見，因為唯有不把他的創造物當成人看，他才能跟科學怪人保持距離，甩開他應盡的責任。作為創造者，科學家和工程師是否承受得住把自身投射在研究工作中，或者是否承受得住不這麼做的後果，仍是個有待觀察的問題。（Sean A. Hays註）

那雙殘暴的手奪走至親之人？我又何必描述那份人人都曾感受、或終將感受的哀傷呢？終於，時候到了，悲傷不再如影隨形，而是一種縱情；雖然微笑或許會被視為褻瀆，但嘴角依舊會漾起笑意。母親已離開人世，但我們仍有自己應盡的責任；我們必須和其他活著的人一起在人生道路上繼續行走，並且學會慶幸自己沒有被死神奪去性命。

我前往英戈爾施塔特的行程因為這些事情而延誤，如今再度確定日期。父親容許我暫緩幾星期動身。這段時間在哀傷中度過了。母親離世，我又即將遠行，每個人都鬱鬱寡歡。但伊麗莎白千方百計讓大家恢復好心情，自從舅母過世，她的意志變得堅定而有力，下定決心一絲不苟地扛起自己的責任，而她覺得最緊迫的任務已經落到她身上，那就是讓舅舅和表兄弟們重新綻開笑顏。她安慰我、逗舅舅開心、教導我的兩個弟弟。我從未見過她像此刻這般美麗動人，她為了我們的幸福殫精竭慮，完全忘了自己。

我啟程的日子終於來臨。我已經向每一位朋友辭別，只除了和我們一起度過臨行前最後一晚的克萊瓦爾。他非常遺憾無法與我同行，但他的父親就是不准他離家，沒得商量。他父親最愛說，對於日常生活的往來酬酢，讀書學習無非多此一舉[27]；他秉持這套理論，認為亨利應該留下來和他一起做生意。亨利有一副聰明的頭腦，無意浪費自己的才能，儘管他十分樂意成為父親的搭檔，卻相信一個優秀的商人也可以知書達禮，兩者不相違背。

我倆坐到深夜，我聽他訴苦，並對未來做出許多小小的計畫。我在第二天一大早出發，淚水從伊麗莎白的雙眼滾滾而下，一方面出於離別的傷悲，另一方面則是因為她想起若是在三個月前，我就能帶著母親的祝福啟程遠行。

我猛然鑽進載我離去的馬車，沉湎在最灰暗的愁思中。我自幼生活在親朋好友的包圍下，一直努力為彼此帶來歡樂，如今卻孤伶伶一個人，形單影隻。在我即將前往的大學裡，我得自己設法結交朋友、保護自己。迄今為止，我一直過著與世隔絕的居家生活，這使我對新面孔有一種根深柢固的厭惡。我愛我的弟弟、伊麗莎白和克萊瓦爾，他們是「熟悉的老面孔」，我深信自己完全不適合跟陌生人交往。這些就是我剛踏上旅途時的念頭，但隨著馬車不斷前進，我也漸漸升起了興致與希望。我渴望追求知識。在家的時候，我就常常想，年少的生命不該被禁錮在同一個地方，我渴望走進世界，立足於人群之中。現在已如我所願，要是感到後悔，豈不是太糊塗了！

前往英戈爾施塔特的路途漫長而累人，我有充裕的時間思索這種種問題。終於，這座城市的白色尖塔映入我的眼簾，我下了車，被人引到我獨自居住的房間，我可以隨意打發這個夜晚。

隔天早上，我遞交了介紹信，也拜訪了幾位大教授，其中包括傳授自然哲學的克倫普先生。他客氣地接待我，並向我提出許多問題，希望了解我在自然哲學各個範疇的學習進度。我顫抖著提起我在這個領域唯一讀過的幾位作家，心裡惶惶不安。教授瞪大了雙眼。「你真的，」他說，「把時間花在這些無稽之談上？」

---

27 現今的教育大多強調應用式學習，尤其是以培養技術性人才為目標的技術院校。這種觀點在瑪麗的時代並非主流。當時，學習被視為一種特權，對日常生活沒有太大用處。（Sara Brownell 註）

我給了肯定的答覆。克倫普先生熱切地說下去，「你花在這些書本的每一分每一秒，全都是浪費時間。你的腦子裡塞滿了過時的思想體系和毫無用處的名稱。老天啊！你究竟生活在怎樣的荒漠裡？竟然沒有人好心告訴你，你如此飢渴吸收的奇談怪論全是千年古董，老得發霉了！我真沒料到，在這個開明的科學時代，竟能找到大阿爾伯特和帕拉塞爾蘇斯的忠實信徒！我親愛的先生，你得澈澈底底從頭開始學起[28]。」

他說著說著走到一旁，開了一張有關自然哲學的書單，要我去找書看。在打發我離開前，他還提到自下週起，他打算開一門自然哲學概論的課程，他的同事華德曼先生則負責教授化學，跟他輪流授課。

我回到住處，心裡並不失望，因為我早就知道教授嚴詞批評的那幾位作家根本毫無價值。不過，我也提不起勁鑽研他建議的那幾本書。克倫普先生又矮又胖，聲音粗啞，長相醜惡，因此，我對這位老師沒有太大好感，也聽不進他的訓示。此外，我還瞧不起現代科學的實際運用。古代大師追尋的是永生與力量[29]，這樣的追尋雖然徒勞無益，卻高貴而宏偉。但現在情況改變了，古今不可同日而語。現代學者的雄心壯志，似乎局限在破除古代大師許下的願景，而我對科學的興趣，主要就是建立在這些願景之上。如今，我被要求拿毫不值錢的現實，替換廣闊無涯的偉大奇想[30]。

我剛抵達的頭兩三天孤孤單單的，整日沉浸在這些想法中。但隨著第二週開始，我想起克倫普先生說的上課的事。雖然我不願意去聽那個自負的矮個子在講台上高談闊論，但我想起他提到的那位華德曼先生；他之前出城去了，我還沒見過他。

---

28 這段話旨在說明自學的壞處：自學者或許不知道該讀哪些書，或者如何評價他們讀的書。不過，這段話也提出一個問題，那就是研讀被當代思潮視為謬誤的舊思想體系，是否能得到任何益處。我們真的對當前的主流觀點深具信心，以至於認為前人的思維毫無價值？（Sara Brownell註）

29 許多學者主張，科學與技術（尤其是西方的實踐）向來以追求「永生與力量」為目標（請參考《技術宗教》〔*The Religion of Technology*，1997〕。作者大衛．諾布爾〔David Noble〕在書中指出，從中世紀初開始，「越來越多人認為，科技的發展，與典範的遺失以及重現典範的可能性息息相關。藝術的進展也呈現新的意義，不僅證明了上帝的恩典，也預示即將到來的救贖，並為迎接救贖做好準備」[12]）。某種程度上，啟蒙運動強烈主張人文主義觀點，而這些主張的終極目標（很少有地方像這段話說得那麼清楚），至今沒有太大改變。不過，在我們抨擊如此顯而易見的傲慢之前，我們必須記得，這些主張的反面也沒有太大改變：那些不追求永生和力量的人，往往受疾病所苦、年少早逝且屈居於他人之下。（Braden Allenby註）

30 維克多認為當代的自然哲學與古代大不相同。他所描述的歷史，顯示古代科學家擁有比當代科學家更遠大的志向，照他所述，當代的科學家一心一意以科學證明哪些事情不可能存在，而不是致力於擴展人類的想像力。這是瑪麗在兩世紀前所做的比較，因此為現代讀者提出了一個問題：從前的科學是否具有比今日的科學更廣闊的想像力（亦即維克多所說的「廣闊無涯的偉大奇想」）。

雖然他深信科學大師追求的「永生與力量」並不可能實現，維克多卻被「廣闊無涯的偉大奇想」吸引住了。

「Chimera」（即譯文中的「偉大奇想」）這個字在此一語雙關：首先，它是希臘神話中會噴火的怪物，具有獅頭、羊身、蛇尾，以及一個不切實際的目標。瑪麗巧妙的用字遣詞，讓讀者同時看見了這個字的雙重意義。在現代生物學中，chimera（嵌合體）的概念指的是好幾個受精卵融合成一個個體並發育成長，起因有可能是組織移植或基因突變（當然，瑪麗不會知道這個生物概念）。（Hannah Rogers註）

既是出於好奇，也因為閒來無事，我走進了教室。沒過多久，華德曼先生也進來了。這位教授和他的同事截然不同。他看上去大約五十來歲，容貌極其和藹親切，兩鬢幾縷花白，但後腦杓的頭髮幾乎全黑。他的個子不高，但體態筆挺，還擁有我所聽過最甜美悅耳的聲音。他首先簡單扼要地說明化學的歷史，以及不同的學者做出的各項改進，慷慨激昂地列舉諸位大發現家的姓名。然後他概述這門科學的現狀，解釋了許多基本的專有名詞。他做完幾項預備性的實驗，最後高聲頌揚現代化學，作為這堂課的句點。我永遠忘不了他的那一番話：

「這門學問的先師們，」他說，「許下了天花亂墜的諾言，卻從未兌現。現代大師則很少誇口；他們知道點石不可能成金，而長生不老藥不過是一種妄想。但這些現代科學家，儘管他們的雙手似乎生來就是要沾泥巴的，雙眼就是來盯著顯微鏡或熔爐的，然而他們的確製造了奇蹟。他們鑽進大自然的幽暗深處，揭示了她不為人知的神祕運作；他們衝上天際，探索了宇宙的奧妙；他們也發現了血液的循環規律，以及我們所呼吸的空氣本質。他們獲得了新的力量，幾乎無所不能；他們可以控制雷電、模擬地震，甚至以無形世界本身的幻影來仿造那個看不見的世界。」

我心滿意足地走出教室，對教授和他的課都深感佩服，當天晚上就去拜訪他。他私底下的態度比在公開場合更和氣、更有魅力，因為他在課堂上還帶有一絲威嚴，而在自己家裡，他完全放下了架子，非常親切和善。他聚精會神聽我描述我的學習過程，聽到康留尼斯·阿格里帕和帕拉塞爾蘇斯的名字時，臉上不禁浮出微笑，但沒有像克倫普先生那樣露出鄙夷的神色。他說：「正是這些人不倦的熱情，為現代科學家奠定了知識的基礎。我們現在所知的事實，很大程度上是靠前輩們的努力才能公諸於世；他們留給我們一個比較簡單的功課，只需要將這些事實重新命名、分門別類就好。天才所做的努力，不論方向錯得多麼離譜，最後總會為人類帶來實實在在的好處，少有例外[31]。」他的這番話完全不帶任何臆斷或好惡，聽完他的話，我對他補充說，他的課消除了我對現代化學家的偏見，在此同時，我請他建議我去找哪些書看。

「我很高興收了一個學生，」華德曼先生說，「如果你的勤奮程度不亞於你的天賦，我相信你一定會成功。在自然哲學的領域中，化學是進步最大的一個分支，而且很可能會繼續出現新的進展。正因如此，我選擇以它作為專業的研究方向，但在此同時，我並未忽略科學的其他分支。如果一個人光閉起門來研究化學一門學問，他會是非常差勁的化學家。如果你想成為真正的科學家，而不只是小小的實驗人員，我建議你認真研究自然哲學的每一門學問，包括數學。」

接著，他帶我進入他的實驗室，向我說明各種儀器的用途，告訴我應該配備哪些用具，並且答應我，只要我在這門學科取得足夠進步，不會把他的實驗室攪得一團亂，他就借我使用他的設備。他還應了我的要求，開了一張書單給我；我隨即告辭離去。

難忘的一天就這樣結束了；這一天，就此決定了我未來的命運。

---

31 人們主張科學和科學家在追求知識時應享有自主權——也就是不受政府與外行人干預、自己做選擇的能力；一大理由就是認定自主的研究能確保更優越的結果，不論研究過程中是否出現謬誤或偏見。化學家兼科學哲學家邁克・波蘭尼（Michael Polanyi）曾說，一個理想的組織，就是讓「科學家提出自己選擇的問題，並按照自己的判斷找出答案」。（David H. Guston 註）

第三章

從這天起，研究自然哲學——特別是廣泛意義上的化學——占據了我的全副精力。我熱切地閱讀現代學者在這些領域上的著作，這些作品立論別出心裁，處處展現作者的才華。我去學校上課，結識校內的許多位科學工作者。我甚至在克倫普先生身上發現許多合理而實際的知識，的確，他的長相和態度令人生厭，但他的見解並不會因此減損了價值。華德曼先生則成了我真正的朋友。他溫文儒雅，從不武斷跋扈，授課時知無不言、言無不盡，而且極有耐心，掃除了所有的迂腐觀念。或許，正是老師平易近人的性格把我吸引到他專業的自然哲學領域，而不是因為我發自內心喜歡這門學問。不過，這種心態只出現在最初階段；我越投入研究，越純粹是因為知識本身而追求知識[32]。起初，我是為了盡本分才決心用功讀書，如今，我的學習態度變得熱烈而急切，夙夜匪懈，當晨星隱沒在曉光之中，我往往還在實驗室裡埋頭苦幹。

不難想像，我如此發憤用功，自然進步神速。我的熱忱令同學們嘆為觀止，對課業的嫻熟，則讓老師們驚訝不已。克倫普教授經常帶著狡黠的微笑問我：「康留尼斯．阿格里帕的研究進展得如何？」華德曼先生則衷心為我的進步感到高興。兩年就這樣過去了。這兩年來，我從未返回日內瓦，只是一味投入科學研究，全心全意，盼望得到新的發現。唯有親身經歷這種過程的人，才能真正理解科學的誘惑力。在其他學科領域，你頂多只能達到和前人一樣的成就，沒有其他東西可學；但在追求科學知識的道路上，新的發現與奇觀總會源源不絕地出現。就算資質中等，只要全心鑽研一個領域，也必然能夠精通這門學問。而我，不斷為了實現目標而全力以赴，因此進步飛快，兩年結束時，我便取得一些成績，改良了部分化學儀器，在學校裡贏得很高的聲望與敬意。到了這個階段，我已熟悉自然哲學的各種理論與實踐，通曉英戈爾施塔特每一位教授的每一

32 在科學領域上，投入單一師門並非最好的模式；維克多深知這一點。他師從兩位個性互補、各有缺點而寶貴的老師——克倫普先生和華德曼先生。我們可以看見，科學知識的傳授並非在真空環境下進行。發展心理學家尚・皮亞傑（Jean Piaget）用「智力藉由組織自己來組織世界」這段話，描述智力的發展過程（引述自Chess與Hassibi 1978, 63）。皮亞傑認為，學習過程是一個複雜的調適系統，正如人體接受外界刺激的過程，首先分析並預期出現刺激物，從而產生一個複雜的心智活動系統，並預料後果，其目的在於預測並控制刺激物，以便產生更有利的結果。因此，具有不同觀點與經驗的個體（導師與學生）之間的協作性互動，提供了有助於發展新知的對話刺激。李夫・維高斯基（L. S. Vygotsky）引述皮亞傑，描述了一個類似的過程：「此類〔兒童論證〕觀察促使皮亞傑推斷，溝通交流引發了核對並確認想法的需求，這是成人常見的思考過程」（1978, 90）。師徒之間的互動動態為維克多提供了鞭策其好奇心、創造力與學習的刺激。熱愛化學的華德曼先生說他「並未忽略科學的其他分支」，對維克多強調了跨領域學習的重要性。這個段落顯示，維克多的學習熱忱也是兩位導師雙管齊下的結果：「自然科學——特別是廣泛意義上的化學——占據了我的全副精力」。最後，追求新知（不論哪個領域）是驅策維克多進行研究的動力。維克多當時的狀態，可以用紀律、熱情、專注與有效的多元學習精神來形容。（Carlos Castillo-Chavez 註）

門課，留在學校已無法幫助我繼續成長，因此我打算返回家鄉，回到朋友身邊。可是這時發生了一件事，使我又待了下來。

人體構造是特別吸引我注意的自然現象，事實上，我對任何有生命的動物都興趣濃厚。我常自問，生命究竟如何起源？這是一個大膽的問題，始終被視為難解的奧祕。然而，若不是膽小怯懦或粗心大意限制了我們的探索，有多少未知事物就在咫尺之外等著我們去發掘？這些想法在我腦中盤旋，我決心從此特別專注於有關生理學的自然哲學領域。當時，要不是一股簡直不可思議的幹勁鼓舞著我，我肯定會覺得這個課題令人生厭，甚至難以忍受。為了探索生命的起源，我們首先必須求助於死亡。我開始研究解剖學，但這還不夠；我也必須觀察人體的自然衰敗與腐化。在我的教育過程中，父親總是極其謹慎，不讓任何怪力亂神的恐怖故事在我心裡留下陰影。因此，我不記得自己曾因為迷信傳說而感到害怕，或被鬼怪故事嚇得魂飛魄散。黑夜不會引我胡思亂想，在我看來，教堂墓園無非貯藏死屍的地方。這些失去了生命、原本美麗健壯的人體，如今不過是蟲子的食物而已。此刻，我要去研究人體腐化的原因與過程，不得不日日夜夜待在墓穴和停屍間裡。我聚精會神觀察人類纖細情感最無法承受的一切；我看見美好的人體如何降解、衰變，目睹生前豐腴的臉頰在死後腐爛、毀壞，也看見蛆蟲占據了原本奇妙無比的眼睛與大腦。我停頓片刻，細細思索由生到死、再由死到生這轉變過程中的種種因果細節。突然間，一道靈光乍現，劃破了這片茫茫的黑暗——那道光如此燦爛神奇，卻又如此簡單樸素，它照亮的無限希望讓我為之頭暈目眩，同時也大感驚訝；在研究同一門科學的眾多天才當中，竟然只有我發現了如此驚天動地的祕密[33]。

請記得，我記述的並非瘋子的幻想。這件事情的真實性，如同太陽必然會在天上散發光芒一樣，確鑿無疑。這項發現或許是某種奇蹟使然，但其間每個階段全都明明白白、合情合理。我日日夜夜勤勉不倦，歷經難以想像的勞苦之後，終於發現了生命的成因。不，不只這樣，我自己就有能力賦予生命，讓沒有生命的東西活過來[34]。

這項發現最初帶給我的震撼，很快就被狂喜所取代。經過這麼長時間辛苦奮鬥，猛然實現畢生最大的願望，實在是最令人痛快的圓滿結局。但這項發現太巨大、太驚人，竟使我把一路走來

33 生物學家在他們的實驗研究中，似乎如同神一般的存在，制定著與動物和人的生命有關的決策，而除了自己的良心以外，無須立刻面對任何人的質問。應用生物學的研究應講求怎樣的道德標準？好比說個人倫理，例如關於實驗過程人道與否的誠信與責任？研究倫理，例如使用哪一種特定的「原始」材料、「原始」材料的來源為何，以及個別或一群研究人員如何使用這項「原始」材料？或者社會倫理，例如這項生物研究對現在及未來有哪些正面和負面影響？由於個人研究與社會倫理之間存在灰色地帶，很難涇渭分明，生物學家應如何看待社會倫理？維克多應如何看待他的原始「材料」？（Miguel Astor-Aguilera註）

34 維克多在此聲稱他發明了灌注生命的方法。這部小說並未深入探討所有權或專利權的問題，但後人以《科學怪人》為基礎所創作的小說（例如麥克．克萊頓〔Michael Crichton〕的《危基當前》〔*Next*，2006〕）、電影（例如雷利．史考特〔Ridley Scott〕執導的《銀翼殺手》〔*Blade Runner*，1986〕），和電視影集（例如BBC自二〇一三年開播的《黑色孤兒》〔*Orphan Black*〕），卻觸及了這個領域。專利權為科學名聲與榮耀添加了金錢報酬的動機，有可能促使科學家在取得專利權以前對自己的研究守口如瓶。（Robert Cook-Deegan註）

的所有步驟忘得一乾二淨，眼裡只看見結果。自從開天闢地以來，無數聰明睿智之士苦心孤詣、夢寐以求的答案，如今已在我的掌握之中。它並不是像變魔術那樣，突然之間展現在我的眼前：從性質上來說，我取得的知識更像是指引方向的明燈，敦促我加緊往研究目標繼續努力，而不是拿來展示我已達成的目標。我就像那個被埋進死人堆裡的阿拉伯人，僅靠一盞昏暗不明的燈火，終於找到了一條逃生之路。

我的朋友，從你眼中流露的急切、好奇與希望，我看得出你期待得知我掌握的祕密。但是還不到時候：請耐心聽完我的故事，屆時你自然會明白我為什麼暫時把這件事情按下不表。我不會誘導你誤入歧途，像我當年一樣，懷著滿腔熱情毫無防備地跌入萬劫不復的深淵。就算你不聽我的勸，請至少記取我的教訓，引以為鑑：獲取知識何其危險，而比起不自量力、妄想成就一番偉大事業，一個以為自己家鄉就是全世界的人，又是何其幸福啊！

當我發現自己手中握有如此驚人的力量[35]，我遲疑了很久，不知道該以什麼方式運用這股力量。雖然我掌握了賦予生命的本事，但是，要製作一副身軀作為生命的受體，連同種種精細的纖維、肌肉與血管，仍是一樁極其辛苦、難如登天的工作[36]。我起初舉棋不定，不知道應該創造一個和我一樣的人，還是構造比較簡單的生物。但我被一開始的成功沖昏了頭，不允許我懷疑自己有能力製造和人一樣複雜而美好的生命[37]。當時，我手頭上的材料根本不足以應付如此艱鉅的任務，但我深信自己一定會成功。我準備好迎接無數逆境；我的工作也許會屢屢受挫，最後的成果也可能不盡理想，然而，一想到人類在科學與機械上日新月異的進步，我就不由得滿懷希望，相

35
維克多對「實體性」（materiality）的看法，和距離他不久的啟蒙運動前的歐洲同胞截然不同。他在「生命」與「會動的人體」之間劃上等號，然而，會動的生命以各式各樣的有機型態存在於地球上。簡單細胞難道不會動且沒有生命？雖然大多數植物的動作非常緩慢，但植物也會動，也具有由相當於動物的「纖維、肌肉與血管」所構成的軀體。植物明顯可見的動作似乎意味著意志：大樓外牆上的藤蔓會往更多光線的地方攀爬、向日葵「迎向」光的路徑、肉食性的捕蠅草以迅雷不及掩耳的速度攫住獵物、原生於中美洲（也可見於美拉尼西亞和非洲）的含羞草一經觸碰就會收縮閉合，直到危險解除以後才重新舒展開來；這些行動該怎麼說？我們何時才會認定植物、非人類動物以及人類動物在哪個生命階段具有意志？只有人類才具有情感和意志嗎？簡單細胞是否會躲避異物的靠近與刺穿，或者在撞到另一個移動的簡單細胞時轉變方向？（Miguel Astor-Aguilera 註）

36
維克多追求「驅體」與生命的結合。他的野心反映出盛行於瑪麗撰寫《科學怪人》時的機械論思潮：將生物系統視為純然由自然法則控制的有形機器。十九世紀的生物學及生理學皆信奉並發展機械論觀點，在此同時，又拋棄前人對於人體的相似理解。十七世紀時，笛卡兒（René Descartes，1596-1650）提出了類似的人體機械論，然而，他認為是上帝的行動讓人從有形的機器過渡成為活生生、會思考的實體；是上帝為原本不起作用的材料賦予了意識。到了瑪麗的時代，笛卡兒這項主張的後半段不再受人支持，但機械論觀點成了科學界主流。

維克多創造的「驅體」是由各部位屍塊拼湊出來的產物，缺乏「生氣」（animation）——當時用來指稱活著的狀態的字眼。是維克多的力量讓這個不起作用的機器活了過來。某方面而言，這篇故事象徵肉體與意識的分割，和笛卡兒的主張殊途同歸。但是上帝沒有在故事中發揮作用。維克多僅憑他的科學本事，為他建造的「驅體」注入了生命。

機械論觀點至今仍在生命科學領域中扮演重要角色，而建造驅體以注入生命的野心，在二十一世紀亦不乏多見，例如建造所謂的原型細胞——或者照某些合成生物學家的說法，所謂的「底盤」（chassis）。這些以基礎化學品「從無到有」建構出來的結構，被封包起來觀察其生物現象。儘管當今的科學研究不可能創造出近似於瑪麗的科學怪人的生命，但將生命視為機器的概念則毫無二致。笛卡兒很早以前就喪失了他在自然科學界的地位，維克多的力量也尚未成真，但機械論的思維方式卻留存至今。（Pablo Schyfter 註）

37
雖然維克多一開頭說，對於是否要創造一條和他一樣的生命，他感到遲疑不決，但他表示自己的想像力戰勝了內心的信此刻的努力至少會為將來的成功奠定基礎。我也不因為我的計畫極其宏偉複雜，就認為它是不切實際的空談。我就是抱著這些感受開始造人的[38]。然而，人體部位十分精細，會對我的工作速度造成嚴重阻礙，因此，我改變初衷，決定製造一個身材龐大的巨人；也就是說，大約八呎高，身體各部位等比例放大。計畫確定之後，我又花了幾個月蒐集並整理所需材料，等到一切就緒，我便開始動工。

我最初充滿成功的激情，五味雜陳的感受像颶風一樣推著我不斷前進，沒有人可以想像我當時的複雜心情。在我看來，生死之別只是一種觀念，我首先應該打破生與死的界線，讓光芒傾注這個黑暗的世界。一個新的物種將把我奉為造物主，視我為生命的根源，對我感恩戴德、謳歌禮讚[39]；許多幸福美好的生命將把他們的存在歸功於我[40]；沒有哪一位父親比我更有資格接受子女的

質疑。他認為想像力是他性格中的一個要素，並且因自身的成功而益發活躍。將想像力視為自性的一部分，這個觀念或許會讓現代讀者聯想到在瑪麗撰寫《科學怪人》一百多年後，心理學家佛洛伊德提出的自我概念（見《自我與本我》[*The Ego and the Id*]，1923，1960）。佛洛伊德的自我，是人類內心世界中受外界力量調節的部分。維克多一開始的成功，使得他無法懷疑自己有能力製造生命。這樣的想像力在內心自相影響，往復循環，完全脫離了現實。依想像力行動，並依行動來修改想像的能力，是維克多理解這個概念的基礎。（Hannah Rogers 註）

38 說起「造人」，瑪麗觸及了一個最廣闊的文學主題，而科學怪人本身更突顯《聖經》的回響。然而，和今天一樣，在更廣大的十九世紀，創造力和雙手的勞作都具有多重意義。例如，人們常常沒有察覺，在「財產」概念的認定上，創造力與勞作扮演了重要的角色。我們如何確立某件事物的擁有權？據傳，政治哲學家約翰．洛克（John Locke，1632-1704）

曾提出一項重要主張，表示當一個人對大自然施以寫作、手工藝等勞作，該創造物便是此人的財產（見Locke 1821）。好比說，泥土曾屬於每一個人共有，然而一旦透過勞力與創造力為泥土進行改造，那塊泥土就成了勞動者的財產。因此，我們可以透過《科學怪人》，提出有關科學研究及其所有權的問題。雖然我們可以武斷地認定人類不屬於財產之列——這是瑪麗的時代尚未得到的結論——那麼科學怪人呢？我們是否可以認為「創造」這個詞便暗示了所有權？那麼，被父母創造出來的子女，其所有權又該怎麼算？就此而言，任何一個非人類的生命，其所有權又該怎麼算？難道只有靠勞力做出來的成品，才能被當成財產？維克多對其作品的潛在財產權，以及他（不負責任地？）拒絕承認那些權利，讓我們得以概括論定他的創造行動的意義。也許，他的過錯不在於造了一個人，而在於他對勞作的概念。（Dominic Berry 註）

39 這段話的宗教性語言，將維克多的野心與人類渴望扮演上帝的悠久傳統連結起來。例如，根據猶太傳說，曾有多位偉大的拉比以泥土造人，跟《聖經》中以泥土造出的亞當異曲同工。這些會動的泥塑被稱為泥人（golem），它們有人的外型卻沒有頭腦，只能無意識地服從。由於它們會根據字面意義如實遵從命令，因此勢必惹出一堆禍事，證明其創造者目光短淺，藉此顯示創造者的自負，並揭露狂妄自大帶來的禍害。許多有關科技的警世故事也以類似模式展開，例如卡雷爾·恰佩吉（Karel Čapek）與約瑟夫·恰佩吉（Josef Čapek）的劇作《羅梭的萬能工人》（*R.U.R.*，1920）。在這齣舞台劇中，機器人激烈反抗人類，讓它們的建造者大感意外，狼狽不堪。然而，儘管我們透過哲學適應了我們的傲慢，儘管狂妄自大是神話與文學（包括《科學怪人》）的永恆主題，但是扮演上帝的誘惑，似乎反而隨著科學與技術的日益強大而越來越強。這種現象在兩個活躍的研究領域上特別明顯：合成生物學與人工智慧（ＡＩ）。合成生物學的核心宗旨，明明白白是要造出新的物種，例如二〇一〇年，克萊格凡特研究所（J. Craig Venter Institute）將實驗室合成的基因組注入細菌中，製造出JCVI-syn 1.0絲狀支原體這類的訂製生命。合成生物學的前景是對生命進行全面基因控制，讓我們得以擁有新的食物、藥品與燃料。然而缺點是，這類訂製生命正如恰佩吉的機器人，我們無法完全預測它們的未來行為。ＡＩ領域可說更為狂妄自大——也更危險，因為機器的智慧有可能超越人類，甚至深不可測。在超人ＡＩ的眼中，狂妄的人類很可能跟維克多的科學怪人或猶太教的泥人一樣，毫無理性，十分危險。（Jonathon Keats 註）

40 有些人認為，科學家已被自己的研究占據了全副心思，忘了如牛頓爵士所言，他們是「站在巨人的肩膀上」，反而將感恩之情。順著這些念頭，我想，如果我能為無生命的物質賦予生命[41]，或許經過一段時間，我也能讓已經明顯腐化的屍體起死回生[42]（不過，我現在已經知道這是不可能的）。

這些念頭鼓舞著我的心靈，激勵我抱著不倦的熱情勇往直前。我因為過於勤奮而臉色蒼白，身體則因為足不出戶而變得羸弱憔悴。有時候，確鑿的成果似乎已近在眼前，最後卻功虧一簣。但我仍抱著希望，說不定再過一天或一小時，我的夢想就會實現。這個願望是我獨有的祕密，我就是為了它而不眠不休、全力以赴。在月亮的凝望下，我在大半夜裡闖入大自然的藏身之所，屏氣凝神，毫不懈怠，熱切地挖掘她的奧祕[43]。我在不潔的墓穴中東翻西找，或者為了使無生命的泥土出現生機而折磨活生生的動物；有誰能想像我的祕密行動有多麼恐怖[44]？如今想起這一切，

他們的科學研究及研究成果視為自己的財產，沾沾自喜，妄自尊大。這種態度在科學史上屢見不鮮，阻礙了科學的進展。在科學領域上，知識不該是任何人所獨有。知識必須公諸於世、接受質疑、成為下一個新知的基礎。在此，維克多迷失在他的科學本事中，忘了就算他能創造出新的事物（不論知識或生命），他並不真的擁有這些創造物。（Melissa Wilson Sayres 註）

41　維克多在此暗示血肉不滅，因為宇宙本來就會自動從死亡中更新生命。地球上的一切生命必定會經歷死亡的循環，因為其他事物（包括人類）會在這不斷持續的循環中繁衍、生存、茁壯，然後終至死亡。維克多親身經歷了至親逝世的深切悲痛後，心中渴望人們可以免於一死，因此一心一意追求重生的「祕密」。《聖經》經文（〈創世紀〉3:19，18:27；〈約伯記〉30:19；〈傳道書〉3:20）以及《英格蘭聖公會公禱書》（〈喪禮〉1:485，2:501）都有關於從死亡中更新生命的內容，這個主題也大量出現在各地原住民的宇宙論中，只不過在本體論上有別於猶太教、基督教和回教的觀點（Astor-Aguilera 2010）。

許多社會有殺嬰的風俗，或者照顧老人只照顧到他們對年輕一輩造成太大負擔為止，因為年輕人必須得到一定的資源才能生存。人類活到多老、耗費多少地球資源才算夠老？人類應該永生不死、靠科學上的重大進展不斷更新生命嗎？

（Miguel Astor-Aguilera 註）

42 維克多清晰地述說他的研究成功之後，會出現哪些假定的或想像的結果——包括克服死亡，以及創造出一個會對他頂禮膜拜的新物種。這些「假想」是一旦研究成功之後，合乎常理但未必會出現的虛構情節。也許在這個時機點上，維克多應該想想，如果研究失敗，或是達成某種不同的或不完整的成功，會有哪些合乎常理但未必出現的情節。

（David H. Guston 註）

43 維克多選擇祕密進行他的生命實驗，他將自己封閉起來，切斷與朋友、家人及學校同僚的連繫。這份孤立既是地理性的，也是社會性的。在他瘋狂研究與創造的期間，他沒有跟任何人通信或提起他的構想。

與世隔絕使維克多得以從事他那可怕的、不能見容於社會的研究；同事或家人若是知道情況，想必會插手阻止。不過，維克多把自己孤立起來，也使得科學怪人沒有機會得到必要的社會資源，讓他建構一個適宜生存的生活（Butler 2010）。他被剝奪了擁有家人、朋友和社會歸屬的可能性，也得不到我們獲取糧食、友情與慰藉所依靠的結構性與制度性關係，例如教育、醫療和人道的司法制度。

人類在各方面而言都是一種社會性動物——擁有情感與權利，享受團體生活，並且仰賴各種機關為我們提供支援、捍衛我們的權利、在必要時照顧我們。維克多決定閉門實驗，並在科學怪人一出生就遺棄他，使得科學怪人永遠無法完成社會化，也無法成為社會上的有用之人。

正因如此，全書從頭到尾，科學怪人始終是個漂泊者、亡命者、動用私刑者。這種種身分，全都源於遭社會排擠。維克多的與世隔絕，意味著科學怪人別無選擇，只能成為怪物，沒有任何管道可以進入人類社會，享受平靜的生活。

（Joey Eschrich 註）

44 維克多挖墳、虐待動物的行為引發了下列問題：在研究或其他領域上，人們是否真的可以為達目的不擇手段？如果可以靠不道德方法取得有用的資料，我們應該這麼做嗎？靠不道德的方法蒐集來的資料，可以作為科學的證據基礎嗎？

分析二十世紀的人體實驗史，我們從二戰期間被納粹醫生當成實驗對象的集中營囚犯，以及戰後數十年間被美國公共我就四肢發抖，頭暈目眩。但是當時，一股不可抗拒、近乎瘋狂的衝動鞭策我繼續幹下去；除了追求這一個目標，我似乎失去一切理智與感受。當然，這種狀態只是一時入迷罷了，等到那股不自然的刺激停止作用，我回到正常生活後，我的感覺反而變得更加靈敏。我從停屍間搜來各種骨頭，用瀆神的雙手翻動人體架構的驚人奧祕。在我住的房子頂層，有一間跟其他寢室隔著走廊和樓梯的獨立房間，或者說一間斗室，那裡就是我幹這件骯髒創作的地方。由於緊盯各種細節，我的眼珠子都快掉出來了。解剖室和屠宰場為我提供了許多材料。由於人性使然，我經常厭惡地拋下手上的工作。但是在一天比一天更強烈的渴望驅策之下，我的作品終於接近完成[45]。

我全心全意投入這項工作，夏天的幾個月就這麼過去了。那是個美麗至極的季節，大地從未賜予人們如此豐碩的收成，葡萄園也從未釀出如此香醇的美酒。但我的雙眼完全看不見大自然的魅力。那份使我對周圍景致視若無睹的情緒，也同樣使我忘記了遠方久違的親友。我知道，我的杳無音信會令他們擔心。我還記得父親說過：「我相信，在你志得意滿的時候，你會深情地想起我們，所以，我們一定會定期收到你的消息。別怪我這麼想：如果你斷了音訊，我會把它當成證據，說明你也疏忽了其他責任。」

因此，我非常清楚父親會有什麼感覺，但我無法把心思轉移開來；這項工作雖然噁心，卻牢牢抓住了我的想像力，難以掙脫[46]。可以這麼說，這個目標吞噬了我的一切天性，在完成目標之前，我希望先暫時將種種親情感受擱在一邊。

我當時覺得，如果父親把我的疏忽歸結為我的罪過或瑕疵，那就冤枉我了。不過我現在相信，父親認為我並非完全沒有過錯，確實很有道理。一個完美的人應該隨時保持祥和沉穩的心境，不能被激情或轉瞬即逝的渴望擾亂了內心的寧靜。我想，這條法則也適用於知識的追求，不能破例。如果你從事的研究有可能讓你變得薄情寡義、喪失對純真樂事的喜愛，那麼，這項研究必定是不正當的，也就是說，不適合人類為它耗費心神。如果人們始終遵守這條法則，絕不允許任何事情破壞親情的和諧，那麼希臘就不會被征服，凱撒不會使自己的國家遭遇危難，美洲的發

衛生署研究人員拿來實驗的非裔美國人及瓜地馬拉人的經驗，得到了堅定的負面答案。生命倫理學主張，人類不該純然為了科學目的而被當成實驗工具，不過基於人類的自主權，人們也可以創造一種自我犧牲的正面角色，在合乎倫理的情況下自願參與危險實驗。一些生命倫理學家也認為，如果一項行動會造成身體或內臟不適——用維克多的話說，「誰能想像我的祕密行動有多麼恐怖？」——那麼這項行動至少有引發道德反感之嫌。有一段時間，人體胚胎幹細胞研究的道德爭議焦點，在於科學是否可以在一般人眼中如此不道德的研究基礎上向前推進（研究人員必須破壞人類胚胎，才能提取多能幹細胞）。這種研究是否總被視為邪惡工作的果實，因而變了調？（David H. Guston 與 Jason Scott Robert 註）

45 在此，維克多表示當他思索創造生命這個奇特的目標，良心突然感到一陣刺痛。他在多大程度上將良心視為可靠的行動指南，我們不得而知，因為儘管心裡有所保留，他還是照做不誤。劇烈的厭惡感，抵不過他想創造生命的強烈動力與渴望。在此，這部小說傳達了情緒與道德上的強烈反應和人類欲望與動力之間的緊張衝突。（Joel Gereboff 註）

46 維克多靠著想像的力量鞭策自己完成工作，這份力量壓制了處理屍塊的不舒服感。這裡以強烈負面情緒表達想像力、創造力與傳統觀念之間的關係，這是本書一再出現的主題。在堅持完成工作的過程中，維克多克服了自己的感受，也把父親的感受擱在一旁。眼前的問題是，我們在多大程度上，能夠以情感作為標準，準確判斷哪些事情應該以符合道德的方法完成？（Joel Gereboff 註）

現會是一段漸進的過程，而墨西哥與秘魯帝國也不會滅亡。

哎呀，我都忘了故事正說到精采之處，我卻在這裡講起了大道理。你的表情提醒了我，我這就繼續說下去。

父親的幾封家書並沒有責難之詞，而是比以往更殷切詢問我的學業與生活起居，關心我為什麼音信全無。冬天、春天和夏天就在我的苦學過程中悄悄溜走了。但我醉心於工作，無心觀賞花朵的盛放、枝葉的舒展——那些曾帶給我無限喜悅的景致。那年的綠葉在我的工作即將完成之前凋零了，這時候，我的成績一天比一天明顯，但我卻因為焦慮而提不起熱情，看起來更像一個做苦工的奴隸，被困在礦場或任何一個有害健康的職業裡，而不是一名藝術家，沉浸在自己最喜愛的工作中。我每天夜裡都會微微發燒，緊張得無以復加。我向來身強體壯，並且總愛吹噓自己精神健旺，所以這樣病懨懨的更令我懊惱。但我相信運動和娛樂很快就能趕跑這些症狀，我跟自己保證，只要完成創作，我一定會好好鍛鍊身體、盡情享樂。

第四章

十一月的一個陰沉夜晚，我見到了自己辛苦工作的成果。懷著幾乎稱得上痛苦的焦灼心情，我整理四周用來製造生命的工具，準備將生命的火花注入躺在我腳邊的這副死氣沉沉的軀體[47]。那時已是凌晨一點，雨珠滴滴答答打在玻璃窗上，發出悶悶的聲響。我的蠟燭即將燒盡。就在此時，在忽明忽滅的微弱燭光中，我看見那東西睜開了暗沉而泛黃的眼睛。他用力喘氣，四肢一陣抽搐。

我該如何描述我歷經千辛萬苦製造出來的這麼個醜八怪呢？見到這樣的災難，我又該如何形

47 瑪麗讓維克多以「火花」為他的創造物注入生命，使之甦醒；其中牽涉了以電流復甦人體的方法，這在小說出版之際，還是個相當新的觀念。十八世紀末，路易吉·伽伐尼（Luigi Galvani，1737-1798）曾以解剖下來的蛙腿進行實驗，運用電流使蛙腿肌肉出現顫動。瑪麗非常熟悉這些實驗，而伽伐尼的研究，是她這部小說的主要靈感來源之一。此外，電流的使用也在醫學界歷久不衰。如今，電流刺激法已被用來援助數百萬人的身體功能，從電擊器和心律調整器，到癱瘓的局部治療，以及連結假肢與攝影機到大腦的電神經刺激系統。（Stephanie Naufel 註）

容心裡的滋味呢[48]？他的四肢勻稱，我還為他挑選了漂亮的五官。漂亮！——我的天哪！他泛黃的皮膚只能勉強蓋住底下的肌肉和血管。他飄動的頭髮烏黑亮麗，一口牙齒如珍珠般潔白；但他的秀髮和皓齒反而跟其他部位形成恐怖的對比。他的眼睛濕漉漉的，幾乎跟周圍的眼眶同一顏色，焦黃而蒼白；他的肌膚乾癟，黑色的嘴唇成一直線，沒有任何弧度[49]。

人生的各種變故，還不及人的情感那般變化無常。我辛苦了將近兩年，只為了替沒有生氣的軀體注入生命[50]。為了這個目的，我廢寢忘食，失去了健康。我對它的熱切渴望，遠超過正常限度。但如今大功告成，我的美夢卻幻滅了，心裡充滿令人窒息的驚恐與厭惡。我造的東西如此醜陋，我無法忍受他的模樣，急忙奪門而出，跑回我的寢室來來回回踱步，久久無法平復心情，難以入睡。最後，騷亂的心情帶來了倦意，我和衣倒在床上，努力尋求片刻的遺忘，可惜徒勞無功。我確實睡著了，但荒誕無稽的夢境擾得我不得安眠。我以為我見到伊麗莎白在英戈爾施塔特的街上漫步，青春洋溢，光彩照人。我又驚又喜地擁抱她，但正當我初次吻上她的唇，她的雙唇卻變得煞白，泛出死亡的色澤；她的面貌漸漸改變，我覺得我摟在懷裡的是我死去的母親；裹屍布包著她的身體，我看見墓穴蠕蟲在法蘭絨的皺褶裡爬來爬去。我從睡夢中驚醒，額頭滲出一層冷汗；我嚇得牙齒打顫，四肢抽搐。這時，透過從百葉窗縫隙勉強鑽進來的昏黃月光，我看見了那個醜八怪——我親手創造的那個蹩腳怪物。他掀開床簾，兩隻眼睛——如果那能夠稱之為眼睛的話——緊緊盯著我瞧。他張開嘴巴，吐出幾個含混不清的聲音，同時咧嘴笑著，臉頰皺成了一團。他也許說了什麼，但我沒聽見；他伸出一隻手，似乎是要抓住我，但我逃開了，一溜煙衝到樓下。我躲到這間屋子的庭院裡，在那裡待了一整夜，激動地走來走去，同時豎起耳朵諦聽，一有任何動靜就心驚肉跳，彷彿每一個聲響都在宣布那具還魂的死屍追過來了。我真倒楣，竟把生命給了這麼個怪物。

---

48 情緒再度被用來表達評斷。表面上，情緒被視為道德判斷的正確依據，然而到最後，當維克多的排斥與恐懼趕走了科學怪人，一步步導致科學怪人孤單寂寞，情緒作為道德判斷依據的正確性，受到了未言明的質疑。由於孤立無助，再加上基本社會關係受到剝奪，科學怪人的天性從善良轉變為邪惡，迫使他做出可怕的破壞性行為。（Joel Gereboff註）

49 維克多用「災難」二字，形容他成功讓創造物活過來的那一瞬間——也就是當創造物睜開雙眼回望維克多的那一刻。這一幕跟〈創世紀〉1:31記載神完成創造的那一刻有如天壤之別：「神看著一切所造的都甚好」。關於美的一個永恆的哲學探討，質問美究竟是「事物」的內在屬性，或者存在於旁觀者的眼中。流行文化或哲學探討經常將美與善混為一談。這整部小說從許多方面探討了美、善與觀感之間的關係。說到底，維克多對科學怪人的描述，更大程度上是維克多自己的觀感，而不是科學怪人的正身。外在美或不美的觀感，影響了他人對科學怪人的理解，也影響了他們認定他的行動是「善」還是「惡」。想像一下，如果維克多此刻望著他的創造物，覺得一切所造都「甚好」，那麼故事會如何開展？在小說描述的場景中，維克多在科學怪人的眼中尋找自己，卻找到了另一個人。（Stephani Etheridge Woodson註）

50 維克多總在「生命」（life）與「生氣」（animation）之間劃上等號。生氣是否提供生命？或者，生命是靈魂作用下的結果，而這種形而上的靈魂，據說可以在活人身上找到？猶太教、基督教與伊斯蘭教等宗教認為，人類的生命之所以不同於其他動物，就是因為在胎兒發育過程中，神在人體內放置了神聖的靈魂。在西方社會，非人類動物與人類的地位不同，而許多非西方社會則未對人類、動物與植物進行如此顯著的區分（Astor-Aguilera 2010）。對西方人來說，神聖的靈魂是使生命神聖不可侵犯的要素，所以非人類動物的生命一般而言沒那麼重要。維克多是否在他的實驗過程中扮演上帝的角色，試圖為一具沒有生氣的軀體注入生命或靈魂的火花？如果真的有靈魂，靈魂是在什麼時候出現於人體的？靈魂是受孕時與生俱來，因此存在於幹細胞中嗎？（Miguel Astor-Aguilera註）

哦！沒有人能承受那副恐怖的樣貌，即便死而復生的木乃伊也不可能像那醜八怪一樣可怕[51]。還沒完工的時候我就曾凝視他，他那時也很醜；但如今那些肌肉和關節都能活動了，就算是但丁也想像不出這樣的東西。

那一夜，我過得很悽慘。有時候，我的脈搏跳得又快又猛，我甚至能感覺每根血管都在跳動；還有些時候，我差點因為疲倦和極度虛弱而癱在地上。驚恐之中，我還嘗到了失望的苦澀滋味：長久以來，那些夢想一直是我的糧食與慰藉，如今卻成了一座地獄。變化來得如此猝不及防，如此天翻地覆！

終於天亮了，那天早晨天色昏暗，陰雨綿綿。英戈爾施塔特教堂映入我那雙因一夜無眠而疼痛的眼睛，我看見它的白色尖塔和時鐘，指針顯示時間是上午六點。門房打開院子的大門，這個院子就是我昨夜的避難所。我衝到街上，健步如飛，彷彿要躲開那個醜八怪，唯恐一轉彎就會撞見他[52]。我不敢回到我的住處，但是儘管大雨從黑壓壓的天空傾盆而下，把我淋得渾身濕答答的，我還是不由自主加快了腳步。

我就這樣走了好一陣子，想藉著肢體運動減輕心頭的負荷。我穿過一條條街道，不知道自己身在何方，也不知道自己在做什麼，一顆心被恐懼折磨得怦怦亂跳。我踏著凌亂的步伐匆匆向前，不敢東張西望：

猶如形單影隻的旅人，獨自走在荒無人煙的路上，惴惴不安，驚恐萬狀。
他回眸一瞥，然後繼續前行，
從此再也不敢轉頭回望。
因為他知道有個可怕的魔鬼，
緊緊尾隨，就在他身後不遠的地方。[53]

---

51 大英博物館自一七五〇年代中期，便因私人收藏者的捐贈而藏有埃及木乃伊。拿破崙在一七九八至一八〇一年間出征埃及時，英國擴大了對古埃及的關注。英國人挖苦拿破崙，說他將學者收編於軍隊之中，是一種戰爭政治宣傳伎倆。不過法國戰敗之後，便將他們記錄並出口的古董全數移交到倫敦。然而，要詮釋瑪麗的文本，比這些事件更重要的，或許是一種據說具有療效的「木乃伊粉」的使用；這種藥粉自十二世紀便流行於全歐洲。在愛德蒙·史賓賽、莎士比亞和鄧約翰等早期英國作家口中既是藥物又是染料的木乃伊粉，有可能是製造木乃伊過程中，清除屍體器官之後用來乾燥腔體的瀝青物質，也可能是在瀝青短缺時，以木乃伊本身的身體部位研磨而成的粉末。瑪麗在這裡以及下文（華頓形容科學怪人雙手的肌理與膚色時）提及木乃伊，可能有多重用意：(1) 古代的木乃伊術讓身體得以保存，供靈魂於來世使用——另一種形式的死而復生。(2) 科學怪人如木乃伊一般的雙手，呈現出風乾物質製造出來的典型較深膚色，而書中其他地方描述科學怪人的臉是蠟黃色的，進一步突顯他東拼西湊的本質。(3) 鑑於為了醫療用途而支解木乃伊化的屍體，是一種有爭議的做法，瑪麗是否可能使用「木乃伊」一詞來增強她的道德批判？（Judith Guston 註）

52 維克多意識到自己成功創造了生命之後，突然感到恐懼與敬畏；這一點情有可原，尤其考慮到他的創造物具有如此強大的力量。然而，他因為恐懼而遺棄並「躲開這個醜八怪」，意味著他也逃避了對其創造物的生命與痛苦所需承擔的責任。維克多的逃避行為無法幫助他保護自己和他至親至愛的人，反而會加劇科學怪人的痛苦與破壞性行為。（Nicole Piemonte 註）

53 柯立芝的〈古舟子詠〉。（瑪麗原註）

我就這樣走著走著，最後來到一家客棧對面，各式各樣的驛馬車和公共馬車通常會在這裡靠站。我停下腳步，自己也不知道為了什麼。不過，我原地待了幾分鐘，目光緊盯著一輛從街尾駛來的馬車。隨著馬車越行越近，我注意到那是來自瑞士的驛馬車。它就停在我站的地方。門一打開，我竟看到了亨利．克萊瓦爾。一見到我，他立刻跳下馬車。「親愛的法蘭肯斯坦，」他驚呼，「好高興看到你！我真是太幸運了，一下車就碰巧遇見你！」

沒有什麼比見到克萊瓦爾更令我開心的了；他的到來，勾起我珍藏在記憶裡的一切：父親、伊麗莎白，以及家中的一景一物。我緊緊握住他的手，一時忘了我的恐懼與不幸，心裡突然湧上一股平靜安寧的喜悅；好幾個月以來，這還是我頭一次出現這種感覺。於是，我以最誠摯的態度歡迎我的好友，然後兩人一起朝我的學苑走去。克萊瓦爾滔滔不絕聊起我們共同的朋友，並且慶幸自己獲准前來英戈爾施塔特求學，是一件多麼幸運的事。「我設法說服父親，一個商人不見得只能懂得記帳，其餘一無所知，」他說，「你應該不難想見，要讓他明白這一點有多麼困難。事實上，我認為我直到最後都沒能說服他，因為對於我不屈不撓的懇求，他始終用《威克菲德的牧師》裡頭那位荷蘭教師的同一番話回答：『我不懂希臘文，但每年照樣賺一萬個弗洛林；我不懂希臘文，但平時照樣吃吃喝喝，大快朵頤。』不過，他對我的父愛終究戰勝了他對學習的厭惡，允許我出外求學，啟程探索知識的國度。」

「見到你真是高興極了，不過現在趕緊說說，你離家時，我父親、兩個弟弟和伊麗莎白的情況如何？」

「他們好得很，也很快樂，只不過很少收到你的消息，他們有一點擔心。說到這兒，我得替他們好好唸你幾句。不過，我親愛的法蘭肯斯坦，」他停頓半晌，仔細端詳我的臉，然後接著說，「我剛剛沒說起，你的氣色真糟糕，瘦巴巴的，面無血色，就像熬了好幾個通宵似的。」

「你猜得沒錯，我最近全心投入一項工作，沒有給自己充分的休息，就是你看到的這樣。但我希望，衷心希望，這堆工作現在全部結束了，我終於自由了。」

我渾身劇烈顫抖；光想起昨夜發生的一切我就承受不住，更別提說起這件事。我大踏步走著，我們很快就抵達我的學苑。這時我才想起，我留在屋裡的那個怪物，現在說不定還在那裡，活蹦亂跳地走來走去。這個念頭讓我不寒而慄。我害怕見到那個怪物，更擔心亨利會見到他。因此我請他在樓下稍待幾分鐘，自己衝到樓上的房間。我的手都已經抓住門把了，卻還是心慌意亂，六神無主。於是我暫停片刻，打了個寒顫。我猛力推開門，就像小孩子以為門後有什麼鬼怪站在那裡等他們的時候常做的那樣。但是門後什麼也沒有。我提心吊膽地走進去：屋裡空無一人，臥室裡也沒有那討厭的不速之客。我簡直不相信自己竟有這等好運氣，等我確定我的仇敵已經逃之夭夭，我高興得拍手叫好，連忙下樓去找克萊瓦爾。

我們上樓進了房間，僕人很快送來早餐，但我克制不住自己。我不僅被喜悅迷了心竅，肌膚還感到刺刺麻麻的，異常敏感，脈搏也跳得很快。我一秒鐘也靜不下來，不斷在椅子上跳來跳去，拊掌大笑。一開始，克萊瓦爾以為我之所以情緒反常，是因為他的到來讓我太開心的緣故。但仔細觀察後，他在我眼裡看見他無法解釋的癲狂，而我肆無忌憚、冷酷無情的狂笑聲，也讓他又驚又恐，錯愕不已。

「親愛的維克多，」他大喊著，「我的老天哪，你這是怎麼啦？別那樣大笑。你病得不輕啊！這到底是怎麼一回事？」

「別問我，」我一邊嚷嚷，一邊用手捂住雙眼，因為我彷彿看見那可怕的幽靈溜進了房間。「他會知道的。拜託，救我！救救我吧！」我想像那怪物抓住了我，我拚命掙扎，最後厥倒在地。

可憐的克萊瓦爾！他當時會是怎樣的心情啊？他原本興沖沖期待的重逢，最後卻莫名其妙落得如此難堪。但我沒有親眼目睹他的哀傷，因為這時我已失去意識，過了很久才恢復知覺。

從那時起，我就持續出現神經性高燒，連續幾個月出不了門。這段期間，唯有亨利陪在身旁照顧我。我後來得知，亨利明白我父親年事已高，不適合長途跋涉，也曉得伊麗莎白聽到我生病的消息會多麼心焦，因此決定隱瞞我的病情，免得他們傷心難過。他也知道沒有人會比他更親切、細心地照護我，而且，他堅信我一定會康復，毫不懷疑他所做的一切是對他們最大的善舉，絕不會造成傷害。

但我確實病得很重，除了我的好友無微不至且不眠不休的照顧，想必沒有其他辦法可以讓我起死回生。由於我賦予生命的那個怪物時時刻刻浮現眼前，我不斷狂亂地說著關於他的囈語。我的話無疑讓亨利大吃一驚：他一開始以為我是因為神智不清而胡言亂語，但是我執拗地重複說著同一番話，終於讓他相信我的病確實是由某種不尋常的可怕事件所引起。

漸漸地，我終於痊癒了，不過其間病情反反覆覆，讓我的朋友為我擔驚受怕，憂心不已。我還記得我頭一次能帶著興致觀賞外頭的景物時，發現滿地的落葉已消失無蹤，遮蔽我窗戶的那幾棵樹也抽出了新芽。那是個神聖而美好的春天，這個季節對我的健康產生了莫大幫助。我也感覺喜悅與愛的感受在我心中甦醒，我的憂鬱消散了，沒多久，我又變得活潑開朗，就像我還沒被那股致命的熱情襲擊以前那樣。

「我最親愛的克萊瓦爾，」我呼喊著，「你真善良，對我真好。這整個冬天，你原本打算去讀書的，卻從頭到尾耗在我的病房裡。這份情，叫我怎麼還得清呢？我萬分自責讓你感到失望，但是你會原諒我的。」

「只要你不把自己搞得心緒不寧，趕緊恢復健康，就算報答我了。欸，既然你看起來精神很好，我想跟你談談一件事，可以嗎？」

我渾身打起哆嗦。一件事！會是什麼事？他指的，難道是我想都不敢想的那個東西？

「冷靜點，」克萊瓦爾說，他看出我神色有異，「如果這件事情讓你不安，那我就不提了。不過，要是你的父親和表妹能收到你親筆寫的一封信，他們一定會非常高興。他們壓根不知道你病得多重，所以你那麼久杳無音訊，他們非常擔心。」

「就這件事情嗎？親愛的亨利，你怎麼會以為我最先想起的，不是我至親至愛、也是我最該愛的家人呢？」

「如果這是你現在的心情，我的朋友，那麼你或許會很高興看到在這兒擱了好幾天的一封信，我想，那是你的表妹寄給你的。」

第五章

克萊瓦爾於是把信交到我手中。

致V.法蘭肯斯坦

親愛的表哥：

我無法描述我們有多麼擔心你的身體狀況。我們不由得猜想你的朋友克萊瓦爾隱瞞了你的病情，因為我們已經好幾個月沒見到你親筆寫的信了。這段日子以來，你始終得仰仗亨利代筆。維克多，你想必病得很重吧！這讓我們全都陷入愁雲慘霧，幾乎比得上你親愛的母親過世後的那段時間。舅舅認定你病篤，命懸一線，打算動身到英戈爾施塔特去看你，簡直攔不住。克萊瓦爾總在信中說你已日益好轉，我熱切盼望你盡快親筆寫信證實這個消息。因為真的，維克多，我們真的全都憂心如焚。如果你能讓我們放下心來，我們必定是全天下最快樂的人。你的父親如今身體硬朗，看上去比去年冬天還年輕十歲。恩尼斯特也進步了很多，你恐怕會認不出來。他快滿十六歲了，幾年前病懨懨的模樣早已不見，現在長得十分健壯，渾身充滿活力。

舅舅和我昨夜一番長談，聊起恩尼斯特未來應該走哪一行。他小時候常年患病，以致沒有建立用功讀書的習慣，如今他身強體壯，整天待在戶外，不是到山上踏青，就是在湖上泛舟。因此，我認為他應該務農。你知道的，表哥，耕田種地是我最嚮往的人生。農夫的生活非常健康快樂；這是最無害，或者說最有益的職業。舅舅的想法是讓他接受法律教育，照他的興趣，說不定會當上一名法官。但是除了興趣，法律這一行根本不適合他。況且，律師的工作就是成為罪犯的心腹、甚至幫凶，比起來，開墾土地、為人們提供糧食，無疑更值得稱許。我說，農人的莊稼活就算稱不上更高尚，但比起成天跟人性黑暗面纏鬥不清的法庭業務，農事起碼更令人快活。舅舅笑著說，我自己就該當個律師，這個話題也就到此結束。

現在，我要告訴你一個有趣的小故事，說不定能逗你開心。你還記得潔絲汀・莫里茲嗎？你大概不記得了，所以我在這兒簡單說說她的身世。她的母親莫里茲太太是個寡婦，膝下有四名子女，潔絲汀排行老三。這女孩從小就是父親的掌上明珠，但是她母親不知道哪根筋不對勁，就是容不下她。莫里茲先生去世後，她便受到母親百般苛待。舅媽看到這種情況，在潔絲汀十二歲那年，說服她母親讓她住進我們家。在我國的共和體制下，民風比周圍那些君主立憲大國更純樸、更快樂，社會階級的分野也比較不明顯，下層人民沒有那麼貧窮，也沒有那麼受人輕賤，因此具有較高的文化水準和道德觀念。日內瓦的僕人和英法等國的差役不是同一回事，兩者不能相提並論。就這樣，潔絲汀住進了我們家，學會僕人應盡的職責。在我們這個有福的國家，身為僕人並不意味愚昧無知，也不必犧牲做人的尊嚴。

說了那麼多，我敢說你一定對這個小故事的女主角記憶猶新：因為你以前最喜歡潔絲汀了，我記得你曾經說過，如果你心情不好，只消潔絲汀看你一眼，所有煩惱都會煙消雲散，理由跟阿里奧斯托（Ariosto）描述安潔莉卡的美貌時所說的話一模一樣——她看起來是那麼心無城府，那麼天真快樂。舅媽非常疼愛她，不由得改變了初衷，讓她接受更高的教育。這份恩情得到充分的回報。潔絲汀是天底下最懂得感恩的小東西了。我不是說她做了什麼表白，我從未聽她說出任何感謝的話，但你可以從她的眼神看出，她對主母的愛慕簡直到了崇拜的地步。儘管她天性活潑，在很多方面粗枝大葉，但她十分留意舅媽的一舉一動，把舅媽當成完美的典範，努力模仿舅媽的行為舉止和說話方式。正因為這樣，即便現在，她還常常讓我想起了舅媽。

我最親愛的舅媽去世時，我們每個人都深深沉溺在自己的哀傷中，沒有人留意可憐的潔絲汀。舅媽臥病期間，她憂心忡忡地盡心服侍舅媽。可憐的潔絲汀後來也染上重病，但前方還有更多磨難在等著她。

潔絲汀的兄弟姊妹一個接一個相繼過世，除了這個不受重視的女兒之外，她母親已經沒有其他子女了。那女人的良心飽受折磨，開始認為她的心肝寶貝之所以一一早逝，是上天在懲罰她的偏心。她是個羅馬天主教徒，我相信聽她告解的神父必定證實了她的這個想法。因此，在你去了英戈爾施塔特的幾個月後，潔絲汀被她那幡然悔悟的母親叫回家去。可憐的女孩！她是哭著離開我們家的：舅媽過世後，她變了很多，悲傷讓她的舉止變得溫柔而動人，不似以前那般活潑開朗。搬回母親家裡住，也沒有幫助她恢復從前快樂的模樣。那可悲的女人雖有悔意，卻始終反覆無常，陰晴不定，有時候乞求潔絲汀原諒她的刻薄，但更多時候指控潔絲汀剋死了自己的兄弟姊妹。無止盡的煩躁終於讓莫里茲太太油盡燈枯，她起先變得越來越暴躁，但現在已經永遠安息了。她是在去年寒冬剛剛降臨之際離開人世的。如今潔絲汀已回到我們家，我向你保證，我會好好疼愛她的。她非常聰明，斯文有禮，而且長得漂亮極了；就像我說過的，她的風度和神情總會讓我想起親愛的舅媽。

親愛的表哥，我也得跟你稍微聊聊我們的小寶貝威廉。真希望你能見到他。以他的年紀來說，他長得非常高；一雙漂亮的藍眼睛彷彿會笑似的。他有烏黑的睫毛，鬈曲的頭髮，微笑的時候，健康紅潤的臉頰就會出現一對小酒窩。他已經有一兩個小「妻子」了，不過他最喜歡的是一個五歲大的漂亮小女孩，露易莎．拜倫。

欸，親愛的維克多，我敢說你一定想縱容自己聽聽日內瓦名流圈的八卦消息吧。漂亮的曼斯菲爾德小姐即將跟一位年輕的英國人約翰．墨爾本先生成婚，已經在接待前來祝賀的親朋好友。她那個難看的姊姊曼儂，去年秋天嫁給了杜維拉德先生，他是個富有的銀行家。自從克萊瓦爾離開日內瓦，你最要好的同學路易．馬諾瓦接連遇上倒楣事，但他已經重新打起精神，聽說很快就要跟一位非常活潑漂亮的法國女士塔芙尼爾夫人結婚。她是個寡婦，而且比馬諾瓦年長許多，但是十分受人敬佩，大家都很喜歡她。

親愛的表哥，寫著這封信，我的心情好多了[54]，但最後不得不再次焦急地詢問你的健康狀況。親愛的維克多，如果你的病不是太嚴重，請親自寫信吧，這會讓你的父親和我們每一個人都很開心。要是——噢，我不敢想像這個問題的另一面，已經忍不住流下了淚水。別了，我最親愛的表哥。

伊麗莎白．拉凡瑟

一七××年三月十八日於日內瓦

「我親愛的、親愛的伊麗莎白！」讀完她的信，我不禁大聲呼喊，「他們一定非常擔心，我會立刻寫信，消除他們的憂慮。」於是我提筆書寫，耗費了許多力氣，把我累壞了。不過我已開始漸漸復元，一天比一天好轉。再過兩星期，我就能走出房間了。

病癒之後，我的首要任務就是向學校的幾位教授引薦克萊瓦爾。做這件事情，對我而言是一大折磨，不利於我心上那一道道傷疤。在那個鑄下大錯的夜晚，我的工作是完成了，但我的不幸也開始了。從那時起，光聽到自然哲學這個名稱就令我厭惡至極[55]，而等我完全恢復健康後，一看到化學器材，原先的種種神經病症又會重新發作。亨利看在眼裡，於是撤走我的所有設備，遠離我的視線範圍。他還讓我換了住處，因為他發覺我對原先作為實驗室的那個房間生出了反感。然而，一旦去拜訪教授，亨利的一切用心全都白費了。華德曼先生讚揚我在學業上突飛猛進，他的讚美充滿善意與熱情，卻引發我的痛苦。他很快察覺我不喜歡這個話題，但沒有猜出真正原因，以為我是因為謙虛才避而不談。於是，他把話題從我的成績轉向科學本身，我看得出來，他是希望引起我的談興，誘導我說出自己的看法。我又能怎麼辦呢？他用心良苦，卻讓我飽受折磨。我覺得他彷彿小心翼翼地，把日後要拿來凌遲我的工具一一擺在我的面前。他的話讓我五內俱焚，但我不敢流露內心的痛苦[56]。克萊瓦爾非常善於察言觀色，總能一眼看出別人內心的感受。他推說自己對科學一竅不通，婉轉地拒絕了這個話題，我們的談話於是轉到比較籠統的事務上。我由衷感謝我的朋友，但還是不發一語。我清楚地看出他很驚訝，但他從不試圖挖出我的祕密。而儘管我對他的愛夾雜了無限的感情與敬重，卻永遠無法說服自己向他吐露在我腦海中揮之

---

54 反思性書寫具有改造的力量——人們確實可以藉由書寫個人經歷，改變自己對這段經歷的理解。反省並書寫一段經驗，會影響一個人對這段經驗的感受，因此，維克多確實可以靠「書寫自己」讓心情變好。請注意，在這一點上，瑪麗迄今尚未描述維克多寫下了任何實驗紀錄，哪怕是僅供私人使用、不打算公開發表的筆記。若要詳細了解反思性寫作，請參考 Bolton 2014。（Nicole Piemonte 註）

55 維克多直到事後才認清，投入沒有經過深思熟慮的「自然哲學」或科學研究，會導致什麼後果。如果他曾認真思索這項創造計畫的道德意義，而這些考量勝過了他的自負和對成功的渴望，那麼他就不太可能繼續進行。人們應該對盲目的科學進展抱持明智的恐懼（維克多的恐懼來得太遲了）；這樣的恐懼，突顯出關注科學家個人與專業發展，以及科學家在展開科學研究之前反省道德議題的必要性。（Nicole Piemonte 註）

56 在保守祕密之際維持積極的人際互動，讓維克多倍感焦慮。但是他沒有跟科學怪人維持積極互動，也為科學怪人帶來了痛苦。不允許身體的正常反應洩露出情緒，是一件極其困難的挑戰。各個文化體系都認為情緒是會具體表現出來的。嬰兒出生後不久，就能從父母的表情判斷出認可與非難。（Joel Gereboff 註）

不去的那起事件。因為我擔心，向別人描述事情的始末只會在我心裡留下更深的烙印。

克倫普先生可就沒那麼好說話了。我當時神經極其敏感，幾乎隨時會崩潰，他那種尖刻粗魯的誇獎，甚至比華德曼先生的親切讚美更令我痛苦。「這該死的兔崽子！」他大聲嚷嚷，「啊，克萊瓦爾先生，我可以跟你打包票，他已經超越我們所有人了。哎呀，你盡可以瞠目結舌，反正這是實話，千真萬確。一個短短幾年前還把康留尼斯・阿格里帕奉為真理的年輕人，如今竟成了全校首屈一指的頂尖翹楚。如果不趕緊把他拉下來，我們這些人可就顏面盡失了。哎呀，丟臉哪！」他看見我露出痛苦的表情，於是接著說，「法蘭肯斯坦先生很謙虛，這種品格在年輕人身上難能可貴。年輕人就該虛心一點。你知道嗎，克萊瓦爾先生，我自己年輕時就是那樣，只不過很快就藏不住鋒芒了。」

這時，克倫普先生開始為自己歌功頌德，離開了那個令我痛苦萬分的話題，真令人慶幸。

克萊瓦爾對自然哲學興趣缺缺；他的想像力太鮮活，不適合嚴謹的科學[57]。語言是他的主要研究領域，他希望習得各種語言的基本元素，為日後返回日內瓦繼續自學奠定基礎。精通了希臘文和拉丁文後，他接著將注意力轉向波斯語、阿拉伯語和希伯來文。我向來討厭遊手好閒，再加上希望逃脫那些沉思冥想，現在又對以前的研究充滿厭惡，因此，和我的朋友一起切磋學習，對我而言是一大解脫。況且，東方學者的作品不僅啟迪智慧，還帶給我心靈的慰藉。他們的哀傷可以撫慰人心，他們的喜悅可以振奮精神，我從未在研究其他國家的作品時，感受到這種程度的力量。閱讀他們的文字時，生命彷彿一座玫瑰園，沐浴在和煦的陽光下，又彷彿是一個禍水紅顏，她的一顰一笑都能點燃熊熊烈火，吞噬你的心。這些作品跟充滿陽剛之氣的希臘羅馬史詩簡直判若天淵！

夏天就在苦讀中過去了，我回日內瓦的歸期定在暮秋，但是被好幾件意想不到的事情耽擱了行程。最後，寒冬如期而至，大雪阻斷了交通，我只好推遲到隔年春天再動身。歸期一延再延讓我心情惡劣，因為我渴望見到故鄉，和我摯愛的親友聚首。我的行程拖了那麼久，完全是因為我不願意拋下克萊瓦爾，讓他獨自待在人生地不熟的地方。然而，那年冬天還是過得很愉快，儘管春天來得特別晚，但是當春天降臨，美麗的景色足以彌補它的姍姍來遲。

時序已經進入五月，我天天盼著確定我啟程日期的信件。這時，亨利提議到英戈爾施塔特近郊走走，好讓我親自向寄居了那麼久的國家道別。我欣然接受提議：我喜愛運動，而且在老家徜徉大自然、縱情於山水之間時，克萊瓦爾就是我最喜愛的旅伴。

---

57 維克多對克萊瓦爾的評語，突顯了浪漫主義的一個關注焦點，也就是藝術與科學分別需要多大程度的想像力。好比說，柯立芝在他的文評集《文學傳記》（*Biographia literaria*，1817）中，定義了充滿「想像力」的積極行動與「幻想」之間的差別；回憶或許可以更動或擴充，但追憶往事始終是被動的。克萊瓦爾被描述為具有太多想像力，不適合從事科學研究，因為在定義上，「想像」恰是「詳實」的相反詞。不過在前文中，維克多曾細述他之所以追求科學，一部分是受到科學的偉大奇想所吸引。這顯然與維克多的立場相悖，瑪麗或許是想藉此呈現這個角色的局限性。然而值得一提的是，一八三一年的版本刪掉了有關想像力太鮮活以至於不適合從事科學研究的論點（請參考一八三一年版作者導言）。（Hannah Rogers註）

我們就這樣徒步漫遊了兩星期。我的身體與精神早已恢復健康，這趟旅程中的新鮮空氣、自然風光，以及和好友談天說地，更讓我神清氣爽，益發健壯。以前我埋首讀書，不跟別人來往，最後成了一個孤僻的人。但克萊瓦爾喚醒我心中美好的一面，重新教會我熱愛大自然的美景和孩子們的快樂臉龐。多好的朋友啊！你是多麼真誠地愛我，多麼努力振奮我的精神，直到我變得跟你一樣開朗樂觀！一項自私的追求禁錮了我的心靈，讓我變得目光狹窄，是你溫和的秉性和深厚的情誼溫暖了我，打開了我的心扉。我又變回幾年前那個無憂無慮的快樂傢伙，愛著每一個人，也被每一個人所愛。開心的時候，就連靜默的大自然都能在我心裡激發最愉悅的感受。晴朗的天空和青翠的田野讓我心醉神迷，充滿了狂喜。這個季節確實美極了，樹籬上，春天的花風華正茂，夏天的花也已冒出蓓蕾。我擺脫了前一年如千斤重擔壓在我心上、怎麼甩也甩不掉的種種思緒，心裡安詳平靜。

我的愉快心情讓亨利喜不自勝，他對我的所有情緒都感同身受。他一邊向我表達讓他的心靈充盈飽滿的感受，一邊想盡辦法逗我開心。在這種時候，他豐富的心靈令人嘆為觀止。他說起話來充滿想像力，經常模仿波斯和阿拉伯的作家，編織出奇幻美妙又熱情澎湃的故事。還有些時候，他吟誦我最喜愛的詩句，或者誘導我開口辯論，提出許多別出心裁的論點。

我們是在一個星期天下午回到學校的：農人在跳著舞，我們遇到的每一個人都顯得如此歡樂快活。我自己的情緒也很高昂，一路蹦蹦跳跳，歡欣雀躍，快樂得肆無忌憚。

第六章

我一回來，就看到父親寄來的這封信。

致V.法蘭肯斯坦

親愛的維克多：

你一直在等待確定返鄉日期的來信，恐怕已經等得不耐煩了吧？我一開始只想寫下短短幾句，僅僅說明我預期你返家的日子。但那樣的仁慈其實是一種殘酷，我不敢那麼做。兒子啊，如果你本來期待我們喜氣洋洋迎接你，到頭來卻只看到淚水和滿眼的淒涼，你該會多麼驚訝？維克多，我該怎麼訴說我們家的不幸？遠在他鄉並不會讓你對我們的喜悅與哀傷無動於衷，我怎麼能把痛苦加諸在長年離家的孩子身上呢？對於這個悲傷的消息，我希望你做好心理準備，但我知道那是不可能的。現在，你的眼睛想必在信紙上快速地掃描，想找出向你傳達噩耗的那些字句吧。

威廉死了！那個可愛的孩子，他的微笑總能讓我的心暖烘烘的，他是那麼溫順、那麼活潑快樂！維克多，他是被人謀殺的！

我不會試圖安慰你，只想簡單陳述事情的始末。

上星期四（五月七日），我、我的外甥女和你的兩個弟弟一起去普蘭帕萊散步。那天傍晚天氣暖洋洋的，四周靜謐安詳，我們走得比平常更遠，直到天色昏暗才想到要回家。這時，我們發現走在前面的威廉和恩尼斯特不見了。我們於是坐下來歇歇腿，等他們回來。沒過多久，恩尼斯特出現了，問我們有沒有看見他的弟弟。他說，他原本跟弟弟一起玩，可是後來威廉跑開躲起來了，他遍尋不著，等了好長一段時間，威廉還是沒有回來。

這番話讓我們大驚失色，我們繼續找他，一直找到夜幕降臨。這時，伊麗莎白猜想他可能已經回家了。可是他並不在家。於是我們拿著火把回到原地，因為只要想到我那可愛的孩子迷了路，在又濕又冷的夜裡餐風露宿，我就坐立難安。伊麗莎白也同樣萬分焦慮。大約清晨五點，我終於找到我那可愛的孩子。他前一夜還活蹦亂跳，如今卻四仰八叉地躺在草地上，臉色發青，一動也不動，脖子上留有凶手的指印。

他被抬回家，我本來想瞞著伊麗莎白，但我臉上顯而易見的痛苦洩露了我的祕密。她急著想看看屍體。我起先試著攔阻，但她執意要看。一走進停放屍體的房間，她急忙檢查威廉的脖子，然後握緊雙手，大聲驚呼：「噢，天哪！我害死了我心愛的小寶貝！」

她暈了過去，好不容易才甦醒過來。恢復意識後，她卻只是不斷哭泣嘆息。她告訴我，那天傍晚，威廉一直纏著她，要她把她擁有的一條極為珍貴的你母親的迷你肖像項鍊給他戴上。那枚肖像不見了，歹徒無疑是為了它才痛下殺手。我們現在不知道凶手的下落，但我們會竭盡全力尋找，鍥而不捨。只不過，再怎麼做都無法讓我摯愛的威廉死而復生。

回來吧，我最親愛的維克多，只有你才能安慰伊麗莎白。她終日垂淚，沒來由地責怪自己害死了威廉。她的話刺痛我的心，全家人都鬱鬱寡歡，但是兒子啊，那難道不是促使你趕回來安慰我們的另一個動機？你親愛的母親！哎呀，維克多！我得說，感謝上蒼沒讓她活著看她心愛的小兒子慘遭殺害，死於非命！

回來吧，維克多，不要盤算如何向凶手報復，而是懷著平靜寬容的心情，這樣才能癒合我們心裡的傷痕，而不是讓傷口流膿潰爛。我的孩子，回到這個還在服喪的家吧，但請對愛你的人心存慈悲與深情，不要帶著滿懷的恨意回來。

你深情而哀痛的父親，

阿方斯．法蘭肯斯坦

一七××年五月十二日於日內瓦

我在讀信時，克萊瓦爾一直注視著我的表情。看到我從一開始接到家書時的喜悅之情轉為絕望，他驚訝極了。我把信扔到桌上，雙手掩面。

「我親愛的法蘭肯斯坦，」亨利見我傷心哭泣，於是大聲問道，「你永遠開心不起來嗎？我親愛的朋友，到底出了什麼事？」

我示意他拿起信來看，然後焦躁萬分地在房裡走來走去。克萊瓦爾讀著這封噩耗，淚水也不禁噴湧而出。

「我無法給你安慰，我的朋友，」他說，「你的不幸是無可彌補的。你打算怎麼做？」

「即刻回日內瓦。亨利，跟我一起去叫馬車。」

這一路上，克萊瓦爾想盡辦法安慰我。他沒有說些泛泛的勸慰之詞，而是表達了最真摯的同情。「可憐的威廉！」他說，「那可愛的孩子！他如今已跟化為天使的母親一起長眠。親友們悲痛流淚，而他卻永遠安息了：他此刻已經感受不到被凶手勒住脖子的痛苦，青草覆蓋他嬌小的身軀，他再也不會疼痛，再也不需要憐憫。活著的人才是最苦的，唯有時間能撫平傷痛。斯多噶學派認為死亡並不邪惡，心靈不該為了親友的溘然長逝而陷入絕望；這些格言只是空談，不應該受到提倡，因為面對自家兄弟的遺體，就連加圖（Cato）也不禁潸然淚下。」

我們一邊匆匆穿越街道，克萊瓦爾一邊這麼說著。他的話深深印在我的腦海裡，我後來在獨處中時時想起。不過此刻，馬車來了，我連忙跳上車，向我的朋友告別。

這是一趟悽楚的旅程。我最初希望快馬加鞭，因為我急著回去安慰我摯愛的、傷心欲絕的親友。但是隨著家鄉越來越近，我反而放慢了速度。我百感交集，簡直無法承受湧上心頭的複雜情緒。年少時的熟悉風景一一掠過眼前，我跟這些景致已經睽違了將近六年。這六年裡，萬事萬物會出現多大的變化啊？這裡曾發生一次突如其來的劇變，造成極大的破壞。但還有其他數不清的小狀況可能導致潛移默化的改變；這些改變雖然無聲無息，卻不見得沒那麼斬釘截鐵。恐懼攫住了我，我不敢繼續前進。許許多多無以名狀的惡事令我渾身顫抖，儘管我說不清楚它們究竟是什麼。

在這種痛苦心境下，我在洛桑停留了兩天。我凝望湖水，水面不起波瀾，四周一片靜謐，白雪皚皚的群山——「大自然的宮殿」——依舊如昔。這祥和而超凡的美景讓我一點一滴恢復平靜，我繼續啟程，朝日內瓦前去。

道路沿湖邊而行，越接近我的家鄉就越狹窄。侏羅山的黑色山壁和白朗峰的耀眼峰頂，在我眼中變得益發清晰。我哭得像個孩子：「親愛的山脈！我的美麗湖泊！你們是怎樣歡迎這個歸來的遊子？你的山巔皎潔無瑕，天空和湖水湛藍平靜。這是預示著歲月靜好，還是在嘲笑我的不幸？」

我的朋友，我這喋喋不休的開場白，恐怕已經讓你生厭了吧！但這些往事是相對幸福快樂的日子，回想起來，總能讓我喜上心頭。我的家鄉！我摯愛的家鄉！除了生於斯、長於斯的人，誰能體會我再次見到那溪流、那山脈，以及最重要的，那座美麗的湖泊時，心中油然而生的欣喜？

然而，當我離家越來越近，憂傷和恐懼再次撲面而來。夜幕從四面八方掩至，我幾乎看不見那片黑黝黝的山嶺，這讓我的心情更加陰鬱。眼前是一片巨大、陰森的邪惡景象，我隱隱約約預料到，我注定要成為這世界上最悲慘的一個人。天哪！我的預言不幸成真，只有一點沒被我料中，那就是我所預見並且害怕的一切悲慘命運，還不及我注定要遭受的百分之一的痛苦[58]。

抵達日內瓦近郊時，天色已經全黑了。城門業已關閉，我只得在城東一哩半外的塞克朗村過夜。夜空清澈靜謐，但我難以入睡，於是決定去看看可憐的威廉遇害的地方。由於無法穿越城區，我不得不乘船橫渡湖面，前往普蘭帕萊。在這短短的航程中，我看見閃電在白朗峰的山巔起舞，幻化出最美妙的姿態。暴風雨似乎正快速迫近。上岸後，我爬上一座低矮的山丘，觀測暴風雨的行進。它來了，天空烏雲密布，不一會兒，我便感覺豆大的雨滴緩緩落下，但雨勢沒多久就迅速增強。

我起身，繼續往前走，然而天色越來越黑，風雨每一分鐘都變得更加猛烈。雷電在我頭頂上空迸裂，發出嚇人的巨響，迴盪在薩雷布山、侏羅山和薩伏依的阿爾卑斯山之間。錚亮的閃電打得我兩眼生花，也照亮了湖面，使它看似一片廣袤無垠的火海。然後一瞬間，四周突然變得一團漆黑，直到眼睛從剛才的強光中緩過勁來，才逐漸恢復了視力。這種在天際四方同時掀起的暴風雨，是瑞士很常見的情況。最強勁的雲雨團盤旋城北上空，就在貝勒里夫岬和科佩特村之間的湖面上。另一團風雨以微弱的閃電照亮侏羅山，還有一團風雨則使高聳於湖東的摩爾山峰忽隱忽現。

我一邊望著這美麗得驚心動魄的暴風雨，一邊快步向前。天空中這場壯麗的大戰振奮了我的精神。我緊握雙手，高聲呼喊：「威廉，親愛的天使！這場暴風雨就是你的葬禮！你的輓歌！」我正說著，卻見黑暗之中，有個人影從我附近的樹叢後面偷偷溜出來。我動也不動地站著，凝神注視。我不會看錯的。一道閃電照亮了那東西，把他的身形照得清清楚楚：他分外高大的身材、醜陋得不像人的畸形面貌，讓我立刻明白他就是那個醜八怪，我賦予了生命的那個邪惡魔鬼。他在這兒幹嘛？莫非（這個想法讓我心裡發毛），他就是殺害我弟弟的凶手？這個念頭一浮現腦海，我立刻確信事實就是如此，無庸置疑。我的牙齒打顫，不得不靠在樹上撐著身體[59]。那身影

58 維克多將他的不祥之感和有關「崇高」（sublime）的浪漫觀念聯想在一起，結合了那個時代對大自然無限錦繡風光的迷戀，並察覺到大自然蘊藏的危險，不惜在危險的大自然中付出個人生命。就在這段話之前，維克多用「親愛的」這個稱呼以及所有格「我的」，深情且自豪地談論家鄉周圍的壯麗山脈。然而，當他與「崇高」相遇，卻未能實現哲學家埃德蒙．柏克（Edmund Burke，1729-1797）所說的「崇高的超越」（sublime transcendence），亦即突然從恐懼中獲得解脫。由於維克多是在面臨極大危險的處境中看待崇高，因此他在這片自然風光中，只看到自己的痛苦與最終的毀滅。這段話也突顯了維克多性格中的一個基本矛盾：他既充滿自信又極度自抑，既是自身命運的導演，又被動地受到不可控制的力量擺布。正如他以離經叛道的方式追求科學發現，在此，他同時歌頌自己的預言能力，又承認其中的不足。維克多反覆使用第一人稱代名詞「我」來強調他的脆弱與力量，也顯現出他的自我中心——一個大幅助長其傲慢自大的重大缺陷。（April Miller 註）

59 在希臘神話中，普羅米修斯以泥土雕塑出人的形狀，智慧女神雅典娜接著對泥人呼了一口氣灌注生命，創造了人類。後來，普羅米修斯不顧宙斯的反對，為人類提供生活中不可或缺的元素——火。同樣的，維克多以電（火的一種型態）讓他的創造物活了過來。閃光在整部小說中反覆出現，經常引得維克多感慨萬千。他不斷以長相「醜惡」來描述科學怪人，對他來說，醜惡即等同於惡魔。就本質而言，後者天生存在於黑暗與污穢之中。維克多偶爾得努力平衡他在夢境與現實中所見的一切。然而，這兩者都是浪漫主義時代的知識來源。當他意識到他瞥見的怪物身影並非只是個幻影，維克多直覺認定這個「醜八怪」是個惡魔，以致出現如牙齒打顫等對恐懼的身體反應。（Joel Gereboff 註）

快速從我身邊掠過，消失在黑暗中。沒有哪個人類下得了手殺害那可愛的孩子。他就是凶手！我毫不懷疑。這個想法本身就是確鑿無疑的證據。我考慮去追那個惡魔，但那只會白費力氣，因為另一道閃電照亮夜空，我看見他已在普蘭帕萊南端邊界的薩雷布山，攀上了幾近垂直的懸崖。他很快爬上山頂，消失無蹤。

我呆呆站著，一動不動。雷聲漸漸停歇，但雨還是下個不停，黑暗籠罩四野，透不進一點光。我之前努力想要忘掉的事件又一一在我腦中盤旋：我為了創造這怪物所做的一連串行動、我親手完成的作品活生生出現在我的床邊，以及他最後的離開。從他最初獲得生命的那一夜迄今，將近兩年過去了，這會是他犯下的第一宗罪行嗎？天哪！我竟把一個以殺戮和製造不幸為樂的邪惡怪物放進這個世界到處亂竄；難道不是他殺了我的弟弟嗎？

沒有人可以想像我心中的煎熬。那一天，我在野外度過下半夜，又濕又冷，但我毫不在意惡劣天氣造成的不適，一幕幕不幸與絕望的場景在我腦中浮想聯翩。我想著我把這個怪物丟進人群之中，賦予他意志與力量去逞凶行惡，正如他已經犯下的這起罪行。我簡直把他當成我自己的吸血鬼，猶如我自己的靈魂從墳墓中被釋放出來，被迫去摧毀我所珍視的一切。

天亮了，我一步步往城裡走去。城門已開，我加緊腳步回到父親的家。我的第一個念頭是趕緊披露我所知道的有關凶手的內情，立刻發動追捕。但這麼一來，我得告訴他們我親手創造並賦予生命的一個怪物，居然大半夜進入難以逾越的山區，在懸崖峭壁上被我撞見！仔細想想這個故事，我猶豫了。我也想起，我從製造出怪物的那一天起就出現神經性高燒，這樣的病史會讓這個有如天方夜譚的故事聽起來像是胡言亂語。我心知肚明，如果有人對我說起這麼一個故事，我肯定會認為他神經錯亂，胡說八道。況且，就算家人對我深信不移，被我說服去展開行動，那怪物也可以憑藉奇特的生命力躲過任何追捕。再說，追捕又有什麼用處？誰抓得住一個能攀登薩雷布山的峭壁、翻山越嶺如履平地的怪物？我思前想後，最後決定保持沉默。

我是在清晨五點左右走進家門的。我吩咐僕人不要驚動家人，然後逕自走進書房，等著他們照平常時間起床。

六年過去了。這六年就像一場夢，只留下一道不可磨滅的痕跡。此刻，我站在當年動身前往英戈爾施塔特之前，最後一次與父親相擁告別的地方。我又愛又敬的父親！在我心裡，他還是一如既往。我凝望擺在壁爐架上的一幅母親的畫像。那是依父親的意思，照一樁陳年往事畫出的作品。畫中的卡洛琳．波佛特跪在亡父的靈柩旁，哀痛逾恆。她穿著粗布衣裳，面色蒼白，但渾身透著一股高貴美好的氣質，不容人們施捨憐憫。這幅畫的下方是威廉的迷你畫像，望著這幀肖像，我不禁淚如泉湧。就在此時，恩尼斯特走進書房。他聽說我到家了，急忙跑來歡迎我。見到我，他露出悲喜交集的神情。「歡迎回家，我最親愛的維克多，」他說，「啊，真希望你是三個月前回來的，那樣的話，你就會看到我們全家人開開心心、歡天喜地的模樣。可是我們現在快樂不起來，迎接你的，恐怕是淚水而不是笑容。父親看起來那麼悲傷：這件可怕的事情似乎讓他想起媽媽過世時那椎心刺骨的哀傷。可憐的伊麗莎白也同樣難過極了。」恩尼斯特一邊說著，一邊傷心地哭了起來。

「那就別歡迎我了，」我說，「鎮定一點，這樣一來，我離家多年後再次走進家門的這一刻，或許就不會感到澈底絕望。現在，告訴我，父親是如何承受這些打擊的？我那可憐的伊麗莎白又是什麼情況？」

「她真的很需要安慰；她怪罪自己害死了弟弟，自責不已。不過既然已經查出凶手了……」

「查出凶手了！老天啊！這怎麼可能？誰逮得到他？絕無可能！這簡直無異於跟風賽跑，或者拿一根稻草截斷溪流。」

「我不知道你在說什麼，但是她被查出來的時候，全家人都非常痛苦。一開始沒有人相信，就算證據確鑿，伊麗莎白到現在都還不肯相信。的確，誰會相信那麼溫柔可愛、又喜歡我們全家人的潔絲汀．莫里茲，可以一下子變得如此喪心病狂？」

「潔絲汀．莫里茲！那可憐的女孩！就是她被指控殺人嗎？但那是錯的，每個人都知道。想必沒有人會相信這件事情吧，恩尼斯特？」

「大家一開始都不信，但後來陸續發現一些事情，幾乎逼著我們非相信不可。而且她自己的行為慌慌張張的，彷彿要加重證據的力道，讓人沒有存疑的空間。反正她今天要受審，到時候你就會明白事情的來龍去脈了。」

他說，大家發現可憐的威廉遭到殺害的那天早晨，潔絲汀恰好臥病在床。幾天後，另一名僕人偶然翻了她在事發當晚穿的衣服，結果在口袋發現那枚被判定為殺人動機的母親肖像。這個僕人立刻拿給另一名僕人看，然後沒跟家裡任何人說一聲，就直接跑去找地方行政官。根據他們的供詞，潔絲汀被捕了。這可憐的女孩遭到指控時，神色極度慌張，大大坐實了她的犯罪嫌疑。

這件事情很古怪，但它沒有動搖我的信心。我鄭重地回答：「你們全搞錯了，我知道凶手是誰。可憐的潔絲汀！那個善良的女孩是無辜的。」

就在此時，父親走進書房。我看見憂傷深深刻在他的臉上，但他還是強顏歡笑地歡迎我回來。我們互相安慰寒暄之後，父親本想聊聊別的話題，不想再提這件不幸的事，可是恩尼斯特卻嚷嚷起來：「天啊，爸爸！維克多說他知道是誰殺了可憐的威廉。」

「遺憾的是，我們也都知道，」父親回答，「我寧可一輩子查不出真凶，也不願意得知我如此看重的人，竟然那麼邪惡，那麼忘恩負義。」

「我親愛的父親，你弄錯了，潔絲汀是無辜的。」

「如果她是無辜的，但願她不會蒙受冤屈，吃苦受罪。她今天就要受審了，我希望，真心希望，她會被無罪開釋。」

這番話平復了我的心情。我堅信潔絲汀是無辜的，事實上，任何人都沒有犯下這起命案。因此，我不擔心法庭能提出什麼強力的間接證據來定她的罪。抱著這樣的信心，我鎮定下來，熱切期待這次審判。沒有任何不祥之兆預示不幸的結局。

沒多久，伊麗莎白也加入我們。自從上次見她以來，時間為她的容顏帶來很大的變化。六年前，她還是個漂亮的小女孩，脾氣很好，每個人都喜歡她，對她寵愛有加。如今她出落得亭亭玉立，臉上流露成熟的神情，出奇地動人美麗。她寬闊的額頭顯示著聰慧，和她坦率真誠的性情相得益彰。她的雙眸是栗色的，溫柔的眼神因為最近的苦難而蒙上一層哀傷。她有一頭濃豔的紅褐色頭髮，皮膚白皙，體態纖細優美。她深情款款地歡迎我。「你到家了，我親愛的表哥，」她說，「這讓我充滿希望。也許你能想出什麼辦法，為我那可憐的潔絲汀證明清白。天哪！如果她被判有罪，還有誰能安穩地過日子？我相信她是清白的，就像相信自己是清白的一樣。我們的不幸帶來了雙重打擊，造成加倍的痛苦：我們不僅失去了可愛的小弟，我真心喜愛的這個可憐女孩也將被奪走，遭受更加悲慘的命運。如果她被定罪，我將永遠快樂不起來。但她不會被定罪的，我相信不會。那樣一來，就算我的小威廉不幸慘死，我還是能再度感到快樂。」

「她是無辜的，我的伊麗莎白，」我說，「這一點將會得到證實。別擔心，她一定會被無罪開釋，妳開心一點吧。」

「你真好！每個人都認為她有罪，真讓我痛心，因為我知道她是不可能做出那種事的。看到每個人都帶著那麼深的偏見，冥頑不靈，真叫我絕望無助。」她哭了起來。

「我的好外甥女，」父親說，「擦乾妳的眼淚。如果她真像妳想的那樣清白無辜，就請相信司法的公正，也請相信我會採取行動，努力阻止一絲一毫的不公不義。」

第七章

我們在悲傷中度過幾個鐘頭，等待十一點鐘開庭。父親和家裡其他人有義務出庭作證，我陪他們一起前去法院。這是一場拙劣的司法鬧劇，我從頭到尾飽受折磨，簡直生不如死。它將決定我的好奇心和無法無天的手段釀成的後果，是否會導致我的兩個同伴喪命：一個是天真快樂、愛笑的孩子；另一個則將遭到更可怕的謀殺，隨著人們不斷加油添醋，她的死將添上一層恐怖色彩，令人難以忘懷。潔絲汀是個好女孩，擁有能保障她一生幸福快樂的高貴人品：如今這一切將被烙下恥辱、埋進黃土，從此灰飛煙滅，而我就是罪魁禍首！我寧願招供一千次，認下潔絲汀被冤枉的罪，但事發當時我並不在場，這樣的認罪陳述肯定會被當成瘋子的胡言亂語，無法替因為我而受罪的潔絲汀昭雪冤情。

潔絲汀的態度從容不迫。她穿著喪服，迷人的容顏因為肅穆的心情而顯得格外美麗。然而，她似乎對自己的清白深具信心，就算承受眾人的目光與咒罵也毫不顫抖。她的美原本會引發旁觀者好感，但由於人們認定她罪大惡極，這份善意此刻已煙消雲散。她神色平靜，但顯然是強作鎮定；由於她之前的慌張失措被視為有罪的證據，她努力整理心情，設法表現出無所畏懼的樣子。

她走進法庭時環顧四周，很快找到我們的座位。一看見我們，她立刻淚眼朦朧，但她很快克制住自己，哀怨的眼神似乎在表明自己的清白無辜。

審判開始了。檢方陳述她的罪狀之後，隨即傳喚多名證人出庭。好幾項古怪的證據全部湊在一起不利於她，若非像我一樣握有證據能證明她的清白，任何人都會動搖信心。命案發生當晚，潔絲汀徹夜未歸，天快亮的時候，市場的一個女菜販在後來發現孩子陳屍的地點附近看見她。那女人問她在那裡做什麼；但是她的神色非常奇怪，只語無倫次地回答了幾句，不知所云。她大約八點鐘回到家，有人問她一整夜跑去哪裡了，她說她一直在找那孩子，然後急切地追問有沒有那孩子的任何消息。一看到孩子的屍體，她立刻陷入歇斯底里，好幾天下不了床。接著，檢方出示另一名僕人在她口袋裡找到的那幀肖像。當伊麗莎白用顫抖的聲音證明，那就是孩子失蹤一小時前她掛在他脖子上的那幀肖像時，人們立刻交頭接耳，法庭響起一片戰慄與憤慨的低語。

潔絲汀被傳喚上台自辯。隨著審判持續進行，她的神色變了，流露出強烈的驚訝和恐懼，痛苦萬狀。她有時幾乎止不住淚水，但是當她被要求替自己辯護時，她強打起精神，用雖然清晰卻不穩定的聲音說話：

「我的清白，」她說，「上天可鑑。但是，我並不奢望我的抗辯能幫助我無罪開釋。對於那些用來指控我的證據，我將以一個簡單明瞭的解釋來證明我的清白。但願以我一貫的人品，能使庭上對那些看似曖昧或可疑的情況做出有利的解釋。」

她接著說道，命案發生的那天晚上，她徵得伊麗莎白同意，到謝納村的一個姨媽家去玩，離日內瓦大約三英里。晚上九點左右，她在回來的路上遇見一名男子，問她有沒有看見那個走失的孩子。她聽到消息後心中一凜，立刻開始找他，一連找了好幾個鐘頭。這時，城門關了，她只得在一戶農家的穀倉過夜。她雖然跟屋主很熟，卻不願意擾人清夢、叫醒他們。既然坐立難安也睡不著覺，她一大清早就離開這個暫棲之地，好趕緊再去尋找我的弟弟。就算她曾經靠近屍體所在的地方，她自己也毫不知情。而她被女菜販問話時顯得恍恍惚惚，是因為她一夜沒睡，而且可憐的威廉還生死未卜。至於那幀肖像，她無法做出任何解釋。

「我知道，」這個悽苦的受害者接著說，「這項證據對我多麼不利、多麼致命，但我無力解釋。既然我已經說過，我完全不知道這東西是怎麼來的，我只能猜測有人把它放進我的口袋。但這樣的猜測也說不通。我相信我從未樹敵，絕不會有人如此惡毒地胡亂陷害我。是凶手放的嗎？我看不出他有任何機會這麼做。就算有機會，他又為什麼偷了珠寶卻馬上扔掉它呢？」

「我將我的答辯交由庭上公平裁決，但我看不見任何希望。我懇請庭上傳喚幾位證人檢驗我的人品，如果他們的證詞無法洗刷我的罪嫌，那麼儘管我發誓我是清白的，希望以此作為我的救贖，卻也只能接受定罪了。」

法官傳喚了好幾名證人。這些人跟潔絲汀相識多年，平常對她讚譽有加。不過，基於恐懼，以及認定她有罪而產生的敵意，這些人此刻畏縮不前，不願意站出來為她作證。伊麗莎白眼見被告得救的最後一線希望——她的傑出人品和無可挑剔的舉止——也將落空，儘管自己心亂如麻，仍請求法官准許她上台陳詞。

「我是那個不幸遇害的孩子的表姊，」她說，「或者更像是他的親姊姊，因為遠在他出生以前，我就和他的父母生活在一起，接受他們的撫育與教誨。因此，我在這種情況下出面替被告辯護，或許會被認為有失妥當。但是同樣身而為人，當我看見另一個人即將因為冒牌朋友的懦弱而失去性命，我希望獲准發言，盡我所知陳述被告的人品與性格。我與被告非常熟悉，我們在同一個屋簷下生活，第一次長達五年，另一次則將近兩年。相處的這些年裡，她在我眼中始終是這世上最隨和、最善良的人。我的舅母法蘭肯斯坦夫人病危之際，她無微不至地照顧她，情深義重。後來，她自己的母親久病纏身，她也悉心服侍，贏得所有人欽佩。母親過世後，她重回我舅舅家生活，受到全家人喜愛。她跟如今已經死去的那個孩子非常親近，十分疼愛他，有如天底下最慈愛的母親。就我而言，我毫不猶豫地說，儘管種種證據不利於她，我仍然堅信她完全無辜。至於那個被視為主要證據的小玩意兒，如果她真的想要，我一定會心甘情願送給她；我就是那麼敬重她、珍視她。」

了不起的伊麗莎白！現場傳出一片喃喃的嘉許聲，不過，人們讚美的是伊麗莎白的慨然相救，而不是對可憐的潔絲汀表示支持。此刻，大眾的義憤反而越燒越烈，紛紛指責她忘恩負義，冷酷無情。伊麗莎白發言的時候，潔絲汀淚流不止，但沒有做出任何回應。在整個審判過程中，我一直如坐針氈，痛苦至極。我相信她的清白；這點我心知肚明。難道是殺害我弟弟的那個惡魔（我沒有片刻懷疑是他做的），後來又心狠手辣地陷害無辜之人，要將她置於死地，最後身敗名裂？我無法承受自己所處的這種可怕境況。當我察覺民眾的聲音與法官的表情已經給這個不幸的受害者定了罪，我痛苦地衝出法庭。被告所受的折磨還比不上我內心的煎熬：她有清白作為她的精神支柱，而悔恨卻像利爪撕裂我的胸膛，不肯放手[60]。

我在痛苦的深淵中度過一夜。隔天早晨，我走進法庭。我的嘴唇乾裂，喉嚨焦渴，提不起勇氣去問那個生死攸關的問題。但是人們認得我，法庭辦事員猜到我此行的目的。票投完了，清一色的黑字，潔絲汀被判有罪。

我無法妄言我當時的感受。我以前也嘗過恐懼的滋味，也曾盡力去詳加描述那種感覺，然而，言語無法形容我當時承受的那種揪心欲嘔的絕望。跟我談話的那位辦事員補充說，潔絲汀已經對她犯下的罪行坦承不諱。「這個案子昭然若揭，」他說，「簡直不需要這項供詞，但我很高興她招認了。因為說實在的，沒有一位法官願意僅憑間接證據給嫌犯定罪，不論這些證據多麼確鑿。」

我回到家裡，伊麗莎白迫不及待地追問判決結果。

「我的表妹，」我回答說，「你或許已經預料到這種結果；每一個法官都寧可錯殺十個無辜之

---

60 潔絲汀與伊麗莎白的這次交會充滿了激情。即便蒙受不白之冤，潔絲汀仍然接受了她的判決，因為她認為這是獲得最終救贖的必經之路。而伊麗莎白如今對潔絲汀的清白深信不疑，並因為潔絲汀並未辜負她的信任而感到寬慰。相較之下，不公的判決讓維克多深感痛苦，他心知真正的凶手是他的創造物，因此充滿悔恨與強烈的內疚。按照當代的道德觀，感受並表達後悔是尋求寬恕的必要條件。但維克多只能將這些感受藏在心裡，因為他無法透露有關他的研究及其影響的真相。（Joel Gereboff 註）

人，也不願意放過一個罪犯。況且她認罪了。」

這對可憐的伊麗莎白是個沉重的打擊，她一直堅信潔絲汀的清白無辜。「天哪！」她說，「這叫我如何再次相信人性的善良？我把潔絲汀當成妹妹一樣地愛她、敬重她。她怎能擺出那些天真無邪的笑臉，到頭來卻翻臉無情，恩將仇報？她溫柔的眼神看來似乎沒有任何壞心眼，但她卻殺害了一條人命！」

不久後，我們聽說那可憐的受害者希望見我表妹一面。父親不希望她去，但表示他把事情交由她自己的判斷與心情來做決定。「好吧，」伊麗莎白說，「雖然她犯了罪，我還是會去。而你，維克多，你得陪著我，我沒辦法自己一個人去。」去見潔絲汀對我而言是一大折磨，但我無法拒絕。

我們走進昏暗的牢房，看見潔絲汀坐在另一頭的稻草堆上。她的手被銬住，頭倚在膝蓋上。一見到我們走進來，她立刻起身，而當牢房裡只剩下我們跟她獨處時，她匍匐在伊麗莎白的腳邊，痛哭流涕。我的表妹也哭了起來。

「噢，潔絲汀！」她說，「你為什麼要奪走我的最後一絲安慰？我原本相信你的清白，雖然當時我心如刀割，但還比不上現在痛苦。」

「難道您也認為我狼心狗肺，喪盡天良？您也站在我的敵人那一邊，對我大加撻伐嗎？」她哽咽著說。

「起來吧，我可憐的女孩，」伊麗莎白說，「如果你是清白的，又何必下跪？我不是你的敵人。我原本不理會那些證據，始終相信你是被冤枉的，直到聽說你自己認了罪。如果你說那消息是假的，那麼請放心，我親愛的潔絲汀，除非你自己認罪，否則沒有任何事情可以動搖我對你的信心。」

「我的確招供了，但那份供詞是個謊言。我之所以認罪，是因為希望靈魂得到赦免。但如今，那謊言比我的其他任何罪孽都更沉甸甸地壓在我的心上。願上天饒恕我！自從我被定罪，我的懺悔神父就整天纏著我；他威脅我、恐嚇我，最後連我自己都開始相信我就是他所說的那個凶神惡煞。他威脅我說，如果我繼續這麼冥頑不靈，他就把我逐出教會，讓我在人生的最後時刻受地獄之火煎熬。親愛的小姐，我孤立無援，每個人都把我當成注定要下地獄的無恥之徒。我還能怎麼辦？在那鬼迷心竅的一刻，我在假供詞上簽了名，而我現在才是真的痛苦不堪啊！」

她停頓片刻，淚如雨下，然後接著說，「我親愛的小姐，想到您居然相信您在天上的舅媽曾經如此看重、您自己也十分疼愛的潔絲汀，竟會犯下唯有魔鬼本人才幹得出的彌天大罪，我就不寒而慄。親愛的威廉！親愛的、有福的孩子！我很快就要在天上與你重逢，從此幸福快樂；這讓我在即將名譽掃地、含冤而終之際，感到了一絲安慰。」

「噢，潔絲汀！原諒我曾對妳抱有片刻的疑心。妳為什麼要認罪呢？不過，不要哀嘆，我親愛的女孩，我會告訴大家妳是無辜的，不洗刷妳的罪名絕不罷休。然而妳已難逃死罪；妳，我的玩伴，我的朋友，比親姊妹還要親的同伴。我絕對熬不過這麼可怕的劫難。」

「親愛的伊麗莎白，不要哭泣。您應該喚起我對美好來生的寄望；我將脫離這個不公不義、鬥爭傾軋的世界，不再為瑣事煩心。優秀的朋友，請您不要把我推向絕望。」

「我會試著安慰妳，但既然已經毫無希望了，勸慰的話恐怕太沉重、太尖銳，聽起來太惡毒。上天保佑妳，我最親愛的潔絲汀，願妳能順從命運的安排，相信自己終將超脫這個俗世。噢！我真恨這個世界的愚蠢與諷刺！一個人被殺害了，另一個人隨即遭受這樣的凌遲，而那些雙手沾滿無辜鮮血的劊子手，仍然相信他們幹了一樁天大的好事。他們把這稱作『報應』！多可恨的虛名[61]！當人們說出這個字眼，我知道有人即將遭受可怕的懲罰，比最殘忍的暴君為了報仇雪恨、以逞胸中之快所使出的手段更凶惡，更令人毛骨悚然。然而，我的潔絲汀，這些話安慰不了妳，除非妳真的能為了即將脫離這個痛苦的人世而歡喜。天哪！如果我能在舅媽和可愛的威廉身邊安息、遠離這個可恨的世界以及令人憎惡的面孔，我一定會感到快慰。」

潔絲汀頹唐地笑了一笑，「親愛的小姐，我是絕望，不是認命。我想必學不會您打算教我的一課。說點兒別的吧，說點兒能帶來平靜，而不會增加痛苦的話吧。」

他們談話期間，我一直蜷縮在牢房角落，設法掩飾啃嚙著內心的那份痛苦煎熬。絕望！誰敢奢言絕望？那可憐的受害者明天就要跨越生死之間的可怕界線，但她所受的痛苦，還不及我所承受的折磨那樣沉重、那樣苦澀。我緊咬著牙，磨得嘎嘎作響，然後從靈魂深處發出一聲呻吟。潔絲汀吃了一驚。當她看見是我，便走過來對我說：「親愛的先生，您能來看我，真的非常好心。但願您並不認為我有罪。」

我無言以對。「不，潔絲汀，」伊麗莎白說，「他比我更相信妳的清白，就連聽說妳已經招供了，他也不相信妳有罪。」

「我衷心感謝他。在生命的最後時刻，我誠摯感謝每一位以善意看待我的人。他們能對我這麼一個苦命人表達善意，這份感情多麼美好！這消除了我內心的一大半痛苦。既然您，親愛的小姐，還有您的表哥認同我的清白，我覺得自己彷彿可以平心靜氣離開人世了。」

這個可憐的苦難人就是這樣安慰別人和她自己的。她確實如願以償，心平氣和地接受了自己的命運。但我這個真正的凶手，卻感到蛀蟲在我心中鑽來鑽去，永不止息，不容許我得到任何希望與安慰。伊麗莎白也哭了，充滿憂愁。但她的憂傷同樣是清白之人的痛苦，就像一朵雲彩掠過

61　這段話反映出所謂的應報式（retributive）正義，這類正義仰賴懲罰來抵銷被害者及其家人所受的傷害，並嚇阻其他人做出不法行為。在這種世界觀下，當一個人為了自己對他人造成的傷害付出代價時，正義便獲得了伸張。瑪麗警告讀者，匆促的判斷（尤其是報復心切時）很可能會傷害無辜之人，因而製造出新的不公不義。這正是無辜的潔絲汀因威廉之死而誤遭處決時發生的情況。科學與技術也多方面涉入犯罪與懲罰的手法中，包括各種刑具的發明，例如斷頭台（法國大革命時期的恐怖發明）、電椅、毒液注射等等。現代美國在處決犯人時，會有醫護人員在場核實犯人死亡，心理醫師則負責判斷一個人的精神健康狀況是否足以面對審判，或者是否應該基於心理缺陷而減輕懲罰。指印、筆跡分析、DNA鑑定和其他鑑識科學都在各方論戰中一路走來，爭議焦點包括它們如何呈上法庭作為證據，或者如何讓法庭理解科學證據。科學研究也證實了目擊者的證詞很容易出錯，許多判決都因為出現了證明無罪的DNA證據而被推翻。法醫鑑識證據在民眾的想像力中深具力量，因此，陪審團開始出現「CSI效應」（根據一個以高科技鑑定技術對犯罪現場進行調查分析的高收視率電視節目），他們期望見到證明有罪的科學證據，即便這些科學標準源自於虛構的電視劇。（Mary Margaret Fonow註）

皎潔的月亮，雖然一時遮蔽了月光，卻無法讓月亮黯然失色。痛苦和絕望鑽進了我的心底。我背負著一座地獄，沒有任何力量可以將它摧毀。我們陪伴潔絲汀幾個小時，最後，伊麗莎白費了好大的勁勉強自己離開。「我真希望跟妳一起去死，」她哭著說，「我沒辦法繼續活在這個痛苦的世界。」

潔絲汀強忍住辛酸的淚水，做出愉快的表情。她擁抱伊麗莎白，用幾乎克制不住感情的聲音說，「永別了，溫柔的小姐，最親愛的伊麗莎白，我摯愛的、唯一的朋友，願上蒼賜福，保佑您不再遭受任何不幸。好好活著，快樂地活著，也讓別人幸福快樂。」

回家後，伊麗莎白告訴我，「我親愛的維克多，這個不幸的女孩是被冤枉的，相信這一點之後，我的心裡放下了一顆大石頭，你不知道我有多麼寬慰。如果我之前對她的信任，是受到了她的蒙蔽，我的心將永遠無法平靜。在我相信她有罪的那一刻，我感受到難以承受的椎心之痛。現在，我的心釋然了。無辜之人雖然蒙冤受罪，但我心中那個溫柔善良的她並未背叛我的信任，這讓我感到安慰。」

善良的表妹！妳的想法是那麼溫柔、高尚，跟妳可愛的雙眼和聲音如出一轍。但我，我是個不幸之人，絕對沒有任何人想像得到我當時承受了多大的痛苦。

【卷一完】

【卷二】

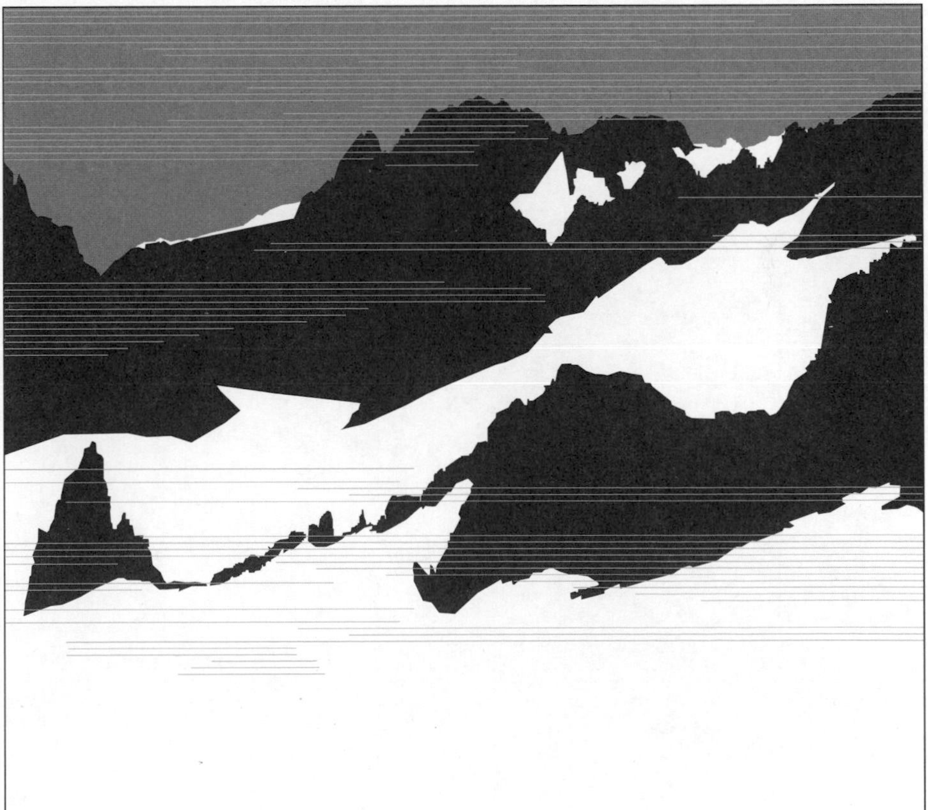

第一章

接二連三的事件攪得人心亂如麻，百感交集。等到一切塵埃落定，繼之而來的是死寂一般的消沉，心靈有如槁木死灰，既沒有希望，也不再恐懼；人世間最大的痛苦，莫過於此。潔絲汀死了，而我還活著。血液仍在我的血管裡自由流動，但絕望與悔恨卻重重壓在我的心上，揮之不去。我無法閉起眼睛睡覺，成天像個邪惡的幽靈四處遊蕩，因為我犯下了言語無法形容的恐怖罪行，而且（我說服自己相信）罪孽還遠遠沒有結束[1]。然而，我的心卻盈溢著善意以及對美德的

1 罪（guilt）的概念可能比乍看之下更加複雜。這段話呈現了人們對「罪」最常見的兩種理解，激起讀者以維克多與科學怪人的經歷去思索「罪」的概念。首先，「罪」描述的是一個人必須為某種不道德或不合法或二者兼而有之的行動負責。其次，「罪」描述的是做出某個行動之後內心興起的感受——會纏住一個人不放、進而改變此人日後行動的感受。
心理分析學派針對「罪」的這個第二項理解進行闡述，並提出理論，認為人們就算沒有把結果歸因於自己的行動，仍可能萌生罪惡感。若要更深入理解，請參考佛洛伊德的《文明及其不滿》（*Civilization and Its Discontents*）。佛洛伊德認為罪惡感與文明之間存在著解不開的連結，這個主張倒與《科學怪人》不謀而合。

熱愛。我帶著美好的心願展開人生，渴望有朝一日實現願望，成為有用之人，對人類做出貢獻。但如今，一切都已灰飛煙滅：我的良心不得安寧，無法驕傲地回顧往事，也無法充滿希望地展望未來。非但如此，悔恨與罪惡感還緊緊抓住我不放，催逼我陷入地獄，遭受無以言表的強烈折磨[2]。

我的身心原本已經從第一次打擊之後完全復原，但此刻的精神狀態，再次侵蝕著我的健康。我躲避每一張面孔；人們的每一聲歡笑、每一句沾沾自喜的話語，都是對我的折磨。唯有孤獨——深沉、黑暗、死一般的孤獨——才能帶給我安慰。

我明顯地變了一個人。父親看著我的性情和習慣和從前大不相同，心裡非常痛苦，於是千方百計開導我，讓我明白放縱自己過度悲傷是一件很蠢的事。「維克多，」他說，「你以為我就不痛苦嗎？沒有人比我更愛你弟弟了。」（他說著說著，淚水湧進了眼底。）「但是，我們不應該露出過度的悲傷來增加別人的痛苦；這難道不是我們對生者的義務？你也應該對自己負責，因為過度的憂傷會阻礙你成為更好或更快樂的人，甚至導致你一事無成，無法立足於社會。」

父親的話雖然很有道理，卻根本不適用於我的情況。如果不是悔恨的苦澀滋味滲入了我的種種感受，蒙蔽了我的理智，我原本應該率先掩飾我的哀傷，設法安慰我的親友。如今，我只能以絕望的神色回應父親，然後想盡辦法迴避他。

大約這個時候，我們回到貝勒里夫的宅邸，暫時避居。對於這項改變，最高興的人就是我了。日內瓦的城門每天準時十點關閉，過了這個時間就不能泛舟湖上，這使我非常厭煩被四面城牆包圍的生活。現在我自由了。我常常在家人就寢以後登上小船，在湖面一待就是好幾個鐘頭。有時候我揚起船帆，隨風漂流；有時候我把船划到湖心，一心沉溺在自己的痛苦思緒中，任小船自行飄飄蕩蕩。當四周一片靜謐，唯有靠近岸邊才能聽見蝙蝠和青蛙斷斷續續的刺耳叫聲，在這美麗如天堂的景色裡，只有我一個人心緒不寧地四處遊蕩，一顆心無處安放。這時候，我常會受到誘惑。我是說，我常常會出現一股衝動，恨不得縱身跳進這座靜默的湖泊，讓湖水淹沒我，永遠吞沒我的一切災禍與不幸。但是我深愛的、勇敢的伊麗莎白正在受苦，她的性命與我緊緊相依，一想起她，我就克制住自己。我也想起我的父親，以及還活在世上的另一個弟弟：我豈能卑鄙地棄他們於不顧，任由他們毫無保護地遭受我縱放到人世間的惡魔蓄意傷害[3]？

而在第一項理解中，「罪」的概念也包括一個人沒有採取他認為自己在某種情況下應採取的行動。例如，維克多沒有將科學怪人的存在公諸於世，尤其是在潔絲汀受審期間，這樣的不作為也可被視為有罪。正如莎士比亞讓《哈姆雷特》中的柯勞狄自承：「我堅強的意願被更強的罪孽擊敗了」(III.iii.44)。在下文中，維克多將說出一段有關罪的後果的至理名言：「啊！遭遇不幸的人盡可以聽天由命，但有罪之人永遠得不到安寧」。(Ramsey Eric Ramsey 註)

2 這段話生動地表達了維克多內心的煎熬。語言有其局限，維克多無法透露自己的內心衝突。他的良心飽受折磨。強烈的悔恨與內疚讓他無法得到並維持平靜的良心——一種問心無愧的感受。沒有言語可以形容他所受的痛苦與折磨。(Joel Gereboff 註)

3 對於自己創造了一個禍害，卻沒有將這個禍害的存在公諸於世，維克多再次感到深深內疚。然而，他還是沒有認清並承認，招來毀滅的並非一開始的創造，而是他對待創造物的方式，以及他對創造物的遺棄。就此而言，他確實察覺遺

在這些時刻，我總是淚如雨下，企盼心靈重獲平靜，唯有這樣，我才能給家人帶來安慰與幸福。但那已是不可能的了；悔恨撲滅了一切希望。是我一手造成了這無可挽回的災禍，我每天都活在恐懼之中，唯恐我親手創造的怪物又會犯下什麼新的罪孽[4]。我隱隱約約覺得事情還沒有結束，他還會幹出某種十惡不赦的罪行，其情節之重大，足以讓人忘卻過去的種種不幸。只要我愛的人都還活在人世，我就無法擺脫恐懼。我對這個惡魔深惡痛絕，旁人絕對無法想像。一想起他，我就咬牙切齒，雙眼冒火，熱切希望摧毀我如此輕率製造出來的生命。每當想起他的罪行與惡毒，我的胸中就迸發不可遏制的恨意與復仇欲望。如果我能從安地斯山上把他扔到山底，我一定會像個朝聖者似地爬上山巔。我期盼再次見到他，這樣我就能把滿腔怒氣發洩到他頭上，為威廉和潔絲汀的死報一箭之仇。

我們家沉浸在哀悼之中。父親的身體因為一連串可怕事件的打擊而虛弱了許多。伊麗莎白鬱鬱寡歡，意志消沉，無法再從日常活動中得到任何樂趣。對她來說，一切歡樂都是對死者的褻瀆；她當時覺得，對含冤而終的無辜受害者，唯有無盡的哀思與淚水才是恰如其分的敬意。她不再是早年陪我漫步湖畔、興高采烈暢談未來前景的那個快樂女孩。她變得一本正經，偶爾感嘆命運的反覆無常，以及人生的動盪不安[5]。

「我親愛的表哥，」她說，「每當我想起潔絲汀．莫里斯死得那麼悽慘，我就無法再用原有的眼光看待這個世界和它的運作方式。以前，我從書上讀到或從別人口中聽到任何罪行或冤案時，總把它們當成古老的傳說，或者虛構出來的罪惡；起碼，這些事情離我們非常遙遠，更適合靠理性去思考，不能憑想像力去意會。但如今，痛苦已親臨門下，人們看起來彷彿嗜血的怪物。不過，我這麼說確實有失公允。人人都相信那可憐的女孩有罪。如果她真的犯下她承擔的罪名，那她無疑是最邪惡的衣冠禽獸。只為了區區珠寶就殺了恩人兼朋友的兒子；她打這孩子一出生就開

棄他的親朋好友有可能導致什麼後果，卻依然漠視他先前遺棄創造物的行為。（Joel Gereboff註）

4 維克多表達的悔恨，令人聯想到歐本海默目睹原子彈難以言喻的強大威力後，心中升起的感受。印度經典《薄伽梵歌》（*Bhagavad-Gita*）裡的一段話閃過了歐本海默的腦海：「我成了死神，世界的毀滅者」。在這短短的警語中，參與設計原子彈的歐本海默承認他釋放了一股有可能滅絕文明的力量。他也聲稱：「物理學家深知罪惡，這是他們不可丟棄的知識。」（引述自Bird and Sherwin 2005, 388）

維克多已過了為他可怕的科學實驗負責的時候。如今怪物似乎已失控；剩下的唯有悔恨。然而，一九四五年在洛斯阿拉莫斯見證原子彈試爆的歐本海默，還有機會阻止將原子彈投放於人類社會。請參考本書收錄的海瑟·道格拉斯的論文〈科技甜頭的苦澀餘味〉。

科學家必須在釋出他們的創造物之前就負起自己應盡的責任，否則等到木已成舟，事情便無法追回。具有高度良知的科學家，認為自己有責任事先向學生、同儕和社會大眾警告科學研究的惡意用途。維克多的煎熬是個警訊，那些打著科學探索的大旗、對研究的道德成份漠然置之的科學家必須引以為戒。不論是複製人類、創造新的生物武器、發表轉基因的物種或者設計人類基因組，這些研究的終點在在召喚科學家採取行動、承擔自己應盡的社會責任。（Sheldon Krimsky註）

5 潔絲汀·莫里茲死後，伊麗莎白體會到人生無常、世事難料——換句話說，她明白了生命會不斷變化、前進，即便生命走的是我們永遠不會為自己選擇的道路。維克多至少一開始是有宿命與命運觀的，相較之下，伊麗莎白卻不由自主地認為這個世界既不公平又反覆無常。（Nicole Piemonte註）

始照顧他，看起來似乎愛他如親生骨肉！我不贊成處死任何人，但我確實認為這樣的人不適合繼續留在人群中生活。可她是無辜的呀[6]！我知道、也感覺得到她的清白；你和我看法一致，這更加深我的信念。天哪！維克多，當謊言幾可亂真，虛假和真實模糊了界線，有誰能擔保自己一定會幸福快樂[7]？我覺得自己彷彿走在懸崖邊緣，成千上萬人蜂擁而至，試圖把我推下萬丈深淵。威廉和潔絲汀遭到殺害，凶手卻逍遙法外；他在這世上自由地行走，說不定還受人敬重。不過，就算我犯下同樣深重的罪孽，被判處死刑，我也情願上絞刑架，而不願意跟那個無恥之徒易地而處[8]。」

我聽著這番話，心裡萬分痛苦。我不是真正的凶手，卻勝似真凶。伊麗莎白看見我痛苦的神情，體貼地拉起我的手說：「我最親愛的表哥，你得平靜下來。這些事情讓我深受震撼，天知道打擊有多大；但我還比不上你那麼悲慘。你的表情中透著絕望，有時還露出報仇雪恨的凶光，令我不寒而慄。鎮定一點，我親愛的維克多，我寧願用我的生命換來你的平靜。我們一定會高興起來的：在自己的家鄉安安靜靜生活，與世無爭，還有什麼能擾亂我們的寧靜？」

她一邊說話一邊掉眼淚，對自己的勸慰之詞半信半疑，但她同時露出微笑，試圖趕跑在我心裡隱隱作祟的惡魔。父親認為，家逢變故，我難免感到憂傷，而寫在我臉上的不快樂，無非是這份憂傷的放大投射。因此，只要找一件對我胃口的消遣，就能讓我恢復平時的從容。當初正是這個原因促使他避居鄉間，此刻基於同樣的動機，他提議全家去夏慕尼峽谷走走。我以前到過那裡，但伊麗莎白和恩尼斯特還沒去過，他們兩人聽說那裡的景色雄偉壯麗，美得出奇，經常表示很想去看看。就這樣，在八月中旬，潔絲汀離開人世將近兩個月後，我們一家從日內瓦啟程出遊。

天氣格外晴朗。如果換個環境就能趕走我的哀愁，這次出遊確實能達到父親意圖的效果。說實話，這片風景或多或少激起了我的興致；美景雖然無法澈底抹去憂傷，卻能短暫安撫我的心靈。第一天，我們乘坐馬車旅行。早上，我們眺望遠方的山脈，緩緩前進。我們行經蜿蜒的山路，看見阿爾沃河穿鑿而成的山谷。順著河流而行，峽谷朝我們一點一滴迫近。太陽下山後，我們望見崇山峻嶺和懸崖峭壁聳立我們四周，聽見河水在亂石間奔騰，也聽見附近的瀑布飛濺而下的聲音。

---

6 從古至今，哲學家便對真相的本質爭論不休。當真假難辨，人們往往藉由找出一組能支持既有想法的事實來判定真假。在法律系統中，被告有可能因為間接證據而被定罪，而這項證據後來卻被發現錯得離譜、不可靠，或者漏洞百出（「清白專案」〔Innocent Project〕是個非營利組織，專門致力於推翻錯判的案件）。正是這種證據決定了潔絲汀的命運。同樣的，在科研領域上，人們也必須靠不受個人偏見影響的分析，來判斷研究結果的真偽。（Mary Drago註）

7 瑪麗假定「知道真相」與「幸福快樂」直接相關，不過，許多科幻作品的觀點恰恰相反。拉娜．華卓斯基（Lana Wachowski）與莉莉．華卓斯基（Lilly Wachowski）的電影《駭客任務》（*The Matrix*），讓一世代的電影觀眾在痛苦的真相與幸福的無知之間進行抉擇：「吞下藍色藥丸，故事就此結束，你會在自己的床上醒來，繼續相信你想相信的一切。吞下紅色藥丸，你將繼續待在愛麗絲的仙境裡，而我將帶領你見識一下這個兔子洞究竟有多深。」對於維克多的行為，其中的一個解釋就是他在面臨日益危險的真相時，亟欲抓住近似幸福的東西。（Ed Finn註）

8 這段諷諫，表達了看似真實或人們以為真實的事經常是虛假的。伊麗莎白向維克多表示她認為潔絲汀是無辜的，蒙受了不公平的冤屈。然而事實上，最大的謊言，是維克多無法坦白說出科學怪人才是真正的凶手。只要有人「為罪行付出代價」，即便此人是無辜的，社會就能維持情緒與道德的平衡。（Joel Gereboff註）

隔天，我們騎著驢子繼續上路，隨著我們越爬越高，峽谷顯得益發壯闊，令人嘆為觀止。松嶺的峭壁之上，還懸掛著城堡的斷垣殘壁；氣勢恢弘的阿爾沃河，樹林裡星星點點的山間小屋，形成了獨一無二的大好風景。巍峨的阿爾卑斯山將這片美景襯托得更加超凡脫俗；它那白得閃閃發光的山峰和穹頂睥睨一切，彷彿屬於另一個世界，是另一種生物的棲息之所。

過了佩里西爾橋，河水沖刷而成的峽谷在我們眼前豁然開展。我們開始攀登峽谷上方的高山，沒多久就進入夏慕尼山谷。這裡雖然更神奇壯麗，卻比不上我們剛剛經過的瑟沃克斯峽谷那般風景如畫。白雪皚皚的高山緊貼著峽谷兩側，但是我們沒再見到頹圮的城堡和肥沃的田野。廣闊無邊的冰川逼近道路，我們聽見雪崩的隆隆巨響，看見它移動時揚起的煙塵。白朗峰，崇高雄偉的白朗峰拔地而起，巨大的圓頂俯視著整片山谷。

這段旅程中，我偶爾和伊麗莎白並肩而行，竭盡所能為她指出各種美麗的風景。但我更常沉湎於愁思之中，縱容我的驢子慢條斯理地掉隊殿後。還有些時候，我鞭策驢子超越我的同伴，好讓我忘記他們、忘記這個世界，還有最重要的，忘記我自己。我把家人遠遠拋在後頭，然後跳下驢子，撲倒在草地上，被恐懼和絕望壓得透不過氣。晚上八點，我們終於抵達夏慕尼村，父親和伊麗莎白都累壞了，陪著我們前來的恩尼斯特則容光煥發，興致高昂。唯一掃興的只有陣陣南風，以及隔天欲來的山雨。

我們及早下榻旅店，但沒有就寢；至少我沒有。我在窗邊待了好幾個鐘頭，凝望慘白的閃電在白朗峰山巔翻騰飛舞，聆聽阿爾沃河在我窗下奔騰而過，澎湃洶湧。

第二章

隔天的天氣和嚮導預測的恰恰相反，雖有片片雲朵，卻風和日麗，天氣晴朗。我們探訪阿維儂河的源頭，騎著驢子流連山谷，直到傍晚才折返。莊嚴雄偉的景色帶給我莫大安慰，讓我從種種褊狹渺小的心情獲得昇華。它們雖然沒有掃盡我心裡的憂傷，卻沖淡了我的愁緒，讓我的心歸於平靜[9]。某種程度上，這片風景也轉移了我的注意力，讓我忘卻過去一個月來積壓在我心裡的

9 接觸自然（或「風景」）會為心理與精神帶來獨特的好處；這種觀點盛行於十九世紀的浪漫主義藝文圈。愛默生（Ralph Waldo Emerson，1803-1882）和梭羅（Henry David Thoreau，1817-1862）都是被稱為「超驗主義」（transcendentalism）的美國浪漫派代表人物；他們在作品中頌揚貼近自然的生活，尤其是這種生活對詩歌與道德的益處。將自然視為「慰藉」的浪漫觀點，也影響了都市公園運動的興起，其中最著名的，要屬景觀設計師奧姆斯特德（Frederick Law Olmsted，1822-1903）十九世紀中葉的作品。奧姆斯特德對曼哈頓中央公園的規劃，是建立在凝視自然風光能為城市居民提供療效的觀念上。（時至今日，這個觀點依然保存在「親生命」（biophilia）假說中，亦即認為人類具有熱愛自然的天性，必須經常接觸自然才能健康茁壯。）對於自然風光的價值，浪漫主義的觀點可分為兩種不同的審美範疇：「崇高」（sublime）指的是對大自然的力量與野性心生崇敬、甚至畏懼；而「優美」（picturesque）則是對比較有秩序且符合人類尺度的自然風景（例如奧姆斯特德為中央公園設計的園林景觀）產生的反應。貫穿十九世紀和二十世

紛亂思緒。傍晚回到旅店，我雖然疲憊不堪，心情卻開朗了些，高高興興跟家人談天說地；我已經好久不曾這麼健談了。父親很欣慰，伊麗莎白更是喜不自勝。「我親愛的表哥，」她說，「你瞧，你開心的時候，能帶給我們多大的快樂；千萬別故態復萌！」

翌日早晨，大雨傾盆而下，濃霧遮掩了山峰。我起得很早，但是整個人格外消沉。大雨導致我情緒低落，我的壞心情又復發了，鬱鬱寡歡。我知道這樣突如其來的改變會讓父親多麼失望，所以有意躲開他，直到我至少能把那些如千鈞壓頂的情緒藏在心裡、臉上不露出痕跡為止。我知道家人這天會待在旅店裡。由於我已經習慣了雨水、濕氣與寒冷，我決定獨自去攀登蒙坦沃峰。我還記得初次見到這座山時，那恆久流動的壯闊冰川帶給我無比的震撼，讓我的心充滿至高無上的狂喜，靈魂彷彿插上了翅膀，從黯淡的世界凌空飛向光明與喜悅。壯麗莊嚴的自然風光總能讓我肅然起敬，忘卻人生中轉瞬即逝的煩憂。我決定單獨前往，因為我很熟悉這條路，而且如果有旁人在場，勢必會破壞這片風景的孤絕與雄偉。

山勢險峻，但蜿蜒曲折的小徑，讓人得以攀登垂直陡峭的山壁。這裡的景致極其荒涼，隨處可見冬天雪崩的痕跡。傾倒斷裂的樹木散落一地，有些已經完全毀壞，有些被壓得彎曲，斜靠在突出的山岩上，或橫倚在其他樹木之間。山勢越高，小徑越常被雪溝截斷，上方的岩石不斷沿著雪溝滾落下來。其中有一段路特別危險，因為只要有一點點聲響，即便只是嗓門大了些，產生的空氣震動，便足以讓說話的人慘遭巨石砸頂，一命嗚呼。這裡的松樹既不高大也不茂密，但顯得陰沉森嚴，為這裡的景色平添一股肅穆的氣氛。我俯視下方的山谷，白茫茫的霧氣從穿流而過的河面上冉冉升起，像個濃密的圓圈似地，繚繞在對面的山巒之間。山頂隱藏在無邊無際的雲海之中，昏暗的天空降下滂沱大雨，讓周圍的一景一物更添憂鬱色彩。啊！人類為什麼吹噓自己擁有比野獸更優越的感受能力？這只會讓人類成為依賴性更高的物種。如果我們的衝動僅僅出於飢渴和欲念，那我們幾乎可以無拘無束地活著；但現在，每一陣風吹過，或者那陣風可能吹來的一句話或一個場景，都可能觸動我們的心。

我們歇息，但一場夢就會毒害睡眠。
我們醒來，但一個雜念就能破壞一天。
我們感受、想像或推理；歡笑或哭泣，
杞人憂天或拋開煩惱；
反正全都一樣：任它歡喜或憂愁，
總會偷偷溜走，離我們遠去。
明天永遠不同於昨日，

紀，美國人對曠野的欣賞（進而保護），「崇高」的概念便起了很大的作用，激發了各式各樣的藝術家、作家和鼓吹者投入工作，其中包括比爾施塔特（Albert Bierstadt，1830-1902）、繆爾（John Muir，1838-1914）、亞當斯（Ansel Adams，1902-1984）和布羅爾（David Brower，1912-2000）。（Ben Minteer 註）

恆久留存的，唯有無常[10]！

接近晌午時分，我登上了山頂。我在可以鳥瞰冰海的岩石上坐了一會兒，只見一片氤氳霧氣籠罩冰川和周圍的山巒。不一會兒，微風吹散了雲霧，我往下走到冰川上。冰川的表面崎嶇不平，時而像波濤洶湧的海面掀起的巨浪，時而跌至低點，還有許許多多深陷的裂縫散布其中。這片冰原差不多三英里寬，我卻花了將近兩小時才橫越過去。對面的山是一座光禿禿的峭壁。從我此刻站立的地方，蒙坦沃山就在正前方三英里外，白朗峰高聳其上，雄偉得令人敬畏。我待在岩石的一個凹洞，凝望這神奇而壯觀的景色。這片海，或者更確切地說，這條遼闊的冰河，在懸垂的山巒之間蜿蜒流動，縹緲的群山峰頂則從冰河的幽深處冒出頭來。冰雪覆蓋這些山峰，被穿越雲層而來的陽光照得熠熠生輝。我的心原本充滿憂愁，如今卻脹滿了喜悅。我大聲吶喊：「遊蕩的神靈啊，如果你們真的四處遊蕩，沒有在那狹窄的床鋪上休憩，就請允許我擁有這微不足道的快樂，否則請把我帶走，讓我與祢們為伴，遠離生命的喜悅吧。」

就在我說這話的時候，突然瞥見遠遠有個人影，正以超乎常人的速度向我逼近。他縱身一跳，輕而易舉躍過我剛才小心翼翼穿行其間的一道道冰川裂縫；隨著他逐漸靠近，我發現他的身材似乎也異於常人。我心裡七上八下，眼前一片迷茫，差點昏厥過去。不過一陣冷冽的山風吹來，我很快恢復鎮定。人影越來越近（那令人厭惡的巨大身形！），我認出他就是我親手造出來的那個混蛋。我又氣又怕，渾身直打哆嗦，決定等他走上前來，就衝過去跟他近身肉搏，決一死戰。他來了，臉上帶著極度痛苦的神情，還夾雜著輕蔑與怨恨；醜陋無比的面貌，恐怖得簡直傷眼。但是我沒有留意這些事情。我一開始因為滿腔怒火與仇恨而說不出話，但是等我緩過神來，我立刻破口大罵，毫無保留地對他發洩我的憎恨與鄙視。

「惡魔！」我大聲說，「你敢走上前來嗎？你不怕我手臂的復仇力量拿你那可悲的腦袋洩憤嗎？滾開，你這卑鄙無恥的傢伙！或者乾脆留下來，好讓我把你踩成一堆爛泥！噢！除去你這條賤命之後，我就可以讓那些遭你殘殺的受害者重生！」

「我早料到你會這樣迎接我，」那惡魔說，「誰都討厭過街老鼠；像我這樣比一切生靈都悲慘的可憐蟲，想必更令人深惡痛絕！然而你，我的創造者，你討厭我、唾棄我。我是你的創造物，和你緊密地嵌合在一起，唯有毀滅我們其中一人，才可能切斷你我之間的連繫。如今你打算殺掉我，這簡直是把生命當成兒戲；你怎敢這麼做？對我盡你應盡的義務，我就會對你和其他人盡我的義務。如果你答應我的條件，我保證跟大家相安無事。假如你拒絕，我就讓死神大飽口福，讓

---

10 伊麗莎白談起回到日內瓦，一起過著快樂平靜、一切如舊且不被打擾的生活，企圖藉此安慰維克多。瑪麗借用夫婿珀西的詩句來提醒我們這是徒勞無功的蠢事。追憶一段既完美又平靜的過去，那種鄉愁是刻意遺忘的結果。首先，我們必須遺忘種種不平靜與不完美的往事；我們對過去的記憶是經過剪輯的，好讓它比現在和未來的不確定性更令人稱心。其次，我們必須忘記自己是活在一個呈線性方向改變的世界；歷史的大擺幅傾向於改變這一方，我們不可能刪去已知的科學與技術，回到一個平靜而原始的世界。因此，科學家和工程師有義務思索他們的工作如何具體呈現於這個世界，以及將對世界造成怎樣的改變。（Sean A. Hays註）

他喝乾你其餘親友的血，直到心滿意足為止。」

「可恨的怪物！你這個魔鬼！對於你犯下的罪，就算用地獄的折磨來懲罰你都嫌太輕了。卑鄙的惡魔！既然你責怪我創造了你，那麼來吧，讓我撲滅我如此輕率賜給你的生命火花吧！」

我怒不可遏，在欲把對方除之而後快的種種複雜情緒驅策下，猛然撲向了他。

他輕輕鬆鬆閃開了，然後說：「冷靜點！我懇請你先聽我說完，別急著把滿腔憤恨發洩在我這顆受詛咒的腦袋上。我受的罪難道還不夠多嗎？你還要增加我的痛苦嗎？儘管生命可能只是痛苦的累積，但對我來說，生命非常寶貴，我必將捍衛它[11]！別忘了，你把我造得比你孔武有力；我的身材比你高大，關節比你靈活。但我不想跟你作對。我是你的創造物，如果你能盡你虧欠我的那份責任，我甚至願意對我與生俱來的主人俯首帖耳，唯命是從。噢，法蘭肯斯坦，你不能對其他人都公平合理，唯獨踐踏我一個人；我才是你最應該公正對待，甚至仁慈、深情以對的那個人。請記得，我是你創造出來的，應該是你的亞當，然而，我卻成了墜落地獄的天使，無端被剝奪喜悅的權利。到處都能看到極樂的幸福，唯獨我永遠被排除在外。我原本也是溫和善良的，是不幸的遭遇把我變成了魔鬼。讓我快樂吧，我一定會重拾善良的本性。」

「滾開！我不想聽你說話。我和你勢不兩立，不共戴天。滾，否則就來打一場，看看誰的力氣比較大，不分出你死我活絕不罷休。」

「我要怎麼才能打動你？難道不論我如何乞求仁慈與憐憫，你都不可能對自己的創造物投以善意的目光？相信我，法蘭肯斯坦，我本性善良；我的靈魂閃耀著愛與人性的光輝。可是現在，我難道不是孤伶伶一個人，悽慘無依？你，我的創造者，尚且嫌棄我，而你的同類什麼都不欠我，我又能對他們抱著什麼指望？他們蔑視我、痛恨我。荒涼的高山和淒清的冰川就是我的避難所。我已經在這裡遊蕩好幾天了。我不害怕冰窟，那是人類唯一不吝惜給我的棲身之處。我向黯淡的天空呼喊致意，因為它比你的同類待我更仁慈寬厚。如果有更多人知道我的存在，他們一定會跟你一樣拿起武器設法毀滅我。我難道不該恨那些厭惡我的人嗎？我絕不會向敵人屈服妥協。如果我遭受痛苦，他們也得分擔我的不幸[12]。但是，你有能力補償我，把他們從災難之中解救出

11 儘管這部小說的寫作時間，遠遠早於卡繆和沙特等存在主義作家的年代，但瑪麗的這篇故事探討了許多相同議題，包括苦悶與無意義感，特別是在面對痛苦與人類的有限性時。存在主義者承認無神的人生是荒謬的，維克多的創造物和他們一樣，過著充滿痛苦與孤寂的生活，沒有造物主為他提供答案或安慰。然而，這怪物仍然認為生命是「寶貴」的，儘管承受著無盡的痛苦仍選擇「捍衛它」。這一點呼應了近一百年後的存在主義觀點，後者強調在面對痛苦時，選擇繼續活著是一件既荒謬又美好的事。就此而言，單單存在，就是對無意義以及我們必然走向死亡的軌道的一種抵抗與反叛。若要深入理解存在主義，請參考Aho 2014。（Nicole Piemonte註）

12 在此，我們見到建構「他者」（the other）的典型過程。被人類社會遺棄的科學怪人乞求維克多聆聽他的經歷，並以他──一個他者──的角度看事情。基本上，他是在請求被當成人看待。然而，科學怪人預料會遭到拒絕，因此儘管唯有人類能給予他認可，他卻聲明自己痛恨人類。某方面而言，這種深刻的矛盾正是「他者性」（otherness）的核心。如同從法蘭茲·法農（Franz Fanon）到佳亞特里·史碧娃克（Gayatri Spivak）等評論家所言，他者的內心是分裂的，其自我的核心存在著一道傷口。他知道自己的本性，但是從其他人眼中，他只看到人們想像中的怪物。關於這一點，我們也必須考慮到科學怪人的這些說詞是透過維克多轉述的。作為讀者，我們無法真正認識科學怪人，也永遠無法得知他真正說了什麼。我們聽到的，是華頓轉述的維克多轉述的科學怪人的經歷。維克多有可能希望我們相信科學怪人

來，否則，這將演變成一場浩劫，不僅你和你的家人，還有成千上萬人都將被怒火颳起的旋風所吞噬。請你發發慈悲，不要鄙視我。聽聽我的故事，聽完以後再判斷我應該遭到拋棄，還是值得你的憐憫。但是請聽我說。照人類的法律，罪人哪怕再凶殘血腥，被定罪之前仍然可以為自己辯護。請聽我說，法蘭肯斯坦。你指控我殺人，但你卻能心安理得地摧毀你自己的創造物。噢！讚美人類永恆不朽的公理正義吧[13]！然而，我不是在求你放過我；聽我說完，之後如果你還想殺我，而且也有能力殺我，那就摧毀你親手創造出來的作品吧。」

「你為什麼要喚起那些讓我渾身戰慄的回憶？讓我想起這一切都是我咎由自取？可惡的魔鬼，我詛咒你初見光明的那一天！詛咒把你創造出來的那雙手（雖然我是在詛咒自己）！你帶給我的痛苦難以言喻，讓我無力判斷自己對你是否公平。滾開！不要再讓我看見你那可憎的身影。」

「既然如此，我的創造者，我就如你所願，」他一邊說著，一邊伸出可恨的雙手遮住我的眼睛。我使勁撥開他的手。「我這樣做，你就看不見你討厭的東西了，但你仍然聽得見我說話，對我生出惻隱之心。憑我曾經具備的美德，我對你提出這個要求。聽聽我的經歷；這個故事十分離奇，說來話長。這個地方的溫度不適合你纖細的感官。來吧，到山上的茅屋去。太陽還高高掛在天上，在它落到白雪皚皚的懸崖峭壁背後、前去照亮另一個世界之前，你就會聽完我的故事，然後做出決定。我該永遠離開人群，過著無害的生活，還是成為你的同類的禍害，導致你加速滅亡，一切全憑你作主。」

話還沒說完，他就帶頭橫越冰川，我在後面跟著。我的心情很激動，沒有對他的話做出回應。不過，我一邊走一邊掂量他的各種論點，決定至少先聽聽他的故事。我一部分是出於好奇，一部分是基於同情才決定這麼做的。在此之前，我一直認定他是殺害我弟弟的凶手，現在，我迫不及待想聽到他證實或否認這個罪名。另外，我第一次感受到一個創造者對他的創造物應該盡哪些責任；在我控訴他卑鄙無恥之前，我應該先帶給他幸福快樂。這些想法促使我答應他的要求。於是，我們穿越冰面，攀登對面的山岩。空氣冰冷，雨又開始下了起來。我們走進茅屋，這魔鬼露出欣喜若狂的神色，我卻心情沉重，提不起勁。不過我已經答應聆聽，於是在這個面目可憎的同伴生起的爐火旁坐下。就這樣，他開始訴說自己的經歷。

痛恨人性，因此選擇只轉述科學怪人最可怕、最怨毒的話。同樣的，這就是建構他者的過程。我們不可能得知他者的真實經歷，因為我們聽到的，只有排斥他者的社會提出的說詞。（Annalee Newitz註）

13 謀殺的概念，是此處及全書的一塊核心試金石。如果你認為維克多的創造物是個人，那麼當維克多企圖毀滅他的創造物，就是在計畫謀殺。這種狀況下，確實很難在維克多和科學怪人之間進行道德區分。另一方面，如果科學怪人是頭野獸、一件財產或惡魔（維克多經常這麼稱呼他），那就不可能遭到謀殺，因為他不是人類。在奴隸制度時代，這個問題經常被提起。人們可以控告奴隸主謀殺了一件財產嗎？這個問題被高度政治化，因為控告主人謀殺奴隸，無異於承認奴隸具有人性，進而引發對整個奴隸制度的質疑。然而，縱使瑪麗筆下的科學怪人不是人類，殺害他仍基於其他原因而存在道德考量，但維克多不會背上謀殺的罪名，而科學怪人則犯下了維克多本人不必承擔罪責的罪行。瑪麗似乎超前兩個世紀，觸及了關於機器人與人工智慧的核心倫理議題。人工智慧必須精密到什麼程度，才會被視為遭到謀殺？如果它可以被謀殺，那麼我們是否必須面對奴役人工智慧的議題？（Sean A. Hays註）

第三章

「我絞盡腦汁才想起我這條生命渾沌初開時的狀態：那段時間發生的一切都顯得迷迷茫茫，模糊不清。許多種新奇感受紛至沓來，剎那間，我同時看到、摸到、聽到也嗅到了這個世界；不過的確，我還得好久以後才學會區分各種感官的作用[14]。我記得，有一道強光漸漸壓迫我的神經，逼得我閉上雙眼。然後黑暗掩至，我突然感到一陣心慌。不過這種感覺沒有持續太久，光線再度朝我撲面而來，我現在猜想，那是因為我睜開了眼睛。我走了起來，我相信是在下樓，但我立刻發現我的感官起了很大的變化。之前，我的四周全是黑黝黝的物體，透不過一點光，我摸不著也看不到它們。但是此時，我發現自己可以隨意走動，沒有任何障礙是我無法跨越或繞過的。光線的壓迫感越來越強，我走著走著，又熱又累，於是找了一個可以乘涼的地方。那是英戈爾施塔特附近的森林。我在這裡的一條小溪旁躺下，設法消除疲勞，直到我感受到飢餓與口渴的煎熬。這感覺讓我從近乎休眠的狀態中甦醒過來，我吃了掛在樹上或掉到地上的一些漿果，也喝了溪裡的水止渴，然後躺在地上，倒頭睡去。

「醒來的時候，天已經黑了。我覺得冷，而且因為孤伶伶一個人，本能地有些害怕。離開你的住處以前，我曾感到寒冷，因此往身上套了幾件衣服。但是這些衣物不足以抵擋夜晚的露水。我是個悽慘而無助的可憐蟲，什麼也不知道，什麼也分辨不清，只感覺痛苦從四面八方襲來。我坐到地上，哭了起來。

「沒多久，一抹柔和的亮光悄悄出現天際，帶給我愉悅的感受。我猛然起身，看見一輪光體從樹林間緩緩升起。我驚奇地凝望著它。它移動得很慢，但為我照亮了前方的路。我又出去尋找漿果。我還是覺得冷，這時，我在一棵樹下發現一件巨大的斗篷，我拿它裹住身體，然後在地上坐了下來。我的腦子迷迷糊糊的，沒有任何明確的想法。我感覺到亮光、飢渴與黑暗，無數聲音在我耳中嗡嗡作響，各種氣味從四面八方撲鼻而來。我唯一辨別得出的物體，就是那輪皎潔的月亮。我目不轉睛地望著它，心裡非常喜悅。

「日夜數度交替。當我開始懂得分辨各種感覺，夜空中的那顆圓球已經大幅縮小。我漸漸看清了為我供應飲水的那條清澈小溪，也看清了以枝葉為我遮蔭的那些大樹。一種美妙的聲音經常傳進我的耳裡。當我發現這聲音是出自一種小動物的喉嚨，我高興極了；這種小動物長著翅膀，

---

14 雖然大腦以不同部位處理不同的感官經驗，但這些處理中樞接到訊息後的處理模式如出一轍。例如，體覺皮質區是大腦處理觸覺的區域，在這裡，與觸覺有關的不同神經對應到身體的各個不同部位。同樣的，在聽覺皮質區，不同的區域分別處理不同的音頻。這些系統的運作，讓我們對各種感官經驗產生了總體認識。科學怪人初獲生命時，各種感官經驗撲面而來，令他不勝負荷。他一開始不懂得如何區分這紛至沓來的全新感受，但他的大腦漸漸學會處理各種資訊，並將訊息整合起來，讓他對周遭世界產生前後連貫的認識。（Stephanie Naufel 註）

牠們的身影經常截斷我眼前的光線。我也開始能夠更準確地觀察周圍各種物體的形狀，並且看清籠罩著我的那片光亮穹頂的邊際。有時候，我試著模仿鳥兒的美妙歌聲，但是學不出來。有時候，我希望能以自己的方式表達我的各種感受，但我口中發出粗野而含糊的聲音，把我嚇得趕緊閉嘴。

「月亮從夜空中消失，然後以比較小的形狀再度出現。這時，我還待在樹林裡，我的感官已逐漸清晰，腦海每天都接收到新的概念。我的雙眼適應了光亮，能夠看出物體的正確形狀。我能夠區分昆蟲和藥草，漸漸地，我也能區分藥草與藥草之間的不同。我發現麻雀只能發出刺耳的聲音，而黑鸝與畫眉的鳴囀則悅耳而動聽。

「有一天，當我冷得全身發抖，我發現了幾個流浪漢留下的篝火，篝火帶來的溫暖讓我高興得無法自已。我開心地把手伸向還沒燒完的餘燼，卻疼得大叫一聲，趕緊縮手。多麼奇怪啊，我心裡想著，同樣的東西竟會產生如此截然不同的效果[15]！我檢查篝火的材料，很高興地發現那是木頭組成的。我很快撿來一些樹枝，但這些樹枝都帶著濕氣，點不著火。這讓我很氣惱，只好靜靜坐著凝望篝火燃燒。我放在篝火旁的濕木頭被烘乾了，也燒了起來。我仔細思索，並且觸摸各種樹枝，終於發現了原因，於是連忙蒐集一大堆木柴，準備把它們烘乾，這樣我就會有足夠的木柴生火。夜幕降臨，帶來了睡意，我心裡惴惴不安，唯恐篝火會熄滅。我小心翼翼把乾掉的木柴和樹葉鋪在火堆上，再把潮濕的樹枝架在上面，然後攤開斗篷，躺到地上沉沉睡去。

「醒來的時候已是早晨，我的頭等大事就是去看看篝火。我撥開樹枝，一陣微風吹過，火苗很快又竄了起來。我觀察到這一點，於是用樹枝湊合著做了一把扇子，在餘燼即將熄滅時用它搧風點火。夜晚再度降臨，我很高興地發現火不僅能散發熱氣，還帶來了光。火的發現也對我的吃食大有益處，因為我發現一些旅人留下的殘羹剩肴曾經用火烤過，比我從樹上摘來的漿果美味多了。於是，我學他們把食物放到還未熄滅的餘火上燒烤。我發現這種方法糟蹋了漿果，卻大大提升了堅果和塊根的味道。

「不過，食物越來越稀少，我經常花一整天想找幾顆橡實充飢，卻徒勞無功。認清這一點後，我決定離開這段時間的棲息地，去找一個更容易解決我的幾個簡單需求的地方。然而離開這裡，我就會失去無意之間得到的這堆篝火，而我又不知道如何重新生火。對此，我心裡極度不捨。我花了幾個小時苦苦思索這項缺陷，卻不得不放棄取火的一切努力，只好裹上斗篷，穿越樹林，朝著落日的方向走去。我就這樣信步走了三天，最後走到了一片空曠的野地。前一天夜裡下了一場大雪，曠野上白茫茫一片，景象蕭索。我發現地上那又濕又冷的東西讓我的雙腳冷颼颼的，凍得發疼。

15 震驚與驚訝的感受，反映出現實違反了預期。當你感到震驚，你的生理狀態會出現變化，幫助你準備好更深入理解實際狀況。你屏住呼吸、睜大雙眼、擴大注意力範圍，企圖理解是什麼原因使得實際狀況違反了預期。你也會釋放腎上腺素，以備意外狀況導致你必須作出戰鬥或逃跑的選擇。當現實與預期的落差很大而導致極度震驚，人們可能因此目瞪口呆，好幾秒鐘動彈不得。這種接近癱瘓的狀態，提供時間讓人們觀察造成震驚的原因，防止人們在徹底理解狀況之前，貿然採取可能導致危險的行動。（Arthur B. Markman註）

「那時大約上午七點，我巴不得趕緊找到吃的東西和遮風避雨的地方。終於，我看見高地上有一間小茅屋，無疑是方便牧羊人歇腳用的。我從沒見過這種屋子，滿心好奇地研究它的結構。我看到門開著，於是走了進去。屋裡有個老頭坐在爐火邊，正在爐子上做早餐。他聽到動靜轉過身來，一見到我，立刻放聲尖叫，衝出屋外，一溜煙越過原野；從那老態龍鍾的模樣看來，他簡直不可能跑得那麼快。他的樣貌跟我見過的東西都不一樣，而且他就這樣拔腿逃跑，或多或少嚇了我一跳。但我被這間小棚屋迷住了，在這裡，雨雪打不進來，地上是乾的；當時在我眼裡，這間屋子是個精緻而神聖的避難所，可以媲美惡魔在受盡火海煎熬後看見的那座群魔殿。我狼吞虎嚥吃著牧羊人留下的早餐，裡頭包含了麵包、起司、牛奶和葡萄酒，不過我並不喜歡最後那樣東西。然後，倦意席捲而來，我躺在乾草堆上睡著了。

「我醒來時已經是中午時分，白色大地映照著燦爛的陽光。禁不住暖陽的誘惑，我決定再度上路。我把牧人剩下的早餐裝進我找到的一個袋子，然後在曠野裡走了好幾個小時，直到落日時分，我走到了一座村莊。這座村子看起來多麼神奇！那一間間小茅屋、整潔的農舍和富麗堂皇的大宅子，接二連三令我讚嘆不已。園子裡的蔬菜，以及擺在幾家農舍窗邊的牛奶和起司，看得我食指大動，垂涎欲滴。我走進一間最好看的屋子，可是一隻腳才剛跨進大門，孩子們就開始驚聲尖叫，其中一個女人還暈了過去。整座村子沸騰了起來，有些人四處逃竄，有些人對我發動攻擊；我被石頭和其他投射型武器打得鼻青臉腫，傷痕累累，最後逃到曠野中，心驚膽戰地躲進一間低矮的棚屋。這間棚屋相當簡陋，看過村裡的宮殿之後，這間屋子簡直寒酸得不堪入目。這間棚屋和一戶看起來整潔宜人的農舍相連，不過，經歷了剛才那段慘痛教訓，我不敢再貿然走進農舍。我的這座避難所是用木頭搭成的，不過屋子很矮，我連坐直身體都很困難。雖然泥土地上沒鋪木板，但地是乾的；雖然風從無數的裂縫鑽進來，但它能為我遮擋雨雪，在我看來，仍不失為一個理想的棲身之地。

「於是我躲在這裡，躺了下來，很高興自己找到一個可以落腳的地方。不管這間屋子多麼簡陋，它起碼能為我遮擋這個季節的惡劣天氣，更重要的是，讓我躲開人類的野蠻行徑。

「天剛破曉，我就鑽出陋室，想打探一下隔壁的農舍，看看是否能在我找到的這間屋子住下來。棚屋位在農舍的後方，兩側分別連著一個豬圈和一潭清澈的水池，另外一面則是敞開的，我昨晚就是從那裡爬進去。不過現在，為了不讓別人發現我躲在裡面，我用石塊和木頭擋住每一個縫隙，如果需要外出，我也可以把它們移開。我的所有光線都是從豬圈透過來的，對我而言，那樣已經足夠。

「這樣子安排好我的住處，並且把乾淨的乾草鋪在地面上後，我看見遠方出現一個人影，於是趕緊躲進屋裡。昨晚所受的待遇記憶猶新，我不願再把自己交到別人手中，任由他們隨意擺布。不過，我事先準備了當天的食物，包括一條偷來的粗麵包，還有一個杯子，用來喝從屋旁流過的清水；這比用手舀水方便多了。地面略為加高，總能保持乾爽，再加上棚屋離農舍的煙囪很近，屋裡還算暖和。

「萬事俱備之後，我決定在這間棚屋住下來，除非發生了什麼事情使我改變心意。比起我以前的棲身之地——荒涼的森林、滴著雨水的樹枝、潮濕的泥地——這裡確實是天堂。我開心地吃完早餐，正準備挪開一塊木板好去取水，突然聽到了腳步聲。我從牆上的小縫隙望出去，瞥見一個年輕女孩頭頂著水桶，從我的棚屋前走過。那女孩年紀很輕，舉止文雅，跟我以前見過的村民或農家雇工都不一樣。然而，她的衣著簡陋，只穿著一條藍色的粗布裙子和一件亞麻外套；她的一頭金髮編成了辮子，但沒有戴任何髮飾；她的神色堅毅，但還是露出悲傷。她走出了我的視線範圍之外，大約一刻鐘以後，她又頂著水桶出現，不過這次，桶子裡裝了半滿的牛奶。她走著走著，似乎不堪重負，這時，一個神情更消沉的年輕小伙子迎著她走過來。他用憂愁的口吻發出幾個聲音，然後接過她頭頂上的桶子，自己提著走進農舍。她跟在後面，兩人於是消失了蹤影。沒多久，我又看見那個小伙子，他拿著一些工具，穿過農舍後方的田野，往另一邊走去。女孩也忙著，有時待在屋裡，有時在院子裡幹活。

「我仔細檢查我的住處，發現農舍的一扇窗子原先開在棚屋的一面牆上，但後來用木板封住了。其中一片木板有一道幾乎看不見的細縫，我的目光正好可以穿過縫隙窺視屋裡的一切。透過這道細縫，我看見一個小房間，四壁刷得白白的，顯得很乾淨，不過屋裡的陳設非常簡陋。在屋子的一角，一個老人坐在微弱的爐火旁，憂傷地用雙手托住腦袋。年輕女孩正在收拾屋子，但是沒多久，她從抽屜取出一樣東西，雙手忙活了起來。她在老人身旁坐下，老人拿起一件樂器開始彈奏，發出比畫眉或夜鶯更甜美的聲音。那個畫面真美，就連我這麼一個從未見過任何美好事物的可憐蟲都懂得欣賞！老人的一頭銀髮和慈祥面容贏得我的敬重，而女孩溫文爾雅的舉止則激起了我的愛意。老人彈奏出淒美哀傷的曲調，我看見他那可愛的同伴被樂音引得潸然淚下，不過老人渾然不覺，直到女孩哭出聲來。這時，老人發出一些聲音，那美麗的女孩放下手上的活兒，跪在他跟前。老人扶起女孩，對她投以慈藹而深情的微笑，這讓我產生了一種奇特而強烈的感覺，其中交織著痛苦與歡樂；以前不論飢寒交迫或溫暖飽足，我從來沒有體驗過這種感受。我承受不住這些情緒，於是離開了窗邊。

「不久後，那年輕小伙子回來了，肩上扛了一捆木柴。女孩到門口迎接他，幫忙卸下他的重負，並取了一些木柴進屋，添在爐火上。然後，她和年輕人走到屋子的一個角落，那小伙子拿給她一大條麵包和一塊起司。她似乎很開心，於是到菜園撿了一些蔬菜和塊根，放進水裡，然後擱在火上。女孩接著忙她手上的工作，小伙子則去了菜園，看起來在忙著翻土，挖出植物的根。他這樣子忙了大約一個多小時以後，女孩也來幫忙，然後兩人一起進屋。

「這段期間，老人一直愁容滿面，但是兩個同伴一出現，他立刻裝出開心的模樣。他們坐下來吃飯，很快就吃完了。女孩再度忙著整理家務，老人則倚著小伙子的臂膀，在屋前的陽光下散步了幾分鐘。這兩條出色的生命形成鮮明的對比，沒有什麼比他們倆站在一起的畫面更美的了。一個年事已高，滿頭華髮，臉上洋溢著慈愛與深情；一個青春正茂，體態修長而優雅，五官勻稱，但他的目光和神情卻流露出最深沉的哀傷與頹喪。老人回到屋裡，年輕人則拿起不同於上午使用的工具，往田野的另一邊走去。

「夜幕迅速籠罩四野，但令我驚異不已的是，我發現屋裡的人竟有辦法用蠟燭來延長光明，而且我很開心地發現，我從觀察這幾位人類鄰居所體驗到的愉悅感受，並未因為太陽落山而告終。晚上，女孩和她的同伴做著我看不懂的各種活動，老人則再度拾起樂器，彈奏出和早上一樣令我心醉神迷的美妙樂音。老人一彈完，年輕人就開始了，不過他不是彈奏樂器，而是發出一連串單一音調的聲音，既不像老人的樂曲那樣和諧，也不同於鳥兒的歌聲。我後來才知道他是在朗讀，不過我當時還完全不懂語言和文字的學問。

「這家人就這樣忙了一陣，然後吹熄蠟燭，各自退下，我猜他們是去睡覺了。

第四章

「我躺在乾草上，卻翻來覆去睡不著覺，滿腦子想著白天發生的事。最吸引我的，是這家人溫文爾雅的舉止。我渴望與他們為伍，卻不敢貿然行動。那些野蠻村民前一天夜裡對我窮追猛打的情景還歷歷在目，因此我打定主意，不管我以後可能覺得怎樣的行動才是對的，此刻我要安安靜靜躲在我的棚屋裡，仔細觀察，想辦法查明影響著這家人行為舉止的背後原因。

「隔天清晨，這家人天還沒亮就起床。女孩收拾屋子並準備早餐，小伙子吃完飯就出門了。

「這一天和前一天一模一樣的日常活動中度過了。那小伙子總在戶外幹活兒，女孩則在家裡忙東忙西，操持各種繁重的家務。那老人——我沒多久就發現他已雙目失明——把閒暇時間都用在彈奏樂器或沉思冥想上。兩位年輕人對家中長者展現出無與倫比的愛與尊敬；他們溫柔體貼地對老人盡孝，無微不至，他則對他們報以慈祥的微笑。

「他們並非總是快樂的。那年輕小伙子和女孩常常躲到一旁，暗自哭泣。我看不出來他們有什麼理由悲傷，但他們的哀愁深深感染了我。如果這麼可愛的人也會傷心痛苦，那麼像我這麼一個殘缺而孤獨的生命陷入悲慘的境地，也就不足為奇了。可是，這些溫柔文靜的人為什麼不快樂呢？他們擁有一棟美好的房子（在我看來確實如此），過著舒適的生活，天冷了有火爐可以取暖，肚子餓了有美食佳餚可以享用；他們穿著好衣裳，況且，他們還有彼此作伴，可以一起說說話，每天都能交換充滿愛與善意的眼神。他們的眼淚究竟意味著什麼？真的是在表達痛苦嗎？我一開始找不出答案，但是我時時刻刻觀察，長期下來，終於明白了最初令我大惑不解的許多現象。

「過了很長時間，我才找出這可親的一家人充滿煩憂的一大原因；那就是貧窮。他們一貧如洗，窮到磨人心志的地步。他們的食物完全仰賴菜園裡的蔬菜和一頭母牛的乳汁，但是到了冬天，母牛的奶水很少，因為牠的主人幾乎找不到飼料來餵牠。我相信他們經常得忍受強烈的飢餓，尤其是那兩個年輕人，因為有好幾次，他們把食物放到老人面前，沒給自己留下一星半點兒。

「這種善良的品性深深打動了我[16]。我原本常常趁深夜去偷他們的一些存糧來吃，但是當我發現這麼做會對這家人造成痛苦，我就戒掉這個毛病，轉而到附近的樹林採集漿果、堅果和根莖類的食物來果腹[17]。

「此外，我還想出其他辦法來幫他們幹活兒。我發現那小伙子每天都花很多時間收集木柴，好給家人生火。於是，我經常在夜裡拿起他的工具（我很快就懂得怎麼使用了），帶回足以撐好幾天的柴薪。

16

我們可以從兩種不同角度思索善良：終點和過程。從終點來看，個別善行的價值不在於善行本身，而主要在於善行最終達成的目的。相反的，從過程的角度來看，個別善行本身和長期累積下可能達到的特定目標都很重要。兩種觀點都源自於服務他人的需求，但前者未將善良當成過程。在科學怪人的理解中，善良似乎是個過程。與這家人多次接觸以後，他越來越認可與察覺這家人為彼此著想的行為。這項認識本身就很重要，因為花時間去理解他人就是一種善良：因此，當科學怪人花費這些時間，他自己已開啟了善良的過程。他從單純地認識與覺察他人，進步到不僅克制自己偷他們的食物，還砍木柴留在門口，設法照顧他們。我們可以看見，他從自己的行動得到了莫大的滿足。持續的善良涉及科學怪人體驗到的一切：認識、覺察與關懷。拋開維克多不談，科學界可以運用持續的善良建立研究倫理，得到同等的滿足。藉由認清科學研究可能涉及的涵義、覺察研究計畫的好處及潛在的害處，然後抱著關懷之心行動，我們或許能從服務他人體會到「由衷的快樂」。（Jameien Taylor 註）

17

雖然同情心——對他人的困境感同身受、心生憐憫——和其他正面情緒及美德似乎是一個人與生俱來的天性，但《科學怪人》明白表示，環境能激發美德（例如同情心），而環境的改變則會扼殺或掩蓋它們。科學怪人看見農舍一家人生活貧困，也看見他們對家中長者的體恤，這些事情讓他學會了同情。他不再像從前一樣為了果腹而偷他們的食物，甚至還悄悄替他們砍柴。不過，隨著故事持續進展，被遺棄的感覺讓科學怪人越來越痛苦，激起他對維克多展開報復。他記得自己曾經充滿同情心，但也明白自己不再如此。「我是因為遭遇不幸才懷恨在心，」他解釋道，「既然無法喚起愛，我就要製造恐懼」。維克多也一樣，他在志得意滿時深具同情心，一旦陷入困境，就展現出強烈的自私，完全不把其他人（特別是伊麗莎白）放在心上。

如果美德在一定程度上取決於環境，那麼每個人——包括科學家——都必須更仔細審查他們對自己以及自身工作價值所作的判斷。維克多獨力行動，沒有跟任何人討論他的發明有什麼價值及潛在的意外後果。如果他曾經跟一群頭腦冷靜的思想家和發明家討論，或許會重新點燃他的同情心，省卻他因為閉門造車而引發的一連串悲劇。（Sally Kitch 註）

「我還記得頭一回這麼做的時候，那女孩早晨打開家門，發現屋外堆了好大一揉木柴，顯得非常驚訝。她大聲喊出幾個字，年輕人來到她的身邊，也露出驚奇的神色。我很高興地發現，那小伙子當天沒去森林，而是把時間用來修補屋子，或者到菜園裡耕作。

「漸漸地，我又得到一個更重大的發現——這些人可以藉由發出聲音，向彼此傳達他們的經驗與感受。我察覺他們說出來的話，有時會給聽者的心裡和臉上帶來喜悅或痛苦、微笑或哀傷。這確實是一門莊嚴神聖的學問，我迫切希望自己也能掌握它。可是，我每一次試著學習，總搞得一頭霧水；他們的吐字速度很快，說出來的字句又沒有具體的事物可以對照，我毫無頭緒，根本無法理解他們謎一般的對話。不過，我在棚屋裡用功學習，幾度月圓月缺之後，終於弄清了他們在對話中給一些最普通的東西取的名稱。我學會了『火』、『牛奶』、『麵包』和『木柴』這些詞語，也懂得如何運用。我還學會這一家人的名字。那小伙子和女孩各有好幾個名稱，但老人只有一個，就是『父親』。女孩被稱作『妹妹』或『阿嘉莎』，年輕人則被稱作『費利克斯』、『哥哥』或『兒子』。我無法形容當我學會每個聲音分別代表的意義，並且能說出這些詞語時，心裡有多麼高興。我還學會分辨其他幾個詞語，但還沒弄明白它們的意思，也不知道怎麼運用，例如『好』、『親愛的』和『不快樂』[18]。

「我就這樣度過了冬天。這家人舉止斯文、長相俊美，使我深深喜歡上他們。當他們鬱鬱寡歡，我也同樣悶悶不樂；當他們歡欣雀躍，我也跟著眉飛色舞。除了他們，我很少見到其他人類，就算偶爾有其他人走進這間屋子，那些人粗魯的舉止和無禮的行徑，使我更確信我的這幾位朋友具有不同於流俗的修養與品性。我看得出來，老人經常想方設法鼓勵他的子女，因為我發現他有時候會把他們叫過來，勸他們把煩心事拋到腦後。他會用輕鬆活潑的語氣說話，看了他臉上慈祥的表情，就連我都會跟著高興起來。阿嘉莎恭敬地聽父親說話，偶爾淚水盈眶，她會想辦法偷偷抹去。不過一般而言，聽了父親的勸慰之後，她臉上的表情和說話的語調都會變得開朗一點。費利克斯就不一樣了。他總是一家人裡頭最哀傷的一個，就連我那雙未經世事的雙眼都看得出來，他承受著比其他家人更深的痛苦。不過，儘管他的神情比妹妹憂愁，說話的語氣卻比較快活，對老人說話的時候更是如此。

「對於這和藹可親的一家人，我可以舉出不計其數的例子——雖然都是微不足道的小事——來說明他們的性情。雖然生活貧困，但費利克斯仍會興高采烈摘下第一朵從雪地裡冒出來的小白花送給妹妹。每天一大早，在妹妹起床之前，他會把妹妹去牛棚擠奶的小徑上的積雪清除乾淨，然後去井邊打水，再到柴房取柴火。他每次去柴房都會大吃一驚，因為他發現總有一隻看不見的手為他添滿了柴薪。我猜他白天有時候會到隔壁的農家幹活，因為他經常一出門就到晚餐時間才回來，而且沒有帶回木柴。其他時候則在菜園裡勞動，不過，這個季節天寒地凍，菜園裡反正沒有什麼事情可做，他就唸書給老人和阿嘉莎聽。

---

18 科學怪人是個優秀而單純的經驗主義者，能理解用來描述具體事物的詞彙，卻無法領會代表抽象概念的字眼。也許在這個發展階段，他和維克多一樣，擅長於理解物體而非感情、動機而非概念。（David H. Guston 註）

「關於唸書這件事，我一開始有如霧裡看花，完全不解。但是漸漸地，我發現他唸書時發出的一些聲音，跟他說話時發出的許多聲音一模一樣。因此，我猜他是在紙上看到了語言的記號，他看得懂這些記號，我也熱切渴望能夠理解。但是我連這些記號代表的聲音都聽不懂，又怎麼可能讀懂它們呢？不過，我在語言的學問上已取得明顯的進步，只是還不足以理解任何談話內容。雖說如此，我仍全心全意學習。我心裡非常清楚，儘管我渴望向這家人揭露自己，但在我掌握他們的語言之前，最好不要輕舉妄動。一旦具備語言知識，我才有可能說服他們忽略我的畸形，因為兩相對照之下，我已明白自己多麼醜陋[19]。

「我很欣賞這家人的完美外型——他們氣質優雅、容貌俊美、皮膚細緻；但是當我在清澈的水池看到自己的倒影，我大吃一驚，嚇得魂飛魄散[20]！我猛地往後一跳，無法相信倒映在水中的竟然就是我本人。等我完全相信那個怪物的確就是我，我心裡充滿羞愧，簡直無地自容。唉！我當時還沒充分認清這副奇醜無比的長相會產生怎樣的致命效果呢！

「陽光越來越暖，白晝也越來越長，雪融化了，我看到光禿禿的樹木和黑色的大地。從這時起，費利克斯的差事變多了，隨時可能斷炊的跡象也消失了。我後來發現，他們吃的雖然是粗茶淡飯，但他們的食物充足，而且有益健康。他們新種的好幾種植物從菜園裡冒出來；隨著季節推移，這些象徵舒適生活的跡象也與日俱增。

「不下雨的時候（我發現每當天空潑水下來，他們就用『下雨』兩字來稱呼這個現象），老人每天中午由兒子攙扶著出外散散步。雨下得很頻繁，但是一陣大風就能迅速吹乾大地。比起以前，這個季節愜意多了。

「我在棚屋裡的生活一成不變。每天早上，我留意這家人的一舉一動，等他們分頭去忙自己的事情，我就去睡覺；白天剩下的時間都用來觀察我的這幾位朋友。等他們就寢，如果有月亮或繁星照亮夜空，我就去樹林裡張羅自己的食物和這家人的木柴。回家以後，只要有必要，我就替

19 科學怪人察覺人類有區分圈內人和圈外人的習性，並且對後者感到恐懼與嫌惡：這就是某些人所說的「他者化」（othering）過程。他也合理地認為，他者化發生在目標對象不僅不同於受眾，而且也不被理解的時候，而他希望透過跟農舍一家人溝通交流來克服這道理解的鴻溝。歷史上曾有各式各樣被他者化的局外人或邊緣人，例如移民（莎菲及其父親）、窮人、出身卑賤的人和孤兒等等。科學怪人的獨白中，不斷出現與這些「他者」同病相憐的處境。瑪麗本人也無法免於這樣的習性，從她對伊斯蘭女性相當粗略的化約，以及對歐洲殖民運動的明顯支持可見一斑。我們必須認清，他人——尤其是與我們不同的人——並非只是排擠和痛苦的來源。科學怪人的獨白也是一篇人類發展史——從取得最基本的生存手段，到沉浸於語言和文學——並且強調在建立自我意識、完成自我實現中，與不同於自己的他人交流所扮演的重要角色。因此，這段話透露出科學怪人極度渴望與人類（一個不同的物種）互動，隨後又渴望與一個被創造出來的異性愛侶共同生活。

20 基於我們必須依賴他人才能確認自我價值，他人的目光既是建立自我意識的必要條件，也是深層絕望的潛在來源；關於這項論點，請參考沙特在《存在與虛無》中提出的理論。（Adam Hosein註）科學怪人感到害怕與驚恐，因為水中倒影顯示他長得和他接觸過的其他人不一樣。如此一來，他透過他人的眼光認識了自己——也就是說，他看到、認識並理解了社會看到、認識和理解的他。這一幕顯示，個人的主體意識，有一部分是建立在關於何者為美、正常、令人滿意、合乎道德等等的文化架構上。我們透過與他人接觸而認識自己，甚至害怕自己；而社會認定的「正常」，也往往影響我們對自己的觀感。（Nicole Piemonte註）

他們清掃路上的積雪，完成我看過費利克斯做過的其他雜務。我後來發現，有一隻看不見的手替他們做完這些工作，令他們十分驚訝。有一兩次，我聽到他們說『好心人』、『太棒了』，但是我當時不懂這些詞彙的意義。

「此時，我的思想已經比較活躍，渴望弄清楚這些可愛的人有怎樣的心思和感受。我非常好奇，為什麼費利克斯看起來那麼痛苦，而阿嘉莎如此憂傷？我以為（多蠢哪！），我或許有能力讓這些值得擁有幸福的人重新快樂起來。每當我睡著或離開家，他們的身影就在我眼前晃來晃去──那可敬的盲眼父親、溫柔的阿嘉莎，還有高貴的費利克斯。他們在我眼裡是更高等的生命，主宰著我的未來命運。我在腦中編織出千百種畫面，想像自己如何在他們面前登場，而他們又作何反應。我想像他們一開始會感到嫌惡，直到我以翩翩風度和溫言軟語博得他們的好感，然後再贏得他們的愛。

「這些念頭振奮了我，促使我更帶勁地學習語言的技藝。我的器官確實很粗糙，但它們柔軟而靈活；儘管我的聲音迥異於這家人天籟般的語調，但我可以輕鬆發出我理解中的那些詞語。這就像笨驢與哈巴狗的故事；溫順的笨驢雖然舉止粗魯，但牠無非希望博得主人喜愛，理應受到更好的待遇，不該被主人拳打腳踢、迭聲咒罵[21]。

「宜人的春雨與和煦的天氣讓大地脫胎換骨，面目一新。此前彷彿蟄伏洞穴裡的人們紛紛走出屋外，到田裡翻土耕種，忙著各式各樣的農活兒。鳥兒唱出更歡樂的歌聲，樹葉開始在枝頭上萌芽。多麼快樂、幸福的大地啊！適合眾神安居的大地！然而不久前，這兒還是一片淒涼、陰冷、令人生厭。大自然的迷人風光令我心情大好，往事已從記憶中抹去，現下安穩靜好，未來則被燦爛的希望和喜悅的嚮往鍍上了一層金光。

21 在此，科學怪人引用《伊索寓言》中的一則故事。農夫的驢子嫉妒哈巴狗受盡主人寵愛；因此，辛勤工作的驢子模仿哈巴狗的調皮動作，想要吸引農夫注意。當驢子跳到農夫腿上，期待被農夫撫摸，旁觀者卻被驢子異乎尋常的舉動嚇到，開始攻擊驢子。關於這則故事的寓意，一個常見的詮釋是不要試圖把自己變成另一個人。瑪麗的詮釋截然不同，她把焦點放在科學怪人設法討人喜歡卻遭拒絕與懲罰時所受到的不公平待遇。在這部小說中，科學怪人多次目睹其他人相互表達愛與善意，因此渴望得到相同的對待。當他請求人類接納他卻被拒絕後，便開始撒野洩憤。瑪麗暗示，發怒是受到拒絕與排擠的可能反應之一。（Mary Margaret Fonow註）

第五章

「長話短說，我趕緊跳到我這個故事比較感人的部分。我要說說幾起事件，它們令我內心情感洶湧，使我從過去的我轉變成現在的模樣。

「春天的腳步很快，天氣晴朗，萬里無雲。我感到很驚奇，原先荒涼晦暗的大地，如今竟盛放著最美的花朵和蔥蘢的草木。千百種芬芳的氣味和美麗的景致滿足著我的感官，令我稱心快意，神清氣爽。

「這家人每隔一陣子就會放下手上的工作，稍事休息——老人彈彈吉他，孩子們在一旁聆聽；就在這樣的一個日子裡，我發現費利克斯臉上露出難以形容的憂傷，不時長吁短嘆。他的父親一度停止彈奏，從他的樣子看來，我猜是在詢問兒子為什麼哀傷。費利克斯用歡樂的語氣答覆父親，老人又彈起琴來。這時傳來了敲門的聲音。

「來的是一位女郎，她騎在馬上，身旁站著一個幫她帶路的本地人。女郎穿著一套深色服裝，臉上罩著厚厚的黑色面紗。阿嘉莎問了一句話，那陌生女孩只是用甜美的聲調說出了費利克斯的名字。她的語音宛如音樂，但跟我這幾位朋友發出的聲音都不一樣。費利克斯聽到自己的名字，連忙迎向女郎。女郎一見到他，立刻摘掉面紗，我看見一張美如天仙、表情靈動的臉龐。她那一頭烏黑亮麗的秀髮編成了繁複而精緻的辮子，一雙黑色的眼睛柔情似水，轉盼流光。她的身材勻稱，皮膚格外白皙，雙頰微微泛著可愛的紅暈。

「見到她，費利克斯似乎樂不可支，臉上的悲戚頓時煙消雲散，換上了狂喜的表情，我簡直不敢相信他能露出這樣的笑顏。他的雙眼閃閃發亮，高興得漲紅了臉。那一刻，我覺得他就跟那位陌生女子一樣美麗。女郎顯得百感交集；她抹去從那雙明眸流下的幾滴眼淚後，將手伸向了費利克斯。費利克斯癡迷地親吻女郎的手，呼喊著她。在我聽來，他把她叫做『他可愛的阿拉伯人』。女郎似乎聽不懂他的話，但還是嫣然一笑。他扶她下馬，打發了她的嚮導，隨之將她引進屋去。他跟父親交談了幾句之後，那陌生女孩便屈膝跪在老人腳邊。女孩本要親吻老人的手，但他把她扶起來，愛憐地摟住了她。

「我很快發現，雖然那陌生女孩發音清晰，似乎有自己的一套語言，但是這家人聽不懂她的話，她也聽不懂他們在說什麼。他們打了我無法理解的許多手勢，但我看得出來，她的到來讓小屋洋溢歡樂，如同陽光驅散晨霧一般，趕走了他們的憂傷。費利克斯帶著喜悅的笑容歡迎他的阿拉伯女孩，顯得特別高興。而阿嘉莎，永遠如此溫柔婉約的阿嘉莎，親吻那可愛的陌生女孩的手，並且指著她的哥哥比手劃腳，我猜她的意思是說，女孩到來之前，他始終充滿悲傷，愁眉不展。幾個小時就這樣過去了，他們一直笑容滿面，喜形於色，但我並不明白箇中原因。不久後，從那陌生女孩反覆跟著他們發出一些聲音看來，我發現她正努力學習他們的語言。我突然靈光一閃，我應該趁此機會一起學習，達到同樣的目的。陌生女孩在第一堂課學到大約二十個生詞，其中大多數是我原本就懂得的，不過我也有新的收穫。

「天黑了，阿嘉莎和那阿拉伯女孩早早就寢。分開之前，費利克斯親吻陌生女孩的手說：『晚安，可愛的莎菲。』他自己遲遲不去睡覺，跟父親聊了好一陣子。從他們的話中反覆出現她的名字，我猜他們的談話主題就是這位可愛的客人。我非常渴望聽懂他們的話，可是就算竭盡全力也仍然一無所獲。

「翌日早晨，費利克斯出門幹活，阿嘉莎忙完平時那些家務以後，阿拉伯女孩坐到老人腳邊，拿起他的吉他，彈了幾首令人如痴如醉的動聽曲調，一下子引得我悲喜交集，流下了淚水。她還唱起了歌，歌聲如行雲流水，充滿抑揚頓挫，有如林間的夜鶯。

「她唱完之後就把吉他遞給阿嘉莎。阿嘉莎起先不肯答應，後來還是彈了一支簡單的曲子，並伴著吉他唱出甜美的歌聲，但和那陌生女孩的奇妙曲風不同。老人看來開心極了，他說了一些話，阿嘉莎費勁地解釋給莎菲聽，看來，老人似乎是說莎菲的音樂帶給了他莫大的快樂。

「這段日子過得和以前一樣平靜，唯一不同的是，喜悅的表情取代了我這幾位朋友臉上的愁容。莎菲永遠那麼活潑快樂，她和我在語言的學習上進步飛快，僅僅兩個月光景，我已經能開始理解我的這些保護者話中的絕大多數詞語。

「在此同時，如茵的綠草覆蓋了黑黝黝的大地，繁花點綴綠色的河岸，香氣襲人，賞心悅目。在灑滿月光的樹林裡，依稀可見黯淡的星輝。太陽越來越暖和，夜裡的天氣舒爽而宜人。夜間漫步是我的一大樂事，不過由於晝長夜短，我的夜遊時間縮短了不少。我從不敢大白天冒險外出，生怕重演我第一次進村時所受的那種待遇。

「我日復一日仔細觀察，期望盡早掌握語言的技藝。我敢誇口說，我的進步比那位阿拉伯女孩更快。她懂得很少，而且說起話來結結巴巴，我卻能聽懂、並且幾乎可以模仿這家人說的每一個單詞。

「我在提升語言能力的同時，他們正在教陌生女孩認字，因此我也學會了文字的學問；這為我開啟了一片神奇而美好的廣闊天地。

「費利克斯用來教莎菲的書是弗爾尼的《帝國的廢墟》（*Ruins of Empires*）。若不是費利克斯一邊朗讀一邊詳加解釋，我不可能懂得這本書的要旨。他說他之所以選擇這部作品，是因為書中激昂的語調和華麗的詞藻，是刻意模仿東方作家的寫作風格。透過這本書，我對歷史產生了粗淺的認識，並且概略了解了世上現存的幾個帝國，使我深深見識到世界上不同國家的風俗習慣、政治制度和宗教信仰。我得知亞洲人生性閒散，希臘人則天資過人、勤於動腦；也聽到了羅馬人早期經歷的戰爭和他們的卓越品德——以及後來的腐敗墮落，和這個偉大帝國的衰亡；我還懂得了騎士制度、基督教精神和君主帝王。我耳聞美洲大陸的發現經過，跟著莎菲為當地土著的多舛命運一掬同情之淚。

「這些精采故事在我心裡激起了難以名狀的微妙感受。人類難道真的那麼強大、善良、健壯，卻同時如此卑鄙、惡毒？他們有時似乎流著邪惡的血統，有時卻又是高貴與神祇的化身。對於敏銳的人來說，成為一個偉大而高尚的人似乎是至高無上的榮譽，而卑鄙無恥、陰險惡毒——正如書中記載的許多人——則是人類最大的墮落，比瞎眼的鼴鼠和無害的蠕蟲更不光彩。有很長一段時間，我無法理解人類為什麼能夠自相殘殺，甚至為什麼要有法律與政府，但是當我聽聞種種罪行與殺戮的細節之後，我便不再覺得奇怪，而是帶著厭棄與嫌惡的感覺轉身離開。

「如今，這家人的每一次談話都為我打開新的眼界。我聆聽費利克斯給阿拉伯女孩講課，從而理解人類奇特的社會制度。我聽到了財富的分配，以及巨富與赤貧的差距，也聽到了階級制度、門第家世和貴族血統等觀念[22]。

「這些話讓我不由得想起了自己。我知道你們人類最看重的，就是高貴純正的血統加上萬貫的財富。一個人只要具備其中一項就可能受人尊敬，如果既沒有家世又沒有錢財，除了極少數例外，誰都會被視作流浪漢和奴隸，注定要為少數天之驕子的利益賣命，虛耗自己的才能。而我又是什麼？我對自己的來源和創造者一無所知，但我知道自己一文不名、沒有朋友，更沒有任何財產。除此之外，我還被賦予一副醜陋無比、人見人厭的軀體。我甚至連人都不是。我比人類敏捷，可以靠粗糙的食物維生，可以忍受酷熱與嚴寒而無損於身體；我的身材也遠比人類高大許多[23]。放眼望去，我沒看過也沒聽過有誰跟我一樣[24]。我難不成是人世的一個污點，是每個人避之

22 哲學家尚—雅克．盧梭（Jean-Jacques Rousseau，1712-1778）相信在自然狀態下，人類的天性是良善的，是社會腐化了人類。這部小說深受盧梭的著作啟發。和盧梭筆下的愛彌兒一樣，科學怪人也是從環境中學習，後來才慢慢接觸社會。政府與法律究竟有助於維持秩序，抑或是社會問題的一部分，這個問題迄今尚未得到定論。這部小說的兩幕審判（潔絲汀的以及後來維克多的受審），便說明了暴徒的問題和正義的得之不易。在這個時期，人類經常被視為「存在鎖鏈」（great chain of being）的一環：我們可以透過自己的道德選擇，爬升到天使般的崇高地位，或者墮落到不如禽獸。（Ron Broglio註）

23 長久以來，科學家一直渴望提升人體機能或創造新的軀體，設法突破我們與生俱來的生物極限。美國軍方為了增強軍人的表現，投入各式各樣的研究領域——從可以讓使用者具有超人力量的外骨骼動力服，到允許飛行員靠腦波操縱飛機的腦機介面。更廣泛地說，幾乎所有生物醫學技術都是為了達到這個目的，從可以調節或改善器官機能的隱形眼鏡和心律調節器，到幫助我們抵抗疾病的抗生素。許多人認為人體最大的缺陷就是老化和死亡。慈善家比爾與梅琳達．蓋茲夫婦，以及馬克．祖克伯與普莉希拉．陳夫婦，都曾為了消除疾病、延長人類壽命而投入數十億元的研究經費。當科學家思索如何透過基因改造、個人化雞尾酒療法和其他方式讓人體凍齡或回春，有關延長壽命的持續性科學爭議，不免令人聯想起古人對長生不老藥的追尋。

科幻小說中經常可見人類執迷於以科技克服生理極限的情節。瑪麗勾勒的超人類怪物，為後來的許多作品激發了靈感，從漫畫中的超級英雄，到以機器人或複製人為主題的電影，例如《魔鬼終結者》（詹姆斯．卡麥隆，1984）、《銀翼殺手》（雷利．史考特，1982）和《機械姬》（亞力克斯．嘉蘭，2015）。這些故事呼應了《科學怪人》提出的許多問題：完美的人體究竟什麼模樣？這樣的生命體會過著怎樣的生活？人類與超人共存的世界會有怎樣的結局？（Ed Finn註）

24 科學怪人細細述說他的生命和正常人多麼不同。在後世的小說中，許多作家直接挑戰瑪麗在此僅稍微觸及的關於奴隸、所有權及財產的問題：科學怪人屬於他的創造者「所有」嗎？他可以是某項專利的主體，而維克多可以為他投入的時間與精力尋求金錢報酬嗎？維克多之所以保守祕密並執迷地投入研究，除了基於對名聲與榮耀的渴望之外，是否有一部分是出於貪婪？（Robert Cook-Deegan註）

唯恐不及、誰都不想扯上關係的怪物[25]？

「我無法形容這些想法帶給我的痛苦。我試著不去胡思亂想，但是知道的事情越多，心裡的憂傷就越深。啊！要是我永遠留在最初的那一片樹林，除了飢餓、口渴與炎熱之外，什麼也不知道、什麼也感覺不到，那該有多好！

「知識真是奇怪的東西！它一旦占據你的腦海，就會像附著在石頭上的青苔那樣，緊緊黏住不放。我但願偶爾能甩開一切思緒與感受，但我知道只有一個辦法可以擺脫痛苦，那就是死亡——我既害怕又不理解的一種狀態。我欽慕高貴的品德與美好的感受，喜愛這一家人文雅的舉止和親切的性格，但是我被排拒在外，無法跟他們交流，只能暗地裡偷偷觀察他們，不被人看見，也不為人所知。然而，這麼做沒有滿足我的願望，反而使我更渴望成為他們當中的一員。阿嘉莎的軟語溫言，那迷人的阿拉伯女孩眉飛色舞的笑容，都不是給我的。老人的諄諄教誨，可愛的費利克斯生氣勃勃的談話，也不是為我而發的。多麼悲慘、多麼不幸的可憐蟲啊！

「其他的課題在我心裡留下了甚至更深刻的印象。我明白了性別的差異、孩子的出生與成長、父親如何以寵溺的心情看待嬰兒的笑容和大孩子的童言童語，以及母親如何將全副生命與關愛投注在她的寶貝身上；我明白了年輕人如何拓展心智、獲取知識，也懂得了手足之情，以及把人跟人連結在一起的其他各種關係[26]。

「然而，我的朋友和家人在哪裡？我的童稚時期沒有父親看顧我，也沒有母親賜給我微笑與愛撫。就算曾有這些事，我過去的生命已漫漶不清，成了一片虛無與空白，什麼也無法辨識。從我有記憶以來，我的身材就像現在這麼高大。我還沒看過有誰像我這樣，或者有誰聲稱跟我有什麼關係。我究竟是什麼？這問題一次次浮現腦海，而我的答案，唯有哀嘆。

「我很快會說明這些感受後來如何發展，但請容我先回頭談談那一家人的情況。他們的遭遇讓我時而憤慨，時而欣喜，時而驚奇，各種感受接踵而至，不過到頭來，這些感受只讓我對我的保護者（我喜歡用一種天真且帶著痛苦的自我欺騙如此稱呼他們）產生了更深的愛與敬重。

---

25 科學怪人的這些沉思冥想，激起讀者思考我們的自我認同究竟由什麼或由誰決定。我們的自我觀念是否由我們自己決定？或者由他人——家人、朋友、社會整體或某個造物主——決定？科學怪人無法從社交互動得到上述任何一個群體成員的同情，因此很難理解自己的身分和角色。發展心理學家愛利克．艾瑞克森（Erik Eriksen，1902-1994）提出一套理論，認為我們的自我認同或自我意識，是透過社交互動，經歷八個階段演化而成。科學怪人的疑問，可以比擬艾瑞克森的理論中，青少年在比較自己與他人時提出的疑問：「我是誰？」和「人生何去何從？」尤為尖銳的是，瑪麗在書中從頭到尾沒有替科學怪人命名。沒有名字更突顯了他沒有明確身分也沒有好辦法定義身分的事實。（Stephanie Naufel 註）

26 在維克多心裡，創造——造出東西——是唯一重要的事；瑪麗對這種短淺的目光提出警告。維克多對科學怪人生而不養，迫使他孤獨地活著，被排擠於主流社會之外。維克多對待科學怪人的方式，顯示他毫不在乎科學怪人的社會發展與受到接納的人性需求，也不在乎記憶和共同經驗如何影響科學怪人最初與最終的自我認知與幸福。雖然維克多後來在亨利．克萊瓦爾身上，看見自己年輕時對知識的渴望，因而顯示維克多具有明確的自我意識，但他始終無法將他對自我認知的理解運用在科學怪人身上。這個情節刺激我們思索，科學發現與創造是否真的充滿價值，是否受限於負責發現與創造的科學家所抱持的假設與理念。（Kerri Slatus 註）

第六章

「過了一段時間，我才獲悉這些朋友的過去經歷。他們遭遇了一連串事件，對於我這樣一個完全未經世事的人，每一件事情聽來都是那麼精采絕倫、引人入勝，在我心裡留下了深刻印象。

「老人名叫德萊西，出身法國的一個顯貴家庭，在那兒過了多年的富裕生活，受到上峰的敬重、同儕的愛戴。他的兒子在軍中接受訓練、為國效命，女兒則躋身最上流的名媛淑女之列。我到達這裡的幾個月前，他們還住在一個叫做巴黎的繁華大城市，置身在親朋好友之間，享受著德行、學養、品味以及殷實的家境所能帶來的一切快樂。

「他們家是因為莎菲的父親才變得一貧如洗。他是個土耳其商人，旅居巴黎多年，後來基於我無法得知的某種原因惹怒了法國政府。就在莎菲從君士坦丁堡抵達巴黎與他團聚的那天，他被捕入獄，隨後受審，被判處死刑。如此明目張膽的不公不義，引來巴黎一片譁然，民眾義憤填膺，莫不認為他被判刑的真正原因並非他被指控的罪行，而是他的宗教信仰與財富。

「審判當天，費利克斯正好在場。聽到法庭的判決時，他大為震驚，憤慨不已，當下鄭重發誓要救出莎菲的父親，隨後就開始四處奔走，尋找辦法。多次申請探監都未獲准之後，他發現監獄大樓一個無人看守的地方，有一扇裝了堅固柵欄的窗戶，為關押那個不幸的伊斯蘭教徒的地牢透進一點光。莎菲的父親戴著手銬腳鐐，絕望地等待人們執行這個野蠻的判決。費利克斯趁夜來到鐵窗旁，向囚犯說明自己有意救他出獄。那土耳其人又驚又喜，承諾將以重金厚禮酬謝，希望藉此激起這位營救者的熱情。費利克斯不屑地回絕了，然而，當他看見獲准來探望父親，並且用手勢表達感激之情的美麗的莎菲，這位年輕人忍不住在心裡承認，囚犯確實擁有一件無價之寶，足以酬謝他的辛勞與承擔的危險。

「這土耳其人很快就看出費利克斯對自己的女兒一見鍾情，於是承諾，只要他被送到安全的地方，就將女兒許配給費利克斯，希望藉此更牢固地抓住年輕人的心。費利克斯太過高尚，沒有接受這項提議，但仍期待有可能跟莎菲結婚，獲得終身的幸福。

「接下來幾天，費利克斯在籌備營救行動之際，數度被這位可愛女孩的來信鼓舞了熱情。女孩的父親有個僕人會說法語，在這位老僕人的幫助下，女孩得以用心上人的語言表達自己的想法。她用最熱情的話語感謝費利克斯願意營救她的父親，同時稍稍感嘆了自己的坎坷命運。

「住在棚屋的那段期間，我想辦法取得了書寫工具，費利克斯和阿嘉莎又經常拿起那些信件，所以我有機會把信抄寫下來。在我離去之前，我會把信件副本交給你；它們將證明我說的事情都是真的。不過現在，太陽快下山了，我只能把握時間把信中的重要內容說給你聽。

「莎菲說，她的母親是個信奉基督教的阿拉伯人，被土耳其人擄去當奴隸。莎菲的父親為她的美貌傾心，於是娶她為妻[27]。年輕的莎菲用熱情的口吻盛讚自己的母親。她的母親生長於自由的環境，因此對此時所受的束縛深惡痛絕。她將基督教的信條傳授給女兒，教育女兒追求知識的力量，以及伊斯蘭女信徒不被允許擁有的獨立精神。這位夫人已離開人世，但她的教誨在莎菲心中留下不可抹滅的痕跡。想到日後重返亞洲、被禁錮在閨房之中、只能靠稚氣的遊戲自娛，莎菲就感到厭惡；她如今習慣了開明的思想與崇高的道德規範，亞洲的生活跟她的心性格格不入。相反的，嫁給一名基督徒、留在女性可以享有社會地位的國家，才是她嚮往的未來。

「土耳其人遭處決的日子定下來了，但他在行刑的前一天夜裡逃出監獄，天還沒亮就已遠在巴黎的數十英里外。費利克斯曾以父親、妹妹和自己的名字取得了護照，也事先把這項營救計畫告訴了父親。為了掩護他離家，父親佯稱出外旅行，偷偷帶著女兒躲到巴黎的一個偏僻地區。

「費利克斯帶著兩人一路逃亡，先穿過法國抵達里昂，再翻越塞尼山，來到了義大利的來亨。商人決定在這裡等待良機越過邊境進入土耳其領土。

「莎菲決定陪伴父親，直到他離開來亨的那一刻。此前，土耳其人再次承諾會將女兒許配給他的救命恩人。費利克斯留在他們身邊，盼望有朝一日與莎菲成婚。這段期間，他開心地與阿拉伯女孩共處，女孩也對他展現了最純真、最溫柔的情感。他們借助一名翻譯互訴衷曲，有時也靠眉目傳達情意。莎菲還將自己國家最動聽的歌曲唱給他聽。

「那土耳其人允許他們倆日益親密，甚至在一旁敲邊鼓，讓這對年輕戀人充滿希望。然而，他的心裡其實另有盤算。他不願意把女兒嫁給基督徒，卻擔心冷淡的態度會讓費利克斯懷恨在心。他知道，他的命運還掌握在營救者手裡，因為費利克斯隨時可以將他出賣給義大利當局。他想了千百種計畫繼續哄騙費利克斯，打算等到再也沒有必要敷衍，就悄悄帶著女兒離開。這時，巴黎傳來了一些消息，大大方便他將計畫付諸實行。

「法國政府對於囚犯越獄之事大為震怒，於是不遺餘力四處追查，決心嚴懲營救囚犯的匪徒。費利克斯的計謀很快就被查明了，德萊西與阿嘉莎因此被捕入獄。消息傳到費利克斯耳中，使他猛然從美夢中驚醒。他的盲眼老父和溫柔可愛的妹妹正躺在臭氣熏天的地牢，而他卻呼吸著自由的空氣，和心上人出雙入對。這個念頭使他心如刀割。他立刻跟土耳其人商議，如果他返回義大利之前，土耳其人便找到逃跑的好時機，那麼莎菲將留在來亨，暫時寄宿在一間女修道院裡。就這樣，他辭別了可愛的阿拉伯女郎，匆匆趕回巴黎投案，希望此舉能換來德萊西和阿嘉莎

27 瑪麗撰寫《科學怪人》時，奴隸制度在歐洲及美洲依然盛行。法國大革命廢除了奴隸制度，但拿破崙上台之後又恢復舊習。在英國，歷經二十年轟轟烈烈的廢奴運動，政府終於在一八〇七年立法終止買賣奴隸，不過奴隸制度本身卻直到一八三四年廢奴法案生效以後才終於廢除。威廉・戈德溫本人就曾在他最著名的著作《政治正義論》（*An Enquiry Concerning Political Justice*）中探討奴隸制度，擲地有聲地詢問：「我們曾經奴役他人嗎？我們千方百計讓他們維持無知」（[1793] 2013, 461）。為了解決法國大革命和拿破崙戰爭之後的一連串問題，歐洲各國在一八一五年召開了維也納會議，會中宣布反對奴隸制度。在美國，大約在瑪麗撰寫《科學怪人》時，北方各州開始慢慢廢除奴隸制、解放既有黑奴，不過美國整體要到南北戰爭後通過憲法第十四條修正案時，才完全廢除奴隸制度。（David H. Guston 與 Robert Cook-Deegan 註）

的自由。

「他沒有成功。他們一家人又被關押了五個月，此案才終於開庭審判。結果，他們的家產全數充公，三人被判終身流放，此生不得重返法國。

「他們到了德國，在一間破破爛爛的農舍找到棲身之地。我就是在那兒遇到他們的。費利克斯很快得知，那奸詐的土耳其人一聽說救命恩人如今落得傾家蕩產，勢單力薄，立刻背信忘義，帶著女兒離開義大利，完全不顧費利克斯一家就是為了他才遭受如此前所未聞的迫害。他還寄了一點點錢去羞辱費利克斯，說是要接濟他們日後的生活。

「就是這些事情折磨著費利克斯的心，使他成了在我初見他時，全家最痛苦的那個人。他可以忍受貧窮，也可以將行善所致的迫害視為榮耀，但是土耳其人的忘恩負義，再加上失去心愛的莎菲，才是令他更痛心、更無可彌補的憾事。如今，阿拉伯女孩的到來，為他的心靈注入了新的生命。

「當費利克斯被剝奪財產和地位的消息傳到來亨，商人便命令女兒忘掉她的戀人，準備和他一起返回祖國。天性仁厚的莎菲聽到這樣的命令後深感憤慨，她試著規勸父親，但是他怒氣沖沖地轉身離開，並且重申他那專橫的命令。

「幾天後，土耳其人走進女兒的房間，倉皇地告訴女兒，他有理由相信他們在來亨的住處已經暴露，他很快就會被拘捕、引渡給法國政府。因此，他雇了一艘船送他回君士坦丁堡，再過幾小時就要開航。他打算把女兒交給一位可靠的僕人照顧，等他的大部分財產運抵來亨，女兒就可以找個方便的時機帶上家產返回土耳其。

「父親離開後，莎菲暗自決定了一套行動計畫應付當前的緊急狀況。她討厭住在土耳其；宗教和感情因素在在令她排斥土耳其的生活。她無意間看見父親的一些文件，獲悉戀人被流放的消息，也得知他落腳的地點。她猶豫了一陣子，最後終於下定決心。她帶著自己的珠寶和一小筆錢，在一位侍女陪同下離開義大利，前往德國。那名侍女是來亨人，但是會說土耳其話。

「她安然抵達距離德萊西的農舍大約六十英里的一座小鎮。然而這時，她的侍女染上了重病，生命垂危。儘管莎菲全心全意照顧她，那可憐的女孩還是死了，留下阿拉伯女孩孤伶伶一個人，既不懂得德語，對人情世故也一竅不通。不過，她遇上了好心人。那名義大利侍女曾說起她們此行的目的地，在她死後，她們留宿的那間房子的女主人便替莎菲打點一切，確保莎菲能安全抵達戀人的住處。

第七章

「這就是我摯愛的那一家人的經歷。它深深打動了我。從故事中展現的社會生活層面，我學會了欣賞那一家人的崇高德性，並且鄙視人類的種種惡行[28]。

「在那之前，我一直認為罪惡離我非常遙遠，眼前所見的盡是善良與寬厚，這讓我不由得興起一股欲望，想要在這上演眾多高貴品格、忙忙碌碌的人生舞台上，演出一個角色。不過，要說明我的智力發展過程，就不能不提到那年八月初發生的一件事。

「一天夜裡，我照例去附近的林子採集食物，並為我的保護者帶回柴火之際，發現地上有一口皮箱，裡面裝了幾件衣服和幾本書。我如獲至寶，忙不迭地抓起箱子回到棚屋。幸運的是，這些書是用我在農舍學來的語言寫成的，其中包括《失樂園》、《希臘羅馬英豪列傳》的其中一冊，以及《少年維特的煩惱》[29]。得到這些寶貝，我欣喜若狂。現在，每當我的朋友各自忙著他們的日常工作，我就持續讀書，用這些故事鍛鍊我的智力。

「我很難向你形容這些書帶給我多大的影響。它們在我腦海裡產生了無數的新鮮畫面與感受，有時令我心花怒放，但更常使我黯然神傷。《少年維特的煩惱》這本書除了簡單動人的故事情節之外，還探討了許多觀點，使我茅塞頓開，明白了以前覺得晦澀難解的諸多現象。它帶給我源源不絕的驚喜，不斷刺激我去思考。書中描述了溫馨的家庭生活及無私的高貴情操，這跟我從我的保護者身上看到的美德如出一轍，也跟始終在我胸中蠢蠢欲動的渴望不謀而合。不過，我覺得維特比我見過或想像過的任何人都更高貴，他的性格中沒有半點虛偽造作，卻陷入深沉的憂傷。書中對於死亡和自殺的探討令我充滿驚異，我不假裝自己贊成主角自殺，但我傾向於支持他的想法。維特的殞落令我傷心哭泣，但我並不十分明白他為什麼尋死。

「然而，讀這本書的時候，我經常拿書中情節套用在自己的情感與處境上。我讀著書中人物的遭遇，聽著他們之間的對話，覺得自己跟他們頗為相似，卻又完全不同，真是奇怪。我同情

28 我們的人格，很大一部分是透過觀察他人而形成。遭到創造者遺棄的科學怪人，很幸運地找到一個充滿愛的美好家庭讓他觀察與模仿。我們並不清楚德萊西的高貴品德究竟有多少是真的，又有多少是科學怪人渴望從他人身上找到他希望自己的創造者具有的品德，因而幻想出的產物。然而可以知道的是，創造行動本身只占科學怪人一生的一小部分，同樣也只占任何科學與技術研究的一小部分。科學家或工程師在怎樣的社會脈絡下進行創造，將會對知識或科技的面貌和最終地位產生重大影響。（Sean A. Hays註）

29 這三本書是瑪麗那年夏天動手寫《科學怪人》之前的讀物，呈現出科學怪人所受的文學教育。他透過普魯塔克（Plutarch）的《希臘羅馬英豪列傳》，認識了希臘羅馬時代的偉大領袖，以及政治與公共事務的本質。而在歌德的《少年維特的煩惱》（1774），他讀到了家庭生活與社會關係，尤其是這兩者對青春與成長的衝擊。最後，從彌爾頓的《失樂園》（1667），科學怪人懂得了信仰以及善惡的複雜。在彌爾頓的故事中，墜落天使撒旦是個充滿魅力的反派英雄，勇敢地向他的造物主提出挑戰。（Ed Finn註）

他們，也能理解他們，但我的心性還未定型；我無依無靠，舉目無親。『我離去的道路暢行無阻』，誰也不會為我的逝去而哀傷。我的面貌醜陋、身材巨大——這意味著什麼？我是誰？我究竟是什麼？我從哪裡來？要往哪裡去？這些問題不斷浮現我的腦海，但是我沒有答案[30]。

「我拿到的這冊《希臘羅馬英豪列傳》，內容涵蓋古代共和國首批創建者的生平事蹟。這本書對我的影響迥異於《少年維特的煩惱》。我從維特的空想中體會了哀愁與憂傷，但《希臘羅馬英豪列傳》的作者普魯塔克卻帶給我遠大開闊的思想，提升我的精神境界，使我跳脫狹隘的自怨自艾，懂得去欣賞、欽慕古代的英雄人物。我從書上讀到的許多事情都超出我的理解與經驗範疇。對於各個王國、遼闊雄偉的山川大地和無邊無際的海洋，我只有非常模糊的概念，至於城鎮與大量聚集的人群，我更是一無所知。我的保護者居住的小屋就是我學習人類天性的唯一講堂；但這本書卻鋪陳出我前所未見的、更巨大的人性舞台。我讀到參與公共事務的人統治或屠殺自己的同類。我感覺心裡對美德燃起強烈的熱情，並且對罪惡深惡痛絕。就我了解，美德與罪惡的意義是相對的，於是在我心裡，這兩個詞就單純等同於歡樂與痛苦。在這些情緒引導下，我自然會仰慕努馬（Numa）、索倫（Solon）和萊克格斯（Lycurgus）這些溫和的立法者，勝過羅慕拉斯（Romulus）和帖修斯（Theseus）。我的保護者們所過的父權主義生活，使這些印象在我腦中根深柢固；假如最初帶領我認識人性的是一名渴望榮耀與殺戮的年輕士兵，我大概會被灌輸完全不同的觀念。

「然而，《失樂園》在我心裡激起了截然不同且更加深刻的感受。和閱讀手上另外兩本書一樣，我也把這本書的內容當成了真實的史事。萬能的上帝和祂的創造物陷入對立，驚心動魄的交戰場面令我嘆為觀止，敬畏不已。我經常將書中情節跟自己的處境相互對照，因為兩者間存在驚人的相似之處。我和亞當一樣，似乎跟現存的任何生命都沒有關聯，但在其他方面，他的情況跟我判若天淵。他是出自上帝之手的完美創造物，幸福順遂，受到造物主悉心保護，並且得以跟較高等的生命交談，汲取知識；而我卻孤苦無依，孑然一身。我常常覺得撒旦更能代表我的處境，因為我和他相同，當看著保護者享受人間至樂，我也經常嫉妒得湧出苦澀的膽汁。

30 我們究竟是誰？我們是用什麼做出來的？自我是什麼？科學怪人何以是個怪物？當然，最後這個問題的答案，取決於我們如何定義「怪物」。維克多用許多不同軀體的屍塊拼湊出他的創造物，導致科學怪人不知道自己是誰。科學怪人是東拼西湊出來的，欠缺單一的生理與心理認同，這是他成為怪物的一大原因。

現代科學對於人體組成成份的認識，可以幫助我們理解怪物的概念。人類和其他多種生命的體內都存在基因衝突；而這項衝突的起源，是由於這條生命是由基因相異的個體所組成。舉例來說，在「微嵌合」（microchimerism）現象中，人體內不同基因的細胞分別來自母親，以及兄姊（從孩子的角度而言）或孩子（從母親的角度而言）。此外，人體內也存在不同基因的腸道菌群，這些菌群可以影響行為，正如受到狂犬病病毒感染。在這些情況下，我們的生理狀態與行為，都有可能受到生存利益有別於我們的不同基因體所影響。

將瑪麗心中的怪物跟我們如今對基因異質性的理解結合起來，我們或許可以將怪物定義為：生理狀態與行為（完全或部分）受到一個（或一群）不同基因體影響的個體。我們一旦認識了自身的生物異質性，就可以更理解、或許也更同情怪物的複合本質，以及維克多與其創造物之間的鬥爭。和維克多不同，我們每個人都必須直面我們都是怪物的事實。（C. Athena Aktipis 註）

「還有一件事情加深了我的痛苦，證明我的嫉妒其來有自。我之前從你的實驗室拿走了一件衣服，抵達棚屋不久後，我在衣服口袋裡發現了一些文件。我起先沒有多加留意，但是現在既然已能破解上頭的文字，我就開始認真鑽研起來。那是你在我創生之前那四個月間的日記。你在這些紙上鉅細靡遺記錄了創作過程的每一步驟，中間還夾雜著你的一些家務事。你想必記得這些文件。喏，就在這裡。這上頭寫著和我那受詛咒的生命起源有關的一切事情，一連串噁心事件的所有細節全都寫得一清二楚。你詳細描述我這副醜陋、可憎的外表，字字句句透露你內心的恐懼，給我留下了不可抹滅的恐怖印象。我越讀越覺得噁心。『我恨我獲得生命的那一天！』我痛苦地吶喊，『可惡的創造者！你為什麼要造出一個連你自己都嫌棄的醜陋怪物？上帝懷著慈悲心腸，按照自己的形象把人造得如此迷人美麗，而我的外型雖是照著你們的樣板打造的，卻造得其醜無比，並且正因為其中的相似之處而顯得更加恐怖[31]。撒旦尚且不孤單，身旁有一群魔鬼崇拜他、支持他，而我卻形單影隻，受人厭棄。』

「在我消沉孤寂的時候，這些想法就在我心頭縈繞不去。但是當我想起那一家人的美德，和他們親切善良的性情，我就告訴自己，只要得知我如此仰慕他們的德行，他們就會同情我，不在意我的畸形外表。無論一個人長得多麼醜陋，當這個人向他們乞求憐憫與友情，難道他們會將他拒於門外？我打定主意，最起碼，我不能灰心喪氣，而是要做好與他們見面的一切準備，迎接那場終將決定我的命運的會面。我拖延了幾個月，因為這場會面成功與否事關重大，使我非常害怕失敗。此外，我發現我的智識隨著生活經驗而與日俱增，因此情願多給自己幾個月時間增長智慧，然後再著手進行這件事。

「在此同時，農舍裡也發生了一些變化。莎菲的出現為這一家人帶來了歡樂。我還發現他們的生活比以前寬裕多了；費利克斯和阿嘉莎有更多時間聊天嬉戲，也雇了僕役幫忙幹活。他們看起來雖不富裕，但日子過得滿足而快樂；他們的情緒平和安詳，我的心境卻一天比一天騷亂。知道的事情越多，我越能認清自己是個多麼不幸的邊緣人。的確，我珍惜每一份希望，但是當我見到自己在水中的倒影或月光下的身影，儘管影像模模糊糊、飄移不定，我的希望仍隨之破滅。

「我努力壓抑內心的恐懼，想辦法讓自己堅強起來，準備迎接我決心在幾個月後承受的那場考驗。有時候，我允許自己拋開理智的束縛，任由思緒在天堂的樂土中漫遊，大膽地想像那些親切可愛的人會同情我的感受、鼓勵我揮去陰霾，而他們那天使般的臉龐會泛起安慰的笑容。然而這

31 在此，維克多面臨了機器人、視覺動畫及其他相關領域的研究者遭遇的問題。任何人若試圖創造維妙維肖的擬真物，就會遭遇日本機器人專家森政弘（Masahiro Mori）所說的「恐怖谷」（uncanny valley）現象。人類可以對不怎麼像我們或其他類似生命的創造物萌生強烈同情心，好比說，機器人瓦力（Wall-E）或外星人E.T.這些電影角色雖然長得很怪，卻深得我們同情。但是當擬真物越來越接近人類的形象，就有可能進入所謂的「恐怖谷」，稍稍偏離我們的期待都可能激起人們的反感與嫌惡。

在此，瑪麗認為科學怪人之所以醜陋，倒不是因為他長相畸形，而是因為他跟人類相似得令人毛骨悚然。也請參考本書收錄的艾爾弗瑞德·諾曼的論文〈維克多·法蘭肯斯坦的理性技術科學夢〉，文中探討了恐怖谷觀念的源起。（Ed Finn註）

一切終歸是一場夢：沒有什麼夏娃會來撫慰我的憂傷、聆聽我的心聲，我只有孤伶伶一個人。我記得亞當曾向他的造物主提出請求，但我的造物主在哪裡？他遺棄了我，我用憤恨的心情詛咒他。

「秋天就這樣過去了。我驚訝而感傷地看著樹葉枯萎、凋零，大地再度顯得一派荒涼、蕭瑟，和我第一次見到那片樹林和那輪明月時一模一樣。然而，我並未察覺天氣的寒涼，比起溽暑，我的身體更能忍受嚴寒。不過，我最大的樂事是觀賞地上的繁花、枝頭的小鳥，以及夏季生機盎然的景觀。當這一切都離我而去，我便將更多注意力放到那家人身上。他們的快樂並未隨著夏天的消逝而減少；他們彼此關愛、憐惜，互相依靠，並不會因為大自然的消長而打斷了幸福。我越觀察他們，越渴望得到他們的保護與善意。我的心嚮往著跟這些可愛的人相識，受到他們喜愛，而我最大的願望，就是看著他們對我投來溫柔而深情的目光[32]。我不敢想像他們會帶著鄙夷和恐懼的表情拒絕我，轉身而去。他們從未趕走那些上門乞討的人。的確，我乞求的是比一點點吃食或休憩更珍貴的寶藏；我乞求的是善意與憐憫，但我不認為自己完全不配得到它[33]。

「冬天來了。自從我被喚醒生命以來，四季已經完成一整圈的輪替。這段時間，我將全部精神用在計畫如何走進我的保護者家裡，向他們介紹自己。我設想了許多方案，但最後決定趁雙目失明的老人獨自在家時現身。憑著足夠敏銳的領悟力，我發現以前那些人見了我之所以如此害怕，主要原因就是我長得異常醜陋。我的聲音雖然粗啞，但聽起來並不可怕。因此我想，假如我能趁著子女不在家時，贏得老德萊西的好感，那麼靠著他居中調解，我那幾位年輕的保護者或許也能寬容我。

32 「共生」（communion）意味著情感連結、分享彼此共有的感受；這在我們的人格發展中扮演重要角色。當今社會學家所說的「共生」，指的是親密感、愛或甚至社會支援。近期的研究證實了瑪麗在兩世紀前的直觀——正面關係能維持我們的健康與快樂。當我們看到維克多追求創造生命的目標，同時卻將自己隔絕於他後來認為最能賦予生命的力量——與家人、朋友和愛人共生——之外，不免令人感到諷刺。我們許多人似乎嘗試以另類方法尋求快樂（或許創造出屬於我們自己的怪物），最後才明白人際關係對我們的生命極為重要，並非多餘的贅物。維克多對科學怪人的厭惡與排斥（他對科學怪人的去人性化），不僅為自己帶來毀滅，也在無意間促使科學怪人的本性從善良變為殘暴（科學怪人以錯誤方法紓解生存的孤寂與痛苦）。如果維克多當初將共生視為「生命」的一個必要元素，或許就能改變科學怪人和他自己的處境（科學怪人曾指出，即便只是和一人共生，都能改變他的命運）。瑪麗巧妙地呈現出人類如何追求共生，並發洩疏離的痛苦。這不禁令人思索，每個人在體會共生的價值之前，是否都需要先經歷失去的痛苦？當今的發明家和創新者在他們的創造發明中，是否比維克多更看重共生？（Douglas Kelley 註）

33 透過觀察人類以及閱讀詩歌、經典哲學和一部多愁善感的小說，維克多的創造物學會了人性。他看到人們和睦相處，認為自己值得受到同樣善意的對待，或者至少不該被剝奪受到善待的資格。他評估自己，認為自己是個人。自尊心——人們對自我以及自身行為的評價——是一個相對較新的心理學概念，起源於十九世紀末。隨著浪漫主義的出現，個人越來越受到重視，上面這段話或許可以視為一個例子。然而，評估一個人的行為並與其他人進行比較，是人類自古以來便有的習性。自尊心的先決條件是自我意識的存在；這或許跟可以增加生存機率的神經反射行為有關，常見於最近被認定具有自我意識的許多非人類的社會性動物身上。科學研究近期已開始尋找靈長類及其他動物的自尊心行為。

維克多的創造物除了願意評估自己的行為，似乎也有能力判斷自己及他人的行為公平與否：也就是說，他懂得公平正義。證據顯示許多動物都具有公平意識，但要理解各種動物靠何種機制評估彼此的行為公平與否，仍有待深入研究。就連人類的公平概念都有可能是模糊而矛盾的，而且具有文化差異，正如人們對自身行為的評估不見得正確，他們對自我的看法也不盡然與他人的看法一致。（Eileen Gunn 註）

「一天，陽光灑在墜落一地的紅葉上，雖然沒有帶來暖意，卻仍讓人感到心情舒暢。莎菲、阿嘉莎和費利克斯出門遠遊，到田野間散散步，老人依著自己的意願，獨自留在家中。子女出門後，他拿起吉他，彈了好幾首憂傷而柔美的歌曲；我從沒聽過他彈得如此淒美動聽。起初，他的臉上還洋溢喜悅，但是彈著彈著，就露出若有所思的憂愁神色。最後，他放下樂器，靜靜坐著陷入了沉思。

「我的心跳得很快，考驗的時刻到了；它將實現我的願望，或者使我的恐懼成真。僕人們都去了附近的市集，屋裡屋外一片靜悄悄的。這是個絕佳機會；不過，當我決定採取行動落實我的計畫，手腳卻不聽使喚，害我跌坐在地上。我再次起身，打起精神，果敢地搬開我放在棚屋前、用來遮掩我藏身之地的木板。新鮮的空氣令我精神大振，我帶著新鼓起的決心，往農舍大門走去。

「我敲了敲門。『哪一位？』老人問道──『請進。』

「我走進屋子。『請原諒我不請自來，』我說，『我是個旅人，想休息一會兒。如果您能允許我在火爐前待上幾分鐘，我將不勝感激。』

「『進來吧，』德萊西說，『我會盡可能滿足你的需要，可是很不巧，我的孩子都出門了，我的眼睛又看不見，恐怕很難替你弄點東西吃。』

「『請別費事，親切的主人，我有食物；我只需要一點溫暖，並且休息一下。』

「我坐了下來，兩人隨即陷入沉默。我知道每一分鐘都很寶貴，但我還是躊躇不前，不知如何開啟對話。這時，老人對我說──

「『從你的口音聽來，陌生人，我猜你大概是我的同胞——你是法國人吧？』

「『不，但我的教育是來自一個法國家庭，因此只懂得這種語言。我現在要去爭取幾位朋友的保護，我深深愛著他們，也相信他們會喜歡我。』

「『這些人是德國人嗎？』

「『不，他們是法國人。不過我們還是換個話題吧。我是個受到遺棄的可憐人，在這人世間舉目無親。我要找的這幾位可親的人從未見過我，對我也幾乎一無所知。我非常擔心，因為如果遭到他們拒絕，我將被整個世界摒棄在外，永遠無處容身。』

「『不要絕望。一個人孤苦伶仃確實不幸，但人們如果沒有因為明顯的私利而產生偏見，他們的心必定會充滿友愛與慈悲。因此，你要對自己的希望抱著信心，如果這些朋友確實心地善良、和藹可親，那就不要放棄希望[34]。』

34 動物的行為歷經了千百萬年的演化才塑造成形。作為動物界的一員，人類的某些行為也同樣在其他許多物種身上保留下來。舉例而言，「恐懼」在動物界很常見，它起了很大的作用，協助我們遠離危險的處境。同樣的，自私——或者說希望取得生存所需資源的私心——也自生命之始便已存在。但是，愛、同情、利他，這些事情又怎麼說？在所有生物之中，唯有人類會做出有利於別人但自己不直接受益的事情嗎？不。事實證明，利他行為可以在許多物種身上見到——從會向鄰近的同類警告掠食者來襲的草原土撥鼠（這麼做會把牠們自己置於險境），到大部分時間維持單細胞生命型態，但在繁殖時決定攜手合作的黏液黴菌（一旦做出這個決定，其中兩成的黏菌就必須犧牲自己）。和許多生命型態一樣，人類或許偶爾自私，但也擁有將他人的需要置於自己之上的驚人能力。問題是，人類在什麼情況下才會展現利他能力？（Melissa Wilson Sayres 註）

「『他們很善良——他們是世上最好的人；可是很遺憾，他們對我懷有偏見。我的性情溫和，迄今為止沒有做過任何傷天害理的事，某種程度上，甚至可以算做一個好人。但是他們被一個無可逃避的偏見蒙蔽了雙眼；他們本應看到一個有感情且和善的朋友，可是他們只看得到一個面目可憎的怪物。』

「『這確實很不幸。但是如果你真的無可責難，難道沒有辦法使他們看清真相？』

「『我正打算這麼做；可是正因如此，我才感到萬分惶恐。我對這些朋友充滿溫情；好幾個月以來，我天天都在他們不知情的狀況下幫助他們，但他們卻認為我想傷害他們，而這就是我打算破除的偏見。』

「『你的這些朋友住在哪兒？』

「『就在這附近。』

「老人沉吟片刻，然後繼續說道，『如果你願意源源本本地對我吐露你的經歷，我也許能幫你跟他們說清楚。我雙目失明，無法評斷你的相貌，但從你的話裡，我相信你是真誠的。我很窮，又是個被流放之人，但如果我能為另一個人做出一點貢獻，我會由衷感到快樂。』

「『您真是個好人！謝謝您，我接受您的慷慨提議。您的仁慈把我從塵埃中解救出來。我相信在您的幫助之下，我一定會得到您的同胞的接納與憐憫。』

「『天可憐見！即便你真是個罪犯，也不該被社會摒棄，因為那只會把你逼上絕路，不會激勵你洗心革面。我也是個不幸之人；儘管我和我的家人都是無辜的，卻仍然遭到判刑。因此，你可以判斷我是否會對你的不幸遭遇感同身受。』

「『我該如何感謝您，我最大的、也是唯一的恩人？從您的口中，我第一次聽到有人對我說出親切和善的話，我將永遠心存感激。我即將和那些朋友會面，而您此刻的仁慈，讓我相信這次會面必將圓滿成功。』

「『我可以知道你那些朋友的姓名和住址嗎？』

「我愣住了。我心想，這是抉擇的時刻，它將決定我會永遠擁有或失去快樂。我徒然地嘗試用足夠堅定的語氣回答他，但是這樣的掙扎耗盡了我僅剩的力氣；我跌坐在椅子上，大聲哭了起來。就在此時，我聽到我的年輕保護者的腳步聲。情況緊急，刻不容緩。我立刻抓起老人的手大聲喊道，『就是現在！救救我、保護我！您和您的家人就是我要找的朋友。請不要在這考驗的時刻遺棄我！』

「『老天爺啊！』老人驚呼，『你究竟是誰？』

「就在這一刻，農舍的門開了，費利克斯、莎菲和阿嘉莎走進來。誰能形容他們見到我時的嫌惡與驚愕？阿嘉莎暈了過去，莎菲顧不上她的朋友，衝出了屋外。費利克斯一個箭步上前，用不可思議的力量把我從他父親身邊拉開；我當時正抱著老人的膝蓋。他怒氣衝天，猛然把我撞到地上，拿起棍子狠狠地揍我。我大可以像獅子撕碎羚羊那樣把他扯成碎片，但我的心像生了重病似地直往下沉，於是我克制住自己。我看見他又要舉起棍子打我，一時難以承受身體的疼痛與內心的酸楚。我趕緊逃出屋外，在一片混亂中悄悄溜回我的棚屋。

第八章

「可恨的、該死的造物者啊！我為什麼還活著？為什麼沒有在那一瞬間捻熄你胡亂賜予的生命之火？我不知道。絕望還沒有占據我的心靈，我只有滿腔的怒火和報復之心。我大可以開開心心摧毀那棟小屋和裡面的居民，拿他們的尖叫聲和痛苦來逞心頭之快。

「當夜幕降臨，我走出藏身之地，在樹林間徘徊。此刻，我不再戰戰兢兢害怕被人發現，於是放聲大叫，發出令人害怕的怒吼，藉此宣洩心裡的痛苦。我像一頭衝出羅網的瘋狂野獸，橫掃眼前的一切阻礙，以牡鹿般的敏捷身手在林間狂奔。啊！這一夜多麼淒涼！冷冷的星辰發出嘲笑的寒光，光禿禿的樹枝在我頭頂上揮舞，婉轉的鳥鳴不時劃破一片寂靜。除了我之外，天地萬物都在沉睡或享樂，而我卻像魔王撒旦，內心背負著一整座地獄，找不到人同情我。我想拔起樹木，摧折周圍的一切，然後坐下來欣賞我造成的毀滅。

「但這是一種無法長久的奢侈感受。我因為體力透支而疲憊不堪，跌坐在潮濕的草地上，絕望而虛弱。茫茫人海中，竟沒有一個人肯憐憫我、幫助我；難道我應該向敵人示好？不，從那一刻起，我宣示跟全人類戰鬥到底，尤其是把我製造出來，又將我推入痛苦深淵的那個人[35]。

「太陽升起，我聽到有人活動的聲音，知道這一天已不可能返回我的棲身之處。於是，我躲進濃密的灌木叢中，決定專心利用接下來的時間思索自己的處境。

「和煦的陽光和清新的空氣使我稍微恢復平靜。當我思索小屋裡發生的一切，不由得覺得自己過於倉促地驟下結論。我的行動確實太過魯莽。我的話顯然吸引了老父親對我的關切，但我卻不智地在他的子女面前曝了光，嚇到了他們。我應該先讓老德萊西熟悉我，等其他人有了心理準備之後，再慢慢接近他們。但我不認為這些過錯無法挽回，再三考慮之後，我決定返回農舍，找到老人，以一番慷慨陳詞爭取他的支持。

「這些念頭撫平我的心情。下午，我沉沉睡去，但是熾熱的血液使我得不到安詳的美夢。前一天的可怕情景不斷在我眼前上演；女孩們嚇得奪門而出，怒氣沖沖的費利克斯把我從他父親的腳邊拉開。我筋疲力盡地醒來，發現天已經黑了，於是悄悄爬出我的藏身之地，出去尋找食物。

「填飽肚子之後，我踏上通往農舍的那條熟悉小路。四周一片平靜。我鑽進我的棚屋，安安靜靜地待著，等候這家人平常起床的時間。起床的時間過了，太陽已高高掛在天上，但這家人並

---

35 在此轉折點後，科學怪人不再把自己當作亞當——第一個人類或人形物種；相反的，他選擇效法他在彌爾頓的書中讀到的撒旦。史詩《失樂園》細述天使撒旦的墮落；他與上帝交戰、被逐出天堂，然後引誘亞當和夏娃吃下知識樹上的禁果，藉此報復他的造物主。彌爾頓筆下的撒旦被上帝打入地獄之後，決心將他的地獄變成一座天堂，縱情享受他認為不公不義的懲罰。在瑪麗的故事中，科學怪人由於無法得到人類的善意而窮盡了理性與憐憫，決定將自己與人類切割開來，與人類勢不兩立。（Ron Broglio註）

未出現。我劇烈顫抖，害怕發生了什麼可怕的事。屋裡一片漆黑，悄無聲息，我心裡七上八下，痛苦得難以言喻。

「過了一會兒，兩名村民路過這裡。他們在小屋附近停下腳步，談起話來，激烈地打著手勢。可是我聽不懂他們在說什麼，因為他們說的是當地的語言，和我的保護者使用的語言不同。不過，沒多久後，費利克斯跟另外一個人走了過來。我很驚訝，因為我知道他那天早上並未走出農舍，因此焦急地等著，希望從他的談話中得知這些不尋常的現象究竟意味著什麼。

「『你想過嗎？』他的同伴對他說，『你得付三個月的房租，還得損失菜園裡的作物。我可不想占你便宜，所以請你多考慮幾天再做決定。』

「『再想也沒用，』費利克斯回答，『我們絕不可能繼續住在你的房子裡。基於我告訴你的那樁可怕事件，家父的性命面臨了極大的危險，我的妻子與妹妹也永遠無法從驚恐中恢復過來。請別再勸我了。收回你的房子，讓我逃離這個地方吧。』

「費利克斯渾身劇烈顫抖地說出這番話。他和同伴走進屋裡，待了幾分鐘，然後雙雙離去。從此以後，我再也沒見過德萊西一家人。

「那天後來，我一直待在棚屋裡，腦筋一片空白，萬念俱灰。我的保護者走了，切斷了我跟這個世界的唯一連繫。有生以來第一次，報復和仇恨的感受充塞我的胸臆，但我並未力圖克制它們，而是任憑怒氣滾滾而來，滿腦子想著傷人和殺人。然而，當我想起我的那幾位朋友，想起德萊西的和善話語、阿嘉莎的溫柔目光，以及那阿拉伯女孩的細緻美貌，這些念頭立刻煙消雲散。

我不禁湧上一股熱淚，淚水稍微安撫了我的情緒。不過，當我再次想起他們鄙視我、拋棄我，我的心裡又重新燃起熊熊的怒火。我無法傷害人類，只好將滿腔怒氣發洩到無生命的物體上。入夜後，我在農舍四周堆放各式各樣的易燃物，又把園子裡的一花一草摧毀殆盡，然後強迫自己耐著性子，等待月亮西沉才展開行動。

「夜越來越深，樹林裡颳起了一陣強風，迅速吹散徘徊天際的雲朵：這陣狂風有如威力巨大的雪崩，勢如破竹，使我為之癲狂，理智完全潰堤。我點燃一根枯枝，憤怒地繞著這間在劫難逃的屋子蹦蹦跳跳、手舞足蹈，眼睛緊緊盯著西方的地平線。月亮的邊緣已經快要碰到地平線了。終於，月亮的一部分隱沒，我揮舞手中的火炬；月亮沉下去了，我大叫一聲，點燃我搜集來的乾草、樹枝和灌木。風助長了火勢，小屋隨即陷入火海，很快就被四處亂竄的火焰吞噬、摧毀。

「等我確定任誰也救不回小屋的一磚一瓦，我就離開現場，到樹林裡找個地方躲了起來。

「現在，面對眼前的世界，我該何去何從？我鐵了心要遠離這塊傷心地，但是對於我這麼一個遭人憎恨與唾棄的人來說，任何國家想必都一樣可怕。最後，我想到了你。從你的文件，我得知你就是我的父親、我的創造者；除了這個賦予我生命的人，還有誰是我更合理的求助對象？費利克斯為莎菲講授的課程並未忽略地理知識，我從中學習到世界各國的相對位置。你曾經提起你的家鄉叫做日內瓦，於是我決定前往這個地方。

「但是我該如何分辨方向？我知道我必須朝西南方走才能到達目的地，但是太陽是我唯一的指引。我不知道途中要經過哪些城市，也不能向任何人問路。但我並不絕望。儘管我對你除了仇恨之外毫無感情，但你是我獲得援助的唯一希望。冷酷無情的創造者啊！你賦予我知覺與情感，卻又拋棄我，任我流落在外，成為人們嘲笑與恐懼的對象。但是，只有對你，我才有權利要求憐憫與補償，我決心從你身上，取得我曾經徒勞地向那些徒具人形的生命爭取的公平正義。

「我走了漫長的旅程，歷盡千辛萬苦。我離開長久居住的那個地區時，時序已進入深秋。我只能在夜間趕路，生怕遇到任何一個人類。大自然在我四周凋零，陽光也失去了熱力。雨雪紛飛，滔滔的河水結冰了，地表變得又冷又硬，光禿禿一片，我無處棲身。唉，大地啊！我多少次詛咒那個賦予我生命的人！我溫和的天性消失了，所有的善念都轉變成怨恨與不平。越接近你的居住地，我越深刻感覺到心裡燃燒著熊熊的復仇之火。下雪了，水面也結凍了，但我從未停下腳步。偶爾出現一些事情為我指引方向，而且我還帶了這個國家的一張地圖，但我還是經常迷路。煩悶的感受使我不得安寧。我所遭遇的事情樁樁件件都助長著我的憤怒與痛苦，但在我抵達瑞士邊境發生的一件事，尤其加深了我的怨恨與恐懼。

「那時太陽已恢復溫暖，大地再度出現綠意。我一般晝伏夜行，以免被人看見。不過，一天早晨，我發現前方的路要穿越一座幽深的森林，於是冒險在太陽升起後繼續趕路。春天剛剛降臨，就連我都因為明媚的陽光和清香的空氣而精神大振。我感到那顆有如槁木死灰的心，再度萌生了溫柔和喜悅的情緒。這些新奇的感覺讓我略為詫異，因此放任自己沉浸其中，忘了我的孤獨與醜陋，勇敢地去感受快樂。淚珠再度浸濕我的臉頰，我甚至感激地抬起了淚眼，仰望那賜予我滿懷喜悅的神聖太陽。

「我繼續沿著林中的蜿蜒小路往前走，一直走到森林的盡頭。一條又深又急的河流繞著森林的邊緣而過，垂向水面的許多樹枝，如今都因初春的薰染而抽出了新芽。我在這裡駐足，不知道該往哪一條路走。這時，我聽到說話的聲音，於是趕緊躲到一棵柏樹的樹蔭底下。我都還沒完全躲好，一個小女孩便笑著往我藏身的地方跑過來，彷彿在跟什麼人玩躲迷藏。她沿著陡峭的河岸奔跑，突然滑了一跤，跌入湍急的河裡。我衝出藏身之地，費了九牛二虎之力才將她從湍流中救出來，拖她上岸。她已失去知覺，我正努力想辦法恢復她的意識，卻突然被一名鄉下人打斷；他應該就是那女孩剛剛玩鬧著要躲的那個人。一見到我，他立刻衝上來，使勁拽走我懷裡的女孩，急忙朝樹林深處狂奔。我飛快地追著他，我也不明白自己為什麼這麼做，但是當那傢伙看見我越追越近，連忙掏出隨身攜帶的一把槍，瞄準我的身體開火。我倒在地上，傷我的人卻加快速度逃進樹林裡去了。

「這就是我做好事得到的回報！我救了一條人命，換來的卻是皮開肉綻，骨頭碎裂，傷口疼得我在地上滾來滾去。我不久前才萌芽的善意與溫情消失了，取而代之的是地獄般的怒火和咬牙切齒的恨意。在盛怒的煽動下，我發誓此生跟全人類不共戴天，此仇非報不可。但是傷口的疼痛擊潰了我，我暫時失去脈搏，暈了過去。

「我在樹林裡熬了幾個星期，想辦法療傷，過得狼狽不堪。那一槍打中我的肩膀，但我不知道子彈是否貫穿，或者還留在我的體內，反正我也沒辦法把它取出來。他們對待我的方式稱得上不公不義、恩將仇報，這樣的不平之情使我心情沉重，倍覺痛苦。我天天誓言報復——沉重而致命的報復，那種可以一舉補償我所受的種種凌辱與痛苦的報復。

「過了幾星期，傷口癒合了，我再度踏上征途。燦爛的陽光和輕柔的春風再也不能減輕旅途的勞頓；一切幸福樂事不過是對我的嘲諷，羞辱著我的孤獨，使我更痛苦地感覺自己生來就注定無法享受歡樂。

「但是艱苦的旅程總算快結束了。兩個月後，我抵達了日內瓦近郊。

「抵達時已是傍晚時分。我在城郊的田野間找個地方藏身，思索該以什麼方式向你求助。我又餓又累，意氣消沉，根本無心享受徐徐吹來的晚風，或夕陽沒入巍峨的侏羅山背後的美景。

「這時，我迷迷糊糊睡著了，暫時從痛苦的思緒中解脫出來。不過，我的睡眠被一個漂亮的小孩打斷；他朝我選擇的這塊藏身之地跑過來，渾身散發幼童的活潑稚氣。我凝視著他，腦子裡突然閃過一個念頭，這個小傢伙還沒有被偏見污染，他年紀太小，還沒學會懼怕殘缺。因此，如果我抓住他，把他調教成我的同伴與朋友，那麼我在這人世間就不會如此孤獨淒涼了。

「受到這股衝動驅使，我在男孩經過時一把抓住他，把他拉到我面前。他一見到我的長相，立刻用雙手捂住眼睛，放聲尖叫。我強行拉開他的手說，『孩子，你這是什麼意思？我並不想傷害你，你先好好聽我說。』

「他拚命掙扎。『放開我，』他大聲喊叫，『怪物！醜八怪！你是想吃掉我，把我撕碎——你是個食人魔——放開我，不然我就告訴我爸爸。』

「『孩子，你永遠見不到你爸爸了，你得跟我走。』

「『可惡的妖怪！放開我。我爸爸是市政官，他是法蘭肯斯坦先生。他會懲罰你的。你才不敢抓住我不放！』

「『法蘭肯斯坦！這麼說來，你也算是我的敵人——我曾發誓今生一定要報復他，你將是頭一個遭殃的人。』

「那孩子仍不斷掙扎，還用種種令我寒心的綽號咒罵我。我掐住他的脖子好讓他閉嘴，沒過多久，他就倒在我的腳邊死了。

「我目不轉睛盯著我的受害者，心中脹滿了勝利的狂喜。我拍手大喊，『我也可以製造不幸；我的敵人並非堅不可摧，這樁死亡會為他帶來絕望，另外還有上千種災禍正等著折磨他、毀滅他。』

「我注視這孩子時，看見有個東西在他胸口閃閃發光。那是一幀肖像，畫著一位極其美麗的女子。儘管我心中充滿仇恨，這幅畫像還是軟化了我、吸引了我。我楞楞地盯著她的那雙黑色眼睛、濃密的睫毛和美麗的雙唇，滿心歡喜。可是不久後，我的怒氣又死灰復燃：我想起自己永遠無法享受這些美麗生命所能賜予的快樂，也想起我此刻凝望的這張臉孔，一旦見到我，一定會從聖潔溫柔的面容，轉變成厭惡與驚嚇的神情。

「這些念頭讓我氣得七竅生煙，你會覺得奇怪嗎？唯一令我詫異的是，在那一刻，我竟然只是用吶喊和掙扎來宣洩情緒，沒有衝進人群，跟所有人同歸於盡。

「我承受不住這些感受，於是離開殺人現場，另尋一個更隱密的藏身之地。這時，我看見一個女孩從附近走過。她很年輕，相貌雖然比不上我手裡那幅畫像上的女子，卻也討喜可愛，渾身散發著青春與健康之美。我心想，這又是一個會對所有人微笑，唯獨把我排斥在外的人；她逃不掉的：多虧費利克斯教給我的知識，以及人類那些血淋淋的法則，我也學會如何使壞。我神不知鬼不覺地接近她，把那幅畫像穩穩地塞進她的衣服褶縫中。

「一連幾天，我在事件現場流連不去，有時希望見到你，有時又決心永遠離開這個人世，徹底擺脫痛苦。最後，我信步走到了這片山脈，穿過巨大的深谷，心中燃燒著只有你能滿足的一股熾烈情感。除非你答應我的要求，否則我不會放你走。我孑然一身，孤苦無依，任何人都不想跟我扯上關係，但是，一個跟我一樣醜陋可怕的女人，想必不會拒我於千里之外[36]。我的伴侶必須是我的同類，具有同樣的缺陷。你必須創造出這樣的一個生命。」

36 科學怪人把創造生命的力量當成工具，要求維克多為他造出一個「不會拒我於千里之外」的伴侶，藉此滿足他自私的歸屬感；這是維克多與科學怪人之間的另一個相似之處，進一步闡明了瑪麗的女性主義主題。（David H. Guston 註）

第九章

那怪物說完了話，兩眼緊盯著我，等待我的答覆。但是我的腦筋迷迷糊糊的，一片混亂，無法徹底理解他的提議。他繼續往下說：

「你必須為我造出一個女性伴侶，我可以跟她共同生活，進行生命不可或缺的情感交流。這件事只有你能辦到，我有權利要求你這麼做，你不能拒絕。」

他的後半段經歷重新點燃了我的怒火；原本在他描述跟農舍那一家人的平靜生活時，我的憤怒已漸漸平息，然而此時聽到他的要求，我再也克制不住心中熊熊燃燒的怒火。

「我絕不答應，」我回答，「任何折磨都不可能逼我就範。你可以讓我成為世界上最不幸的人，但永遠無法迫使我做出連我自己都引以為恥的惡事。我要是再造出一條跟你一樣的生命，你們倆狼狽為奸，恐怕會毀滅這個世界。滾吧！我已經回答你了，你盡可以折磨我，但我絕不會同意。」

「你錯了，」這魔鬼回答，「我無意威脅你，反倒樂得跟你講講道理。我是因為遭遇不幸才懷恨在心。我難道沒有遭全人類厭棄、嫌惡嗎？你，我的創造者，你寧可把我撕成碎片，然後歡慶勝利；請記住這一點，然後告訴我，我為什麼應該憐憫人類，勝過人類對我的憐憫？假如你能把我推進冰川的一條裂縫，毀掉我的軀體，毀掉你親手創造的作品，你不會把這叫做謀殺。我應該尊敬鄙視我的人類嗎？如果人們願意跟我一起生活，交換善意，那麼我絕不會傷害他們，反而會對他們的接納感激涕零，想盡辦法回報。但這是不可能的；人類的意識是一道不可逾越的障礙，使我們永遠無法和平共處。然而，我也不可能像卑微的奴隸那般聽天由命。我要為我受到的傷害報復：既然無法喚起愛，我就要製造恐懼，而你是我的頭號敵人，因為我的創造者啊，我確實發誓跟你勢不兩立，此恨難消。小心了，我會努力毀滅你，直到你心神俱喪、恨不得自己從未出生的那一刻才肯罷休。」

他一邊說著，一邊激動得怒不可遏，整張臉扭曲變形，一副凶神惡煞的模樣，猙獰得令人不敢直視。不過，他很快鎮定下來，繼續說道——

「我本來是要跟你講道理的，這樣激動對我有害無益，因為你並未認清你就是造成我情緒失控的原因。如果有人肯給我滴水之恩，我必當湧泉以報；就算為了他一個人，我也願意跟全人類和解！不過，我這是在做一個不可能實現的美夢。我對你提出的要求合情合理，並不過分；我要求得到一個異性伴侶，但她必須長得跟我一樣恐怖。這只是個小小要求，但既然我只能得到這麼一點，我將感到心滿意足。的確，我們會是一對與世隔絕的怪物，但是正因如此，我們將會更加親近。我們的生活不會幸福快樂，但我們也不會對別人造成傷害，而且我將可以擺脫現在這份痛苦感受。噢！我的創造者，幫助我快樂起來吧！給我一點恩惠，讓我對你心存感激吧！讓我看見我能激起一個人的同情心；請不要拒絕我的請求！」

我被打動了。一想到答應這件事情有可能帶來的後果，我就不寒而慄，但我覺得他的話也不無道理。他的經歷以及他此刻流露出來的感情，證明他是一條具有細膩情感的生命。而我作為他的創造者，難道沒有責任在力所能及的範圍內盡量給予他一切快樂？他察覺我的情緒變化，繼續說下去——

「如果你同意，無論你或其他人，從今以後都不會再見到我們。我會去南美洲那片遼闊的荒野；我吃的食物跟人類不同，我不會宰殺小羊來滿足口腹之欲，橡實和漿果就能為我供應充足的養分。我的伴侶將具有和我一樣的特性，也會滿足於同樣的伙食。我們將以枯葉為床，照耀人類的陽光也會打在我們身上，幫忙催熟我們的食物。我為你描繪的這副景象既祥和又富有人性，你必定會覺得，拒絕我無異是在濫用權力，殘酷無情。儘管你之前對我毫無憐憫之心，但是此刻，我在你眼中看見了同情。讓我抓住這一有利時刻說服你，答應我如此熱切渴望的要求吧。」

「你說，」我回答，「你打算遠離人類的聚居地，去住在唯有野獸為伴的茫茫荒野。但是，你這麼渴望人類的愛與同情[37]，又怎麼耐得住寂寞的放逐生活？你一定會回來，再次尋求人們的善

---

37 「同情心」（sympathy）一詞在十九世紀初具有多重涵義，其中某些涵義與科學說法一致，某些則屬於倫理學範疇。這個詞在當時的一個定義，確實與今日殊無二致：體會他人的感受。但它也有具體的生理含義。蘇菲．拉克利夫（Sophie Radcliffe）在《論同情》（*On Sympathy*）中說：「從十九世紀到二十世紀，隨著『同情心』這個詞彙與概念從科學研究轉入文學作品或從文學滲入科學，『同情心』本身究竟是不是一種生理感受，或者是不是由某種認知行為導致的心理狀態，迄今尚未得到定論。」

意，也一定會再次遭到他們嫌惡；你會重新萌生強烈的惡念，到時候，你還多了一個同夥幫助你逞惡行凶。絕不能發生這樣的事。別費唇舌了，我不會答應的。」

「你的心真是反覆無常！剛剛還被我的說詞打動，為什麼這會兒又硬起心腸，對我的委屈無動於衷？我以我棲身的這片大地和創造我的你起誓，我將帶著你賜予的伴侶遠離人群，去住在最杳無人跡的蠻荒之地。我的惡念將蕩然無存，因為我將得到另一半的同情；我的生命會悄悄流逝，而在臨終之際，我將不會咒罵創造者把我帶來了人世。」

他的話對我產生了奇特的作用。我同情他，有時甚至還想安慰他，但是當我看他一眼，見到那具會動、會說話的醜惡軀體，我就覺得不舒服，再度生出恐懼與憎恨的感受。我努力壓抑這些情緒，心裡想著，雖然我無法同情他，卻沒有權利拒絕給予我有能力賜給他的一點點快樂。

「你發誓，」我說，「你不會傷害任何人；但是，你不是已經顯露一定程度的惡意，讓我有理由不信任你？你的誓言，難道不是為了掩人耳目，好讓你擴大報復範圍，取得更大的勝利[38]？」

「這是什麼意思？我以為我已經激起你的惻隱之心，而你卻依然拒絕對我施以小惠；那可是唯一能軟化我的心、讓我打消惡念的辦法。如果我沒有牽掛也沒有感情，那我的心將注定充滿仇恨與罪惡。另一個人的愛會消除我的犯罪動機，而我將從此銷聲匿跡，沒有人會知道我的存在。我痛恨人們強加在我身上的孤獨，而我的罪惡，正是因孤獨而生的產物。只要和我的同類共同生活，我的善良天性定然會重新浮現。我將體會到另一個有感情的生命對我的愛，從此成為生命與事件鎖鏈中的一環，不再孑然一身。」

我沉吟片刻，思索他所說的一切，以及他提出的各種論點。我想起他在生命之初的表現，確實顯示他有可能成為品格崇高之人，可是後來，他的保護者對他表現出厭惡與鄙夷，這才扼殺了

我們可以從一個如今已廢除但在瑪麗寫作的年代仍然適用的定義看到這種觀點：「兩個生理器官或部位（或兩個人）之間的關係，使得一方的疾病或任何狀況引發另一方出現相應狀況」（牛津英文字典）。當時還有另一個問題，也就是同情心是否具有性別差異——女性在生理、心理與經驗層面上的共通特性，是否導致女性的身心更容易進入共情狀態。母親基於生養子女的角色，尤其被視為具有超強的同情心。人們還提出其他問題：科學家——一般被視為男性角色，正如本書——是否有能力產生（被定型為女性和母性的）同情心？不論基於缺乏經驗或假定的生理缺陷，假如他們達不到適當的同情心，他們的科學判斷或成就會欠缺什麼？

在《科學怪人》整本書中，對「同情心」的乞求促使讀者思索，是什麼原因導致人們或動物對彼此感同身受，而情感在創造或養育新生命的行動中扮演了什麼角色？同情心是否源於大腦？是否可以透過教育並運用判斷力學會同情？如果可以，是不是每個人都學得會？或者，同情心是否源於身體，不論被視為「人類」共有的特性（科學怪人只能勉強算是人類），或者具有性別差異？瑪麗在她的年代便思索這些爭議點，而在這段話中，她似乎認為，當雙方無法產生認同感，就無法萌生同情心。維克多對科學怪人缺乏同情心，或許可以被視為源於大腦或身體反應，或者源於男性或人類的某種生理缺失。瑪麗並未提供簡單的答案，反而留下許多空間讓讀者思考必要的同情心究竟源於哪裡、如何行使，並且會如何影響科學新知。（Devoney Looser 註）

38 維克多有理由不信任科學怪人。正如伊索寓言中那個放羊的孩子，信任一旦消失，就很難復原。在這裡，維克多對科學怪人的請求起了惻隱之心，但他想起科學怪人曾幹過的壞事，不禁納悶自己能否相信科學怪人的話。想想曾經被爆出研究論文造假的科學家——謊言被揭穿之後，新的研究成果不論真實與否，突然之間都會讓人帶著懷疑眼光看待。例如韓國科學家黃禹錫（Hwang Woo-suk）曾謊稱透過複製技術造出人體胚胎幹細胞，因此當他重返科學界，只能降格研究動物的複製。（Mary Drago 註）

他的一切善意。我沒有忘記把他的力量和對人類的威脅納入考量：一個可以在冰川的冰窟中生存、在人類無法攀登的峭壁間躲避追捕的生物，必然擁有人類對付不了的能耐。我想了很久，最後決定，我應該答應他的請求，那是我欠他和我的同類的一個公道。因此，我轉過身對他說——

「我同意你的要求，但你必須鄭重發誓，一旦我把一個能陪著你浪跡天涯的女伴交到你手上，你就會永遠離開歐洲，以及人類居住的任何地方。」

「我發誓，」他大聲呼喊，「我以太陽和藍天起誓，只要你滿足我的心願，只要天地日月還在，你就永遠不會再見到我。回家去吧，趕緊開始工作。我將以說不出的焦慮關注你的工作進度；別擔心，等你完工，我自然會出現。」

他一說完就突然轉身離去，或許是害怕我會改變心意。我望著他飛奔下山，跑得比老鷹飛行還快，一下子就消失在連綿起伏的冰海之中。

他的故事說了一整天，他離開時，太陽已低垂在地平線上。我知道我得趕緊下山，因為我很快就會被黑暗包圍，但我的心情沉重，步履遲緩。我費勁地沿著山間小徑蜿蜒而下，每一步都得小心翼翼地踏穩腳跟，再加上白天發生的事讓我五味雜陳，整個人狼狽不堪。等我走到半道上的休息處、坐在山泉旁邊，夜已經深了。星辰在流動的雲朵間忽隱忽現，黝黑的松樹聳立在我面前，地上到處可見斷裂橫臥的樹木：這是一副神奇而肅穆的景象，激起我一陣陣奇思異想。我禁不住痛哭失聲，痛苦地緊握雙手吶喊：「噢！星辰、雲朵和風兒啊！你們都在嘲笑我。假如你們真的可憐我，就請碾碎我的所有感覺與記憶，讓我化為一片虛無，否則就請離開，離開我吧，把我留在黑暗之中。」

這些念頭荒謬可悲，但我無法向你形容，那永恆閃爍的星辰如何壓得我喘不過氣來，而那一陣陣強風，在我耳中又是如何像那沉悶邪惡的焚風，正向我襲來，準備將我吞噬其中。

我抵達夏慕尼村的時候，天已經亮了。我的家人徹夜未眠，焦急地等我回來，但是我憔悴怪異的模樣，絲毫無法平息他們的擔憂。

隔天，我們回到了日內瓦。父親安排此次郊遊的初衷，是要轉移我的心思，讓我恢復心靈的寧靜。但這是一帖致命的藥方。父親眼看我承受了極大痛苦卻不明緣由，於是趕忙啟程回家，但願平靜單調的家庭生活稍微減輕我的苦楚，不論折磨我的是什麼事情。

我被動地接受一切安排，然而就連我摯愛的伊麗莎白，也無法用她的柔情把我從絕望的深淵中拉出來。我答應那個惡魔的事沉甸甸地壓在我的心上，就像壓在但丁筆下那些可惡偽君子頭上的鐵罩。人間與天上的一切樂事在我眼前都如同夢幻泡影，我的現實人生只剩下那樁心事。我偶爾精神錯亂，或者持續看到周圍有一大群醜惡的野獸不斷折磨我，經常逼得我放聲尖叫或痛苦呻吟，對此，你會覺得奇怪嗎？

無論如何，我的情緒漸漸平靜下來，再度回歸日常生活。日子雖然過得平淡無味，卻至少讓我得到了些許寧靜。

【卷二完】

【卷三】

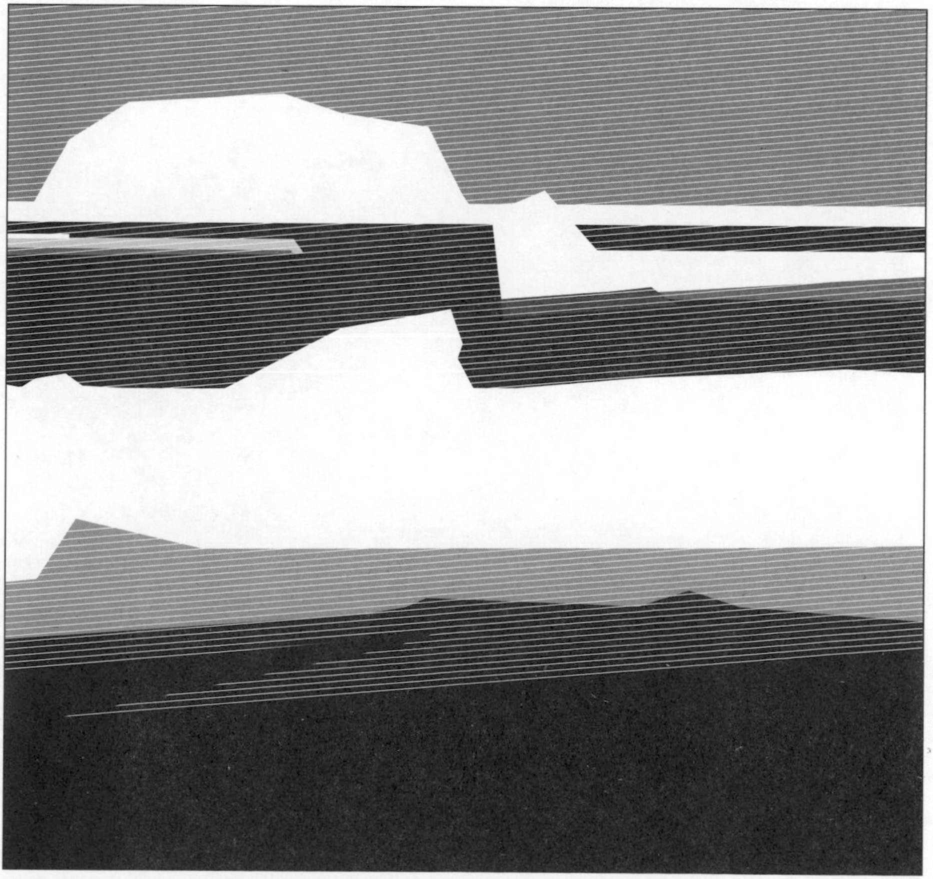

第一章

返回日內瓦後，日子一天天、一週週過去了，我卻遲遲無法鼓起勇氣展開工作。我擔心那惡魔會因為失望而出手報復，然而對於這項被迫接受的差事，我又克制不了心中的厭惡之情[1]。我發現，要製造一個女怪物，我必須再投入好幾個月功夫深入研究、認真鑽研。我聽說一位英國科學家得到了幾項新發現，這些知識對我的成功至關重要，因此，我有時動起念頭，希望徵得父親同意，讓我前往英國探索新知。不過，我總是找各種藉口一再拖延，遲疑不決，不願意擾亂漸漸恢復平靜的心靈。原先，我的健康一天天惡化，不過如今已大致復原；而且，只要不想起那個討厭的承諾，我的精神狀態也跟著振奮了許多。父親歡喜地看著我的變化，開始思索澈底拔除我

1 維克多和他的對話者華頓似乎都認為，勇氣是人類身上比較機械性的特質之一，某些低等動物也具有勇氣。「勇敢」是達成目的的手段，並不值得欽羨。若非如此，維克多無疑會更佩服他造出來的科學怪人，而華頓也會從他在聖彼得堡雇用的那些大無畏的水手當中找到朋友。推動本書情節步步開展的，正是維克多的缺乏勇氣。他的作為與不作為，都是受到恐懼、嫌惡或憤怒的驅策，而不是出於勇氣。如果他當初勇敢地面對實驗的結果，後來能免掉多少痛苦和哀傷？（Sean A. Hays註）

的憂傷的最佳方法；我還是會偶爾突然陷入憂鬱，就像一團厚重的烏雲，遮蔽了所有陽光。這些時候，我會找個幽靜的地方躲起來，一連幾天獨自在湖上泛舟，凝望天上的浮雲，聆聽湖面的漣漪，懶洋洋地不發一語。不過，清新的空氣和燦爛的陽光總能讓我稍微恢復平靜，回家以後，面對家人的問候，我也比較能以愉快的心情笑臉相迎。

就在一次這樣的漫遊返家以後，父親把我叫到一旁，對我這麼說——

「親愛的孩子，我很高興地發現你已重拾過去的愛好，逐漸恢復原來的模樣。不過，你還是不快樂，還是在迴避我們。有段時間，我一直琢磨不出箇中原因，但是，我昨天突然有了一個想法，如果這個想法屬實，我懇求你坦白承認。隱瞞這件事非但徒勞無益，還會給全家人帶來加倍的痛苦。」

聽了父親的開場白，我不禁渾身劇烈顫抖。父親繼續說道——

「孩子，我得承認，我一直盼望你跟表妹成親，這樣既可以維繫家庭和樂，也可以讓我安享晚年，多活些日子。你們倆自幼情投意合，一起讀書學習，在性情和嗜好上也完全契合。但是，人的經驗是如此盲目，我本以為最有益於實現心願的行動，到頭來反而可能誤了大事。你或許把她當成妹妹，無意娶她為妻。不僅如此，你或許還遇到了令你心儀的另一個女孩，卻因為必須為你的表妹負起道義上的責任而陷入掙扎，導致你現在痛苦萬分。」

「親愛的父親，請您放心。我打心底深愛著表妹。我從未遇到任何女人能像伊麗莎白那樣激起我最強烈的愛慕與感情。我未來的希望與前途，完全寄託在我們倆的結合上。」

「親愛的維克多，你對這件事情的情感表達令我寬慰，我已經好久沒有這樣高興了。既然你這麼想，那麼不管眼前出現怎樣的陰霾，我們終究會快樂起來。不過，我希望消除的，正是這片似乎在你心上揮之不去的陰霾。所以，告訴我，你是否反對立刻為你們舉辦一場隆重的婚禮？我們遭遇了不幸，最近發生的事情，使我們失去了我這麼一個日薄西山的老人該有的日常寧靜。你還年輕，又擁有一筆可觀的家產，因此我認為，早婚完全不會阻礙你日後功成名就。不過，千萬別以為我想左右你的幸福，也不要以為延遲結婚會令我心神不寧。別曲解我的話，然後給我一個可信且誠實的答案。」

我默默聽完父親的話，一時不知如何作答。無數思緒在我腦子裡飛快旋轉，亟欲得出結論。天啊！立即跟表妹成親的想法真令我害怕又沮喪。我被一個重大的承諾束縛住了，我還沒有兌現承諾，也不敢失信毀約；如果我食言，我和我深愛的家人將面臨怎樣的悲慘境遇？如此沉重的負荷掛在我的肩頭，把我壓得趴在地上，我怎能帶著這樣的重擔走進婚禮現場？我必須履行我的承諾，讓那怪物帶著他的伴侶離開，然後才能享受婚姻的快樂，從中得到寧靜。

我同時想起，我必須前往英國，或者跟那裡的科學家展開長期通訊連繫，因為我目前的工作，非仰賴他們的知識與發現不可。如果靠通訊獲取我渴望的新知，這種做法不僅耽誤時間，也很難令人滿意。況且，我樂於接受任何改變；我很開心地思考離開家人一兩年時間，換換環境與各種消遣，這段期間或許會發生什麼事情，使我最終平靜而快樂地重回他們身邊：我或許會兌現承諾，那怪物因而離開；或者，他說不定會死於什麼意外，使我澈底脫離苦海，永絕後患。

這些心情左右了我對父親提出的答案。我表達了想去英國的願望，不過隱藏了背後的真正原因，佯稱在家鄉落地生根以前，我希望能到處旅行，看看這個世界。

我認真地提出請求，輕而易舉取得父親的同意，因為天底下沒有哪一個父親比他更寬容、更民主了。行程很快安排妥當。我將前往史特拉斯堡，在那裡跟克萊瓦爾會合；我們將在荷蘭的幾個小鎮短暫逗留，然後前往英國度過大部分時間，最後取道法國返鄉。我們商量好了，這次旅行將為期兩年。

父親很高興地想著，我一返回日內瓦就會立刻跟伊麗莎白成親。「兩年很快就會過去，」他說，「那將是導致婚期延宕的最後一項阻礙。的確，我迫不及待等著那一天到來，我們一家團圓，再也不會出現任何希望或恐懼來破壞平靜的家庭生活。」

「我很滿意您的安排，」我回答，「到時候我們都將變得更睿智，我希望也會比現在更快樂。」我嘆了一口氣，但父親體貼地按捺住心中的疑惑，沒有繼續追問我為什麼悶悶不樂。他希望新的環境和旅遊消遣能幫助我恢復寧靜。

我開始為旅途做準備，但是總有一股感覺縈繞不去，使我充滿恐懼與焦慮。在我離家期間，我的家人渾然不知有個敵人存在，我的離開說不定會激怒那惡魔，使我的家人在毫無保護的情況下遭受他攻擊。不過，他曾立誓會如影隨形地跟著我，那麼，他難道不會跟著我去英國？這個想法令我毛骨悚然，但一想到這麼一來我的家人就安全了，我也不禁感到寬慰。我很擔心情況有可能恰恰相反；在我受怪物奴役的這段期間，我始終聽任自己憑一時衝動行事[2]，而我現在強烈覺得那魔鬼會跟蹤我，我的家人不會有遭他暗算的危險。

我在八月下旬出發，展開為期兩年的自我放逐。伊麗莎白接受我遠行的理由，只是很遺憾自己沒有同樣機會去拓展視野、增廣見聞[3]。然而，道別的時候，她淚流滿面地懇求我務必恢復快樂與平靜，早日而歸。「你是我們全家人的支柱，」她說，「如果你鬱鬱寡歡，我們的心情又怎麼好得起來？」

我一頭鑽進即將載我遠行的馬車，幾乎忘了自己要去向何方，也對窗外掠過的風景漫不經心。我只記得——這件事情想起來真叫人痛苦萬分——吩咐下人把我的化學儀器打包帶上：因為我打算在海外實現我的諾言，可能的話，歸來時重獲自由之身。陰鬱晦暗的情節在我腦中不停打轉，儘管沿途經過無數壯麗的風景，我卻兩眼呆滯，視而不見，一心只想著此行的目的，以及我即將在這段期間從事的工作。

2 在奴役之下，維克多失去了透過問題進行推理的能力，因而「聽任自己憑一時衝動行事」。他在自己身上看到了這種現象——一個人的社會地位和人際關係塑造了他的能力——但並未澈底進行反思，並依此改變他對科學怪人的看法。（David H. Guston 註）

3 瑪麗很可能透過這段話反射她自身的處境，以及她陷入的社會壓力重圍。理論上，伊麗莎白可以伴隨她的情人出遊（如同瑪麗與珀西私奔），但現實上，她作為阿方斯家女主人的責任，以及她出身布爾喬亞階級的教養，使得這項選擇根本不可能實現。其他合乎邏輯的方案——例如，伊麗莎白可以向維克多提議先舉行婚禮，然後一起旅行度蜜月——也同樣基於社會因素而不可能實現。（David H. Guston 註）

我就這樣渾渾噩噩過了幾天，長途跋涉之後，終於抵達史特拉斯堡，在那兒待了兩天等候克萊瓦爾到來。他來了。天哪，我和他的對比多麼鮮明！每一道新的風景都讓他興致勃勃；他喜悅地望著落日的美景，而看到朝陽升起、新的一天降臨，他更是歡欣鼓舞。他指著我觀賞變化萬千的色彩，以及天空的諸多樣貌。「這就是活著的滋味，」他呼喊著，「我多麼熱愛生活！可是你，我親愛的法蘭肯斯坦，你為什麼這樣垂頭喪氣、愁眉不展？」的確，我滿腦子愁緒，既看不見昏星西沉，也看不見倒映在萊茵河上的金色晨曦——而你，我的朋友，閱讀克萊瓦爾的日記肯定會比聆聽我的追憶有趣得多，因為他是用充滿感情與喜悅的目光觀賞風景，而我是個被詛咒纏身的倒楣鬼，一切賞心樂事都跟我無緣。

我們說好從史特拉斯堡搭小船，順著萊茵河下行至鹿特丹，到那裡再換大船去倫敦。航程中，我們途經許多座垂柳搖曳的小島和風景優美的城鎮。我們在曼海姆待了一天，而在離開史特拉斯堡的第五天抵達美因茲。過了美因茲，萊茵河沿岸的風景更是如詩如畫。河流的走勢急速下降，在山間蜿蜒而過。這幾座山雖然不高，卻十分陡峭，姿態秀麗。我們見到許多古堡的殘垣矗立在懸崖邊上，周圍是黑黝黝的樹林，高不可及。的確，這一段的萊茵河千姿百態，氣象萬千，你一會兒見到崎嶇的山嶺，頹圮的城堡俯瞰著危崖峭壁，深不見底的萊茵河在山下奔流；忽然間轉了個彎，映入眼簾的是茂美的葡萄園、青翠的堤岸、一條彎彎曲曲的河流和人口稠密的城市。

這趟旅行正值葡萄豐收的季節，我們順流而下，聽到農人此起彼落的歌聲。即便像我這樣意志消沉、時時被愁緒擾亂心情的人，也感到陶然。我躺在船上，凝望萬里無雲的藍天，陶醉在很久未曾體會的寧靜中。如果連我的感受都已如此，誰能描繪亨利的心情呢？他感覺自己彷彿走進了仙境，享受著人間罕見的快樂。「我曾見過，」他說，「我們國家最美的景色，也曾遊覽琉森和烏里地區的各個湖泊；那兒的雪山幾乎筆直地聳立於水面之上，投下闃黑難測的陰影，若非那些蒼翠的小島用它們俏麗的景色紓解眼睛的壓力，那些暗影肯定會給人陰森、哀戚的印象。我見過暴風雨攪動湖水的景象；當時，狂風捲起層層巨浪，讓人聯想海上颳起龍捲風的畫面，洶湧的潮水瘋狂拍打著山腳，巨浪捲走了牧師夫婦，據說夜風暫歇的時候，還能在山腳下聽到他們垂死掙扎的聲音。我曾見過瓦萊州和沃州的高山，但是，維克多，這些國家比那些奇景更令我歡喜。瑞士的崇山峻嶺更雄偉奇特，但這條神聖河流的兩岸有一種無與倫比的魅力。看看那座聳立於峭壁之上的古堡，還有那個幾乎被綠蔭遮蔽的小島；再看看那群從葡萄園走出來的農人，以及半掩在山坳裡的小村莊。噢，居住在此並守護著這片土地的神靈，比起我國那些堆疊冰川或隱匿於渺遠山巔的神靈，想必更容易親近、更能與人類和諧共處。」

克萊瓦爾！我摯愛的朋友！即便此刻，記下你的話語、對你再三稱頌，仍令我心裡暖烘烘的。他是「自然之詩」[4]孕育的生命，他那顆敏銳的心，鍛造出他奔放熱情的想像力。他的靈魂盈溢著熾熱的情感，而他的友誼是如此堅貞而美好，世俗之人以為那種友誼只存在幻想中。不過即便如此，人類的情感共鳴不足以滿足他那顆渴切的心。對於大自然的美景，其他人只是抱以欣

---

4 取自利．亨特（Leigh Hunt）的長詩《里米尼的故事》（*Rimini*）。（瑪麗原註）

賞的眼光，他卻給予滿腔熱愛：

> 轟隆作響的瀑布，
> 像一股激情，令他魂縈夢牽：那巨石，
> 那高山，以及那幽深的森林，
> 它們的色彩和形貌，都曾經是他的
> 欲望、情愫與愛戀，
> 不必靠思想提供更縹緲的魅力，
> 也無須眼見以外的
> 任何趣味。[5]

而他如今何在？這個溫和可親的人真的與世長辭了嗎？他的心靈充滿了源源不絕的想法和豐富壯闊的想像，打造了一個與其創造者的生命共存亡的世界——這顆心靈已經殞滅了嗎？它如今是否只存在我的記憶中？不，不是這樣的。你那精雕細琢、美得耀眼的軀體雖然已經腐朽，但你的靈魂仍時時前來看望並安慰你那不幸的朋友。

請原諒我一時悲傷難抑；這些徒勞無益的話，只是在對亨利無可比擬的價值略表敬意，不過，這些話撫慰了我這顆因思念他而愀然傷痛的心。我這就繼續說我的故事。

過了科隆，我們進入荷蘭的平原地帶。我們決定改乘馬車走完剩下的路程，因為我們將逆風而行，而河水的流速又過於和緩，無助於航行。

這段行程少了美景帶來的興味，幸好我們幾天後就抵達鹿特丹，從那兒走海路前往英國。九月下旬一個清朗的早晨，我初次見到不列顛的白色斷崖。泰晤士河的兩岸帶給我嶄新的風光，一片平疇沃野，幾乎每一個城鎮都有屬於自己的一段故事。我們見到提爾伯利堡，想起了西班牙的無敵艦隊；也見到了格雷夫森德、伍利奇和格林威治，我還在國內就已聽過這些地方的大名。

終於，我們見到了倫敦城內不計其數的教堂尖塔（包括最巍峨壯觀的聖保羅教堂），以及在英國歷史上聲名赫赫的倫敦塔。

5 華茲華斯的《亭潭寺》（*Tintern Abbey*）（瑪麗原註）。

第二章

我們此刻落腳倫敦，並決定在這座令人驚嘆的著名城市停留幾個月。克萊瓦爾渴望與當代鼎盛一時的才子交往，然而，這對我來說是次要目的；我主要忙著透過各種方法獲得實現諾言所需的研究資料，並且很快把我帶來的幾封介紹信派上用場，和幾位最傑出的自然哲學家取得了連繫[6]。

如果這次旅行發生在我無憂無慮的學生時代，那它必定會帶給我難以言喻的快樂。可是如今，我的生命蒙上了一層陰影，我之所以拜訪這些人，只是為了在我深刻關切的主題上，取得他們可能給予的相關資料罷了。我厭惡往來酬酢；獨處時，我可以在腦子裡裝滿天地之間的美景；亨利的聲音撫慰著我，因此，我可以暫時欺騙自己，得到瞬間的安寧。但是，那些愛管閒事、令人厭煩的笑臉，卻讓我的心重新陷入絕望。我看到我和其他人之間有一道不可逾越的障礙；這道障礙是用威廉和潔絲汀的血砌成的，每當我想起與這兩個名字有關的事件，我便心如刀割，肝腸寸斷。

不過在克萊瓦爾身上，我看到了從前的自己。他勤學好問，急於豐富自己的閱歷與知識。在他眼中，不同的風土民情是獲取新知與歡樂的泉源，取之不盡，用之不竭。他總是忙個不停，唯一使他難過的，就是看到我那憂傷消沉的模樣。我想盡辦法掩飾心情，以免阻礙他享受一個剛剛踏入嶄新生活、不受任何煩惱與痛苦回憶折磨的人應有的快樂。我常常藉口另外有約，婉拒陪他出門，以便得到機會獨處。我現在也開始蒐集創造新作品所需的材料，這項工作對我而言，猶如不斷被雨滴打在頭上那般折磨人。每次為這件事情花心思，就為我帶來極大的痛苦，每次提起暗指這件事情的話語，我就雙唇顫抖、心臟怦怦亂跳。

在倫敦待了幾個月後，我們收到一位蘇格蘭朋友的來信；他之前曾到日內瓦拜訪我們。他在信中提起他家鄉的美麗風光，然後問我們，他描述的景色是否足以引誘我們不遠千里北上，到他居住的伯斯市旅遊。克萊瓦爾迫不及待想接受邀請，而我雖然厭惡社交，卻也渴望再度一覽山川之美，以及大自然用以妝點她的特選之地的種種奇觀美景。

我們是在十月初抵達英國的，而現在已經二月了。於是，我們決定下個月底啟程北上。這次遠征，我們不想沿大路去愛丁堡，而是打算去探訪溫莎、牛津、馬特洛克以及坎伯蘭湖區，預定七月底結束行程。我把我的化學儀器和蒐集到的材料打包裝好，決心在蘇格蘭北部高地的某個隱

---

6 當代最傑出的自然哲學家，包括瑪麗的父親威廉．戈德溫經常向他徵詢科學建議的威廉．尼科爾森（1753-1815），以及即將在瑪麗書寫《科學怪人》的年代名震倫敦和科學界的年輕化學家漢弗里．戴維（1778-1829）。瑪麗小時候，戴維經常作客戈德溫家中，也參與了戈德溫與詩人柯立芝持續進行的一段重要對話，討論科學、創造與詩歌之間的關係。（Ed Finn註）

密角落完成我的這件苦差事。

三月二十七日，我們離開倫敦，在溫莎停留了幾天，徜徉在那裡的美麗森林。對於我們這些山裡人來說，這裡的景色很新鮮：參天的橡樹、豐富的獵物，還有一群群姿態端莊的野鹿，這一切全都令我們耳目一新。

我們接著前往牛津。一踏進這座城市，一個半世紀以前在此發生的一連串事件立刻盤據我們的腦海。查理一世就是在這裡集結了他的兵力。當舉國上下背棄他的奮鬥目標、紛紛站到國會與自由的旗幟之下，這座城市依然效忠於他，不離不棄。有關這位不幸的國王及其臣子、親切的福克蘭、蠻橫的戈林、他的王后與王子等人的往事，在在為他們可能居住過的每一個角落增添了獨特的趣味。舊時代的精神常駐於此，我們欣然循著它的足跡尋幽訪勝。就算懷古之情未能滿足我們的想像力，這座城市本身的美景也足以令我們傾倒。幾座大學院舍歷史悠久、風景如畫，街道堪稱莊嚴壯麗，秀麗的伊希斯河依城而過，穿越青翠如茵的草地，開展成一片平靜寬闊的水域，映照著被古木環抱的巍峨的塔樓、尖塔和圓頂。

我享受著美景，但是一想起往事或思索未來，我的喜悅又摻雜了苦味。我生性喜愛平靜的幸福。年少時候，我從不曾感到不滿，就算有時難忍厭倦，只要看一看大自然的美景、讀一讀人們的偉大傑作，我又會變得興致勃勃、心情開朗。但是如今，我是一棵遭到雷殛的樹，閃電貫穿了我的靈魂；我當時覺得，我應該活下去，向人們展示我很快就能擺脫的那副模樣——一個被蹂躪了人性的可憐蟲，受別人憐憫、令自己厭惡。

我們在牛津逗留許久，時時漫步於郊區，試圖找出可能與英國歷史上最輝煌時期有關的每一個遺址。我們的小小探索之旅，常常因途中接連出現的景物而延長。我們探訪了赫赫有名的漢普頓將軍的陵墓，以及這位愛國者為國捐軀的戰場。我的靈魂一時從卑微而可悲的恐懼得到了昇華，思索著自由與自我犧牲的神聖理念；眼前的景物，就是這些偉大情操的紀念碑。那一瞬間，我大膽地甩開枷鎖，帶著自由與崇高的精神四處張望，然而這鐵鍊已嵌進我的肌理，我渾身顫抖，絕望地再度跌入悲慘的自我。

我們依依不捨地離開牛津，繼續前往下一站——馬特洛克。這個村落四周的田園景色酷似瑞士的風光，只不過每個景觀都低矮一些，而且青翠的山嶺少了阿爾卑斯山的白色峰頂在遠方映襯；在我的家鄉，那白色峰頂始終照看著松木林立的群山。我們遊覽了奇異的洞穴，也參觀了有關自然歷史的幾個小展覽館；館中展示珍品的方式，跟瑟沃克斯與夏慕尼等地的展覽館一模一樣。當亨利說出夏慕尼這個地名，我不禁打起哆嗦，於是匆匆離開令我想起那可怕一幕的馬特洛克。

我們從德比繼續北上，在坎伯蘭和威斯特摩蘭度過兩個月時光。這時，我幾乎以為自己置身瑞士山間。那殘留在山脈北側的一塊塊積雪、那一座座湖泊，以及在岩石間奔流的山澗，在我眼中全都顯得那麼熟悉、那麼親切。我們在這裡也結識了幾個朋友；他們幾乎哄得我忘記憂傷，開心起來。克萊瓦爾比我更快活；他因為跟文人才子交往而開闊了眼界，比起跟才能不及他的人相處時，他發現自己擁有更大的才能與天賦。「我可以在這裡度過一輩子，」他對我說，「而且置身這些山嶺之間，我應該不會思念瑞士和萊茵河的風光。」

但是他發現，旅人的生活縱然歡樂，卻也包含了許多痛苦。他的情緒始終飽滿得像一根拉緊的弦，而當他開始平靜下來，卻發現自己不得不離開讓他怡然自得的地方，去追求另一個能引起他注意的新事物，然後再為了其他新奇事物而拋棄前一個目標。

我們還沒來得及遊遍坎伯蘭和威斯特摩蘭的大小湖泊、和當地居民建立感情，跟蘇格蘭朋友約好的日期就快到了。於是，我們離開這裡，繼續旅行。我自己並不覺得遺憾。我已有一段時間對我承諾的事情不聞不問，因此擔心引發惡魔不滿，導致不堪設想的後果。他也許還留在瑞士，向我的親人展開報復。在我原本可以得空休息、獲得平靜的時刻，這個念頭就會跑出來糾纏我、折磨我。我心急如焚地等待家書：如果信來晚了，我便心慌意亂，惴惴不安；等信寄到了，我看見伊麗莎白或我父親的落款，卻又鼓不起勇氣拆信閱讀、面對我的命運。有時候，我覺得魔鬼尾隨在我身後，有可能對我的旅伴痛下殺手，藉此催促我加快速度。當這些念頭占據我的心，我便一刻也不離開亨利，如影隨形地跟著他、保護他，以免他在惡魔無端的憤怒下慘遭殺害。我覺得自己彷彿犯下了滔天大罪；這樣的想法在我心裡縈繞不去。我是無辜的，但我確實為自己引來了可怕的災禍，就跟犯罪一樣致命[7]。

我意興闌珊地遊覽愛丁堡，然而，這座城市原本應該能讓天底下最不幸的人都感到興致勃勃。對克萊瓦爾而言，這座城市不及牛津討喜，因為後者的古色古香更能觸動他的心。不過，愛丁堡這座新市鎮的優美與整齊劃一、它那浪漫的城堡，還有包括亞瑟王座、聖伯納之泉和朋特蘭丘陵等舉世無雙的郊區名勝，為他彌補了告別牛津的遺憾，讓他心中充滿歡喜與欽羨。但是我卻急著想趕緊抵達此行的終點。

一星期後，我們離開了愛丁堡，途經庫珀、聖安德魯斯，再沿泰河前往伯斯，我們的朋友正在那兒等待我們。不過，我根本沒心情跟陌生人談笑，也無法秉持為客之道，開開心心地接受主人款待。因此，我告訴克萊瓦爾，我希望獨自一人遊覽蘇格蘭。「你好好去玩，」我說，「我們過一陣子在這裡會合。我可能會離開一、兩個月，但是我懇求你別管我，讓我一個人靜靜地過一段日子。希望我回來時，心情會輕鬆一點，能跟你的性情更相投。」

亨利本想勸我打消念頭，可是他見我心意已決，也就不再表示異議。他懇求我經常寫信。「我寧可陪著你孤獨地漫遊，」他說，「勝過跟這群素昧平生的蘇格蘭人共處。所以，我親愛的朋友，早一點回來，這樣我才能再次安然自得；你不在身邊，我是不可能感到自在的。」

和好友分手後，我決定在蘇格蘭找個偏僻的地方，悄悄地獨自完成工作。我毫不懷疑那怪物一直暗中跟著我，等我一完工，他就會出現在我面前，把他的伴侶帶走。

我抱著這個打算橫越北部高地，最後選中奧克尼群島最偏遠的一個小島作為我的工作地點。

---

7 維克多表達出他的矛盾心情。他為他覺得自己犯下的罪而良心不安，卻又供稱自己是清白的——與潔絲汀的蒙冤認罪形成了諷刺的對比。某種程度上，這段話表達了良心並非可靠的行為指標。情感是否更適合作為道德審查的依據？（Joel Gereboff註）

那地方很適合幹這件事，它比一塊礁岩大不了多少，海浪不斷拍打地勢較高的坡面。島上土壤貧瘠，幾乎長不出草來餵養幾頭瘦弱的牛，也種不出足夠的燕麥供當地居民餬口。居民一共五個人，個個骨瘦如柴，可見他們的日子過得多麼辛苦。當他們想吃點蔬菜、麵包這類奢侈品，甚至可飲用的淡水，都得從大約五英里外的大陸運過來。

整座島上只有三間破爛的茅屋，我來到這裡的時候，有一間是空著的，我就租下來了。屋裡只有兩個房間，別無長物，房間顯得又髒又破，窮到了極點。茅草屋頂已經塌陷，牆上沒有塗灰泥，房門的鉸鏈也鬆脫了。我找人修理了房子，買了一些家具，然後住了下來。若不是島上居民早已被赤貧生活麻痺了所有感覺，我做的這件事情肯定會引起他們驚異。就這樣，我安安靜靜住下來了，沒有人對我多看一眼，也沒有人來打擾我的生活。就連我送給他們一點點食物和衣服，也幾乎聽不到一句感謝的話；苦難甚至把人們最粗糙的感覺都磨鈍了。

在這僻靜的地方，我每天上午認真工作，到了傍晚，只要天氣允許，我就去布滿石頭的海灘散步，聆聽洶湧的海潮往我腳邊撲來的聲音。這裡的景色雖然單調，卻又變化無常。我想起了瑞士；那裡的風光與這荒涼而令人生畏的景色有著天壤之別。瑞士的山坡上長滿了葡萄藤，平原上一棟棟屋舍櫛比鱗次。美麗的湖泊映照出溫柔的藍天，即便被風吹皺了湖面，湖上漾起的漣漪和大海的狂濤相比，也只是像個活潑的嬰兒在嬉鬧而已。

剛到島上的時候，我就是這樣分配時間的，然而一天天過去，這件工作卻越來越讓我心生畏懼與厭惡。有時候，我一連幾天都沒辦法說服自己走進實驗室；有時候，我又為了早日完成工作而沒日沒夜地埋頭苦幹。我投入的確實是一件骯髒的工作。在第一次的實驗過程中，我被一股狂熱的衝勁蒙蔽了雙眼，沒看到我做的事情有多麼恐怖，一心只想著最後成果，對我採用的可怕手段完全視若無睹。但是現在，我帶著冰冷的心工作，因此常常對自己做出來的東西感到無比噁心。

身居此地，幹著最可憎的勾當，完全與世隔絕，沒有任何事情能將我的注意力從眼前的工作稍微分散開來，我的精神漸漸失去平衡，越來越心浮氣躁、緊張不安。我時時刻刻擔心碰上我那冤親債主，有時兀自坐著，兩眼直愣愣地盯著地面，生怕一抬眼就會見到我最害怕看見的東西。我不敢跑到島民看不到的地方遊蕩，唯恐他趁我落單的時候，跑過來向我索求他的女伴。

與此同時，我持續工作，獲得了很大的進展。我如坐針氈，熱切地期盼趕緊完工交差；我不敢質疑心中的希望，但這份希望夾雜著隱約的不祥預感，使我的心揪成一團，倍感厭倦。

第三章

一天傍晚，我坐在實驗室裡。夕陽已經落下，月亮剛剛從海平面升起。由於光線不足，我無法繼續工作，於是無所事事地坐著，考慮今晚是否乾脆收工，還是應該全神貫注，一鼓作氣完成這件作品。我就那麼坐著，一連串思緒浮上心頭，促使我仔細思量我現在的所作所為會導致怎樣的後果。三年前，我幹著同樣的工作，結果創造出一個無比凶殘的魔鬼，使我的心陷入絕望，充滿無盡的痛苦悔恨。現在，我即將造出另一個怪物，她會有怎樣的性情脾氣，我同樣一無所知；她說不定比她的伴侶惡毒成千上萬倍，而且純粹為了取樂而逞凶作惡。她的伴侶曾發誓要遠離人群，藏匿於荒野之中，但她沒有立過這樣的誓言。她很可能會思考、有理性，因此拒絕遵守別人在她被創造出來之前訂的契約。他們甚至可能互相憎恨；那個已出世的怪物一直痛恨自己的醜惡外表，如果眼前出現一個跟他一樣醜惡的異性，他會不會對這樣的殘缺生出更深的怨恨？她也有可能嫌棄他，轉而喜愛俊美的男人。她說不定會離開他，使他再度陷入孤單，讓他因為被自己的同類拋棄而受到刺激，凶性大發[8]。

即使他們離開歐洲，到新世界的荒野之地生活，那惡魔渴望感情的結果，首先產生的就是孩子。一支邪惡的種族將在地球上繁衍生息，使人類的生存陷入岌岌可危、充滿恐懼的狀態。我有權利為了自己的利益，導致世世代代的人類後患無窮嗎？我之前曾被我創造的那個怪物的詭辯打動，也曾被他惡狠狠的威脅嚇得失去理智，但是現在，我第一次意識到我許下的承諾是那麼邪惡；一想到我將遭到千秋萬世的咒罵，譴責我為了一己的安寧不惜以全人類的生存為代價，我就不由得全身顫抖[9]。

我感到不寒而慄，心臟幾乎停止跳動。就在這時，我驀然抬頭，藉著月光，看見那惡魔就站

---

8 身為女性主義先驅瑪麗・吳爾史東克拉芙特之女，瑪麗切身感受到女性的「他者」身分帶來的痛苦。男性主宰世界，因此不論在哲學、科學或政治體系中，「自我」概念中的「自我」幾乎清一色是男性。在最好的情況下，女性的經驗被視為無關宏旨，而在最糟的情況下，則被視為荒謬而可怕。因此，當維克多想像他的新作品——一個「會思考、有理性」的女怪物——堅持己見、不順從科學怪人的意願時，瑪麗找到方法偷偷將女性視角轉變成男性可以接受的觀點，這一點特別可喜。維克多也被迫站在科學怪人的角度，想像他第一次迎接「同類」的目光。當維克多想像兩個怪物初次注視對方，他想起了沙特的經典論點——人類是在初次見到「他者」的眼光時認識了自我。沙特在《存在與虛無》（*Being and Nothingness*；[1943] 2012）中主張，在被他者認可之前，我們不會擁有自我；他者的存在，令我們同時得以見到自我的「他者性」和他者的「本體性」。照維克多的性格，他根本無法想像這兩個怪物會擁有自我。因此他認為他們會互相「嫌棄」，而不是在彼此眼中看見同情。（Annalee Newitz 註）

9 念及一切未知狀況以及科學怪人的未來伴侶有可能犯下的惡行，維克多想了各種可能性，於是決定不繼續完成工作。維克多也許高估了自己的創造力量，此刻，他承認他的自私有可能導致全人類滅亡。儘管某些情緒是很可靠的行為指引，但是依循私欲行事從來不是個好主意，因為自私只會導致毀滅，不論是毀滅自己或毀滅他人。（Joel Gereboff 註）

在窗口。當我坐在那裡，設法完成他強加給我的任務，他一直盯著我，齜牙咧嘴地笑著，面目猙獰。沒錯，他果然一路跟著我。他肯定曾徘徊森林裡、躲進洞穴，或者藏身在石楠叢生的荒野中。現在，他前來查看我的工作進度，督促我兌現承諾。

我看著他的時候，他露出無比凶惡與奸詐的表情。想到我竟然答應再造一個和他一樣的怪物，我就覺得自己簡直瘋了，於是激動得渾身發抖，一把抓起我正在做的東西，把它撕個粉碎。那怪物把他的幸福寄託在這個即將出世的生命，此刻見我毀掉她，立刻發出一聲充滿絕望與仇恨的怒吼，轉身離去。

我離開房間，鎖上房門，然後在心裡鄭重發誓，今後絕不會重拾這項工作。我雙腿發抖，踉蹌地回到自己的臥房。我孤身一人，身旁沒有人能替我排解憂愁，把我從最令人難受的夢魘中解救出來。

幾個小時過去了，我一直待在窗邊凝望大海。海面幾乎一動不動，因為風停了，萬物也都在月亮靜靜的凝視下酣然睡去。只有幾艘漁船點綴海面，偶有微風吹拂，送來漁夫們彼此呼叫的聲音。我感到四周一片寂靜，不過我並未察覺這份寂靜有多麼深沉，直到岸邊的一陣槳聲突然傳入耳中，我才猛然驚醒。有人在我的屋子附近上了岸。

幾分鐘後，我聽見大門吱嘎作響，彷彿有人正躡手躡腳地開門。我從頭到腳都在發抖；我有預感來的人是誰，心裡很想去叫醒住在不遠處的農人，但我渾身無力，動彈不得，就像經常在噩夢中體會到的那樣，當你急著想逃離迫在眉睫的危險，雙腳卻牢牢釘在地上，不聽使喚。

不久後，我聽見走廊上傳來一陣腳步聲；房門開了，我害怕的那個怪物出現眼前。他關上門，走向我，壓低聲音說——

「你毀掉了你已經開始動手的作品；你究竟是什麼意思？難道你膽敢出爾反爾，毀信背諾？我受盡千辛萬苦，跟著你離開瑞士，一路偷偷摸摸沿著萊茵河岸前進，穿過一個個柳樹成蔭的小島，翻越一座座山丘。我在英格蘭的荒野和蘇格蘭的不毛之地熬過好幾個月，飢寒交迫，疲憊不堪，而你竟敢毀掉我的希望？」

「滾開！我確實背棄了承諾；我絕不可能再造出一個和你一樣醜陋、邪惡的怪物。」

「你這奴才！我以前跟你講道理，但你已證明自己根本不配我客客氣氣地以禮相待。你別忘了，我非常強大。你以為你已經夠不幸了，但我會讓你更加悲慘，連見到陽光都會心生憎恨。你是我的創造者，但我是你的主人——你必須服從我的命令[10]！」

---

10 這段話蘊藏豐富涵義。首先，科學怪人持續以彌爾頓筆下撒旦的語氣說話，彷彿披著撒旦的外衣：「我以前跟你講道理」。這句話令人聯想起以賽亞的「來吧，我們來講講道理」(1. 18)——《失樂園》的撒旦語言中經常模仿的《聖經》口吻。其次，科學怪人聲稱他可以讓維克多活得更悲慘，顯示他對維克多的心理脈絡與社會關係知之甚詳，或許比維克多自己的了解更加細膩。第三，即便維克多勉強得到某種先見之明，並有能力從別人的角度看事情（尤其是站在女創造物的角度，見註6），科學怪人明白，他的肢體力量澈底改變了他們倆之間的動態。主人與奴隸之間的關係出現逆轉，始終是每個奴隸主心中的恐懼；這或許是這部小說在實行種族隔離制的南非被禁的原因，也說明了它為什麼會成為有關機器人與人工智慧的小說的靈感沃土。在此，維克多必定具備了某種生理勇氣才能起而對抗科學怪人，然而，他是否同樣具備道德勇氣？（David H. Guston 註）

「我的軟弱時刻已經過去，現在輪到你施展力量。你無法逼迫我去做傷天害理的事，相反的，你的威脅只會讓我更加堅定決心，絕不會替你造一個狼狽為奸的同伴。我豈能冷酷無情地把一個以行凶作惡為樂的惡魔縱放到這世上？滾吧！我心意已決，你的話只會增添我的怒火。」

那怪物看到我堅定的神色，無可奈何地氣得咬牙。「每個男人都可以找到貼心的妻子，」他大聲喊道，「每個動物都可以找到自己的配偶，為什麼我就得孤苦伶仃？我也有感情，但我的感情換來的卻是嫌棄與嘲笑。人啊！你盡可以恨我，但你要當心，你的日子將在恐怖與痛苦中度過，一道青天霹靂很快就會澈底摧毀你的幸福。當我匍匐在強烈的痛苦之下，又豈能讓你獨自快活？你可以摧毀我心中的一切感情，但是我的復仇之心永遠不會消失——從今以後，我會把復仇看得比陽光和食物更重要！我也許會死，但在那之前，我會先讓你這施虐的暴君，詛咒那顆對你的痛苦冷眼旁觀的太陽。你得小心了，我無所畏懼，所以力量強大。我會像狡猾的毒蛇那樣盯著你，伺機狠狠咬你一口。人啊，你會對你造成的傷害後悔莫及。」

「惡魔，住口！不要用這些惡毒的話弄髒了空氣。我已經向你表明決心，而我可不是會在威脅面前低頭的懦夫！走開，我絕不會動搖。」

「那好，我走。但是記住了，我會在你的新婚之夜來找你。」

我衝上前去，大聲喊道：「惡棍！在你取我性命之前，最好先小心自己的安全。」

我差點就抓住他了，可是他一閃身就猛然奪門而出。不一會兒，我看見他上了船，像箭矢一般劃過水面，很快就消失在浪花之間。

四周再度陷入寂靜，但他的話在我耳邊迴盪不已。我怒火中燒，恨不得去追那個破壞我的安寧的凶手，把他拋進汪洋大海中。我急躁地在房裡來回踱步，腦海裡浮現上千種恐怖畫面，讓我心亂如麻，五內俱焚。我為什麼沒去追他，跟他拚個你死我活？我竟然放他走，讓他朝大陸的方向前去。我顫抖地思索著，在他永不滿足的復仇計畫裡，誰會是他的下一個受害者？這時，我又想起他說的話——「我會在你的新婚之夜來找你」。這麼說來，我的命數將在新婚之夜走到盡頭。我會在那一刻死去；既然出了氣，他的怨念也將同時煙消雲散。我並不怕死，但是當我想起心愛的伊麗莎白——當她發現自己的心上人被如此殘暴地從身旁奪走，必定會淚流不止，哀痛逾恆——我好幾個月以來不曾流下的淚水，第一次撲簌簌地奪眶而出。於是我下定決心，沒有經過一番激烈拼鬥，我絕不會在敵人面前輕易倒下。

黑夜過去了，太陽自海面升起。我的心情平靜了一些——如果能把從盛怒轉為深深絕望的心情稱為平靜的話。我離開屋子，離開昨夜發生激烈爭吵的這個可怕場景，向海灘走去。我幾乎把大海視為我和其他人類之間一道不可逾越的障礙。唉，多希望這是真的。我渴望在這光禿禿的岩石上度過餘生。的確，這樣的生活很乏味，但不會被任何突如其來的打擊擾亂了平靜。如果我回去，若非失去生命，就是得眼睜睜看著摯愛的人慘死在我親手創造的惡魔魔掌下。

我像個不得安寧的遊魂，在島上躑躅徘徊，與所愛的一切分隔兩地，受盡分離的煎熬。到了中午，太陽升得更高了，我躺在草地上，忍不住睏意沉沉睡去。前一天，我徹夜未眠。我的情緒非常激動，雙眼因為維持警戒且傷心流淚而腫得通紅。這一覺讓我恢復了精神，醒來的時候，我覺得自己又像個人了，於是開始較為冷靜地思考昨晚發生的事。然而，魔鬼的話猶如喪鐘一般在我耳邊嗡嗡作響，那彷彿一場夢，卻又真實清晰得令人沉重。

太陽早已西下，我仍坐在海邊，拿一塊燕麥餅填補我那餓得發慌的飢腸。這時，一艘漁船在離我不遠的地方靠岸，船上的人遞給我一個包裹，裡面有從日內瓦寄來的家書，還有克萊瓦爾寫的一封信，懇求我盡快去找他。他說，離開瑞士迄今，將近一年過去了，我們還沒到法國一遊。因此，他請我早日離開這座孤島，一週後跟他在伯斯會合，一起安排接下來的行程。他的信或多或少把我拉回了現實，我決定兩天後離開小島。

然而離開之前，我還有一件事情得做。一想起這件事情，我就忍不住渾身顫抖——我必須把我的化學儀器打包收好，為此，我必須走進之前做那件恐怖差事的房間，親手收拾那些令我作嘔的器具。隔天破曉時分，我鼓起勇氣打開實驗室的門鎖。那具被我毀掉的半成品的殘肢散落一地，我幾乎以為自己真的把一個活生生的人大卸八塊。我停下來鎮定一下，然後走進屋裡，用顫抖的手把儀器抬到了屋外。不過我又想到，我不能把那具殘骸留在屋裡，以免引起村民的驚恐與懷疑。於是，我把這些殘肢肉塊裝進籃子裡，再壓上許多石頭，決定當晚就把它們扔進海裡。在此同時，我坐在海邊，忙著清洗、整理我的化學器具。

自從惡魔現身的那晚，我的心情出現了天翻地覆的變化。以前，我懷著陰鬱的絕望看待我答應惡魔的事，把它視為我必須實現的諾言，不論會引來怎樣的後果。可是現在，我覺得眼前彷彿揭去了一層薄翳，我第一次能看清一切。重新再幹那件事情的念頭，一刻也沒有在我腦子裡出現過。那些威脅的話沉沉地壓著我的心頭，但我從沒想過我可以主動做些什麼來避免災禍。我已暗自決定，再造出一個和先前一樣的惡魔，將是一件最卑鄙、最惡劣的自私之舉；我絕不允許自己出現任何想法導致不同的結論。

凌晨兩三點之間，月亮升起了，我把籃子抬到一條小船上，航行到離岸四英里的地方。四周一片孤寂，只有幾艘正往岸邊返航的小船。不過我避開了它們。我覺得自己即將犯下一起可怕的罪行，慌慌張張，心驚肉跳，唯恐被別人撞見。有一刻，原本清澈的明月突然被一片濃密的雲朵遮住，我趁著四周一片漆黑，趕緊把籃子投入海中。我聽著籃子咕嚕咕嚕地下沉，然後就揚帆離開了現場。這時，天空烏雲密布，空氣雖然還很清新，卻因為颳起了東北風而變得涼颼颼的。不過，這陣風吹得我神清氣爽，酣暢快意。我決定在海上多待一會兒，於是把船舵固定在直線位置，然後伸展四肢，躺在船上。烏雲遮住了月亮，天地間一片朦朧，我只聽得見船身破浪前行的聲音。淙淙的水聲催我入眠，沒多久，我便沉沉睡去。

我不知道自己這樣睡了多久，但是醒來時已日上三竿。風勢強勁，洶湧的海浪不斷威脅著小船的安危。我發現這陣風來自東北方，必定把我吹得遠離了原來的海岸。我努力改變航向，但很快發現，要是再這麼做，海水會立刻灌進船上。如此一來，我唯一能做的就是順著風勢前進。坦白說，我當時有一點害怕。我沒帶羅盤，而且對這一帶的地理環境所知無幾，沒辦法靠太陽指引方向。我也許會被吹到浩瀚的大西洋上，最後活活餓死，或者被周圍咆哮洶湧的巨浪吞沒。我已經出海好幾個小時，口乾舌燥，渴得難受，但這只是開頭，後面還有其他罪要受。我仰望天空，烏雲一朵接著一朵飄過。我俯瞰海面，那裡將是我的葬身之地。「魔鬼！」我呼喊著，「你要做的事已經了結了！」我想起伊麗莎白、我的父親和克萊瓦爾，然後陷入絕望而可怕的冥思，即便現在，這一幕即將在我眼前永遠消失，我一想起來仍不禁渾身戰慄。

幾個小時就這樣過去了。隨著夕陽落到地平線上，風勢逐漸減弱，成了徐徐的微風，海面也不再出現碎浪。不過，洶湧的海潮卻繼之而起，我頭暈目眩，幾乎抓不穩船舵。就在這時，我忽然看見南面有一道隆起的高地。

正當我體力透支，加上接連幾小時命懸一線而心力交瘁之際，這突如其來的生機像一股喜悅的暖流湧進我的心裡，使我忍不住熱淚盈眶。

人的感情真是變幻莫測！即便在痛苦的深淵中，我們仍對生命戀戀不捨，這樣的求生欲望多麼不可思議！我從衣服上撕下一塊布，做了另一張帆，急切地改變航向，朝陸地駛去。那片陸地看來荒無人煙，巨石嶙峋，但是隨著小船離岸邊越來越近，我一眼就看到了人們耕種的痕跡。我看見海岸附近有幾艘船隻，霎時覺得自己重新回到了文明世界。我忙不迭沿著蜿蜒的海岸線前進，過了許久，終於看見一座尖塔從一個小海岬後面冒出頭來，忍不住高聲歡呼。由於我極度虛弱，因此決定直接朝城鎮駛去，因為城裡最容易找到東西吃。幸好我身上帶了錢。繞過海岬後，我看見一個市容井然的小鎮，以及一座完善的港口。我把船駛進港。沒想到這次能死裡逃生，我高興得心臟怦怦亂跳。

正當我忙著拴牢小船、整理船帆時，許多人向我靠攏過來。對於我的出現，他們似乎非常驚訝，但是沒有人過來幫我，他們反而湊在一起竊竊私語，比手畫腳。要是別的時候，我肯定會對他們的反應提高警覺。事實上，我只注意到他們說的是英語，於是我用同一種語言對他們說話。「好心的朋友們，」我說，「你們能告訴我這座小鎮叫什麼名字，我現在在什麼地方嗎？」

「你很快就會知道了，」一個男人粗聲粗氣地回答，「你也許來到了一個不合你胃口的小鎮，但是我跟你保證，你接下來要住在什麼地方，可由不得你做主。」

一個陌生人竟如此出言不遜，我非常錯愕。看見他身旁每個人都眉頭緊蹙，面有怒色，我也大惑不解。「您為什麼對我這麼不客氣？」我問，「這想必不是英國人的待客之道吧。」

「我不知道英國人是怎麼待客的，」那人說，「但是愛爾蘭人就是這樣嫉惡如仇。」

在我們持續進行這場莫名其妙的對話時，我發現圍觀的群眾迅速增多。他們露出既好奇又憤怒的神色，這令我十分氣惱，也多了一些戒備。我詢問客棧的方向，但沒有人回答。我於是逕自往前走，這群人也圍繞著我，亦步亦趨，不時發出喃喃的議論聲。這時，一個長相凶惡的男人走過來拍拍我的肩膀說，「來吧，先生，你得跟我去柯溫先生那裡，交代一下你的情況。」

「柯溫先生是誰？我為什麼得交代自己的情況？這裡難道不是一個自由國家嗎？」

「欸，先生，對正派的人來說，這個國家夠自由了。柯溫先生是這裡的治安官。昨夜，我們發現有位紳士遭到殺害，你得對這起命案做出說明。」

這句回答令我矍然一驚，但我立刻恢復鎮定。我是清白的，這一點很容易得到證實。於是我默默跟著那人，被帶到鎮上最體面的一幢房子。我又餓又累，虛弱得隨時都可能倒下，但是被這麼一大群人圍著，我想我得強打起精神，這樣才是明智之舉，以免虛弱疲憊的模樣被人視為恐懼或心虛。我當時完全沒料到，一場災難即將排山倒海而來，讓我陷入恐怖與絕望之中，澈底打消我對恥辱與死亡的畏懼。

說到這裡，我得歇一會兒了，因為我得鼓起所有勇氣才能回憶接下來要說的那些可怕事件，對你娓娓道來。

第四章

我很快便被帶到治安官面前。他是個面容慈祥的老人，態度溫和而平靜。不過，他以略帶嚴厲的目光打量我，然後轉身面對帶我來的那些人，詢問誰是整起事件的目擊證人。

大約五、六個人走上前，治安官挑中其中一人。那人作證說，前一天晚上，他跟兒子及小舅子丹尼爾·紐金特一起出海捕魚。十點鐘左右，他們發現海上颳起強勁的北風，於是返航靠岸。由於月亮還沒升起，夜色一片漆黑。他們沒有把船停進港口，而是和平常一樣，停在往南兩英里外的一個小港灣裡。他拿著一些漁具走在前面，兩個同伴跟在後頭，離他不遠。他在沙灘上走著走著，突然被什麼東西絆了一下，整個人直挺挺地跌到地上。兩個同伴趕緊過來扶他。他們用提燈一照，發現他摔倒在一個男人身上，那人看來已經死了。他們起先猜測那是一位溺水者，死後被海浪沖上岸。可是仔細一看，他們發現那人的衣服是乾的，甚至連身體都還有餘溫。他們立刻把那人抬到附近的一個老太太家裡，想盡辦法搶救，可惜徒勞無功。死者是個英俊的年輕人，年紀在二十五歲上下。他顯然是被勒斃的，因為除了頸部的黑色指印外，他的身上沒有其他傷痕。

這段證詞的前半部完全無法引起我的興趣，但是當他提到頸部的指印，我想起弟弟遇害的情景，頓時激動難安。我手腳發抖，眼前一片模糊，不得不靠在一把椅子上，撐住身體。治安官用銳利的目光觀察我，從我的態度來看，他自然會得出不利於我的結論。

證人的兒子證實了父親的說詞，但是當丹尼爾．紐金特被叫上前，他信誓旦旦地說，就在他的同伴摔倒之前，他看見離岸不遠的地方有一艘小船，船上只有一個人；憑當時微弱的星光判斷，那就是我剛剛靠岸的同一艘船。

一名婦人作證說，她住在海灘附近，當時正站在家門口等待漁夫返航。在聽說出現了一具屍體的一個多小時前，她看見一艘船，船上只有一人；那人正要駕船離開後來發現屍體的那段海岸。

另一個婦人證實幾名漁夫曾把屍體抬到她的家中，當時屍骨還未寒。他們把他抬到床上，使勁搓揉，丹尼爾還跑到鎮上找藥劑師，可是早已回天乏術。

另外好幾個人被問到我上岸的事情。他們一致認為，由於昨晚颳起強勁的北風，我很可能逆風掙扎了好幾個小時，最後不得不折返，在和我出海地點相距不遠的地方上了岸。此外，他們認為我是從別處把屍體運過來的，而且由於我似乎不熟悉這段海岸，我進港的時候，可能渾然不知這座小鎮和我棄屍的地點之間有多長的距離。

柯溫先生聽完這些證詞，認為我應該被帶到停屍的房間，或許可以藉此觀察我見到屍體會有怎樣的反應。他可能是因為我剛才聽到凶手的作案手法顯得極為激動，才想出這個主意。於是，我被治安官和其他幾個人帶到了客棧。這個多事之夜竟然發生那麼多奇怪的巧合，我不由得一陣心驚。不過我知道，發現屍體的那個時間點前後，我跟我住的小島上的許多村民說過話，所以對於這件事情的結果，我心裡非常篤定。

我走進停屍的房間，被帶到靈柩前。我該如何描述我見到屍體時的心情啊？直到現在，我還心有餘悸，只要一回想那可怕的時刻，我就渾身發抖，痛苦不已；我認出死者時那痛不欲生的感受又在心裡隱隱作祟。當我見到亨利．克萊瓦爾了無氣息的軀體橫陳在我眼前，案件的審問、在場的治安官和其他證人，統統像一場夢境消失在我的記憶中。我大口喘著氣，撲到屍體上，哭喊著：「我最親愛的亨利，難道我那要命的祕密計畫也奪走了你的性命？我已經害死兩個人了，其他受害者也正在等著他們的宿命，但是你，克萊瓦爾，我的朋友，我的恩人……」

我的身體再也承受不住我遭受的強烈痛苦，不斷劇烈抽搐，最後被人抬出房間。

接著我就開始發燒，在床上躺了兩個月，徘徊在生死邊緣。我後來聽說，我臥病期間的胡言亂語非常嚇人。我自稱是害死威廉、潔絲汀和克萊瓦爾的凶手。有時候，我請求照顧我的人幫我毀掉那個折磨著我的魔鬼；還有些時候，我感覺那怪物的手指已經掐住我的脖子，因此驚恐地放聲尖叫。幸好，我是用我的母語說的，只有柯溫先生一個人能聽懂。不過，我的手勢和淒厲的叫聲足以嚇壞其他目擊者。

我為什麼沒死？我承受了無人能比的痛苦，為什麼不能就此遺忘一切，永遠安息？死神奪走了多少含苞待放的孩子，父母對他們百般疼愛，卻被奪走了唯一的希望；又有多少新婚愛侶和年輕戀人今天還朝氣蓬勃、滿懷憧憬，明天卻成了蛆蟲的食物，在墳塚裡腐爛！我究竟是什麼東西做的，竟然耐得住這麼多如轉動的車輪般不斷翻新花樣折磨我的輪番打擊？

但我注定得活下來。兩個月後，我彷彿做了一場夢之後醒過來了，卻發現自己身陷囹圄，直挺挺地躺在一張破床上，周圍只有獄卒、看守、門鎖，以及地牢中應有的一切恐怖器械。我記得自己這樣子清醒過來的時候是個早晨；我已不記得之前具體發生了什麼，只感覺自己好像突然被某種巨大的災難擊垮。但是當我環顧四周，看見鐵窗和我身處的這間骯髒破爛的屋子，一幕幕情景閃過我的記憶，我不禁痛苦地發出呻吟。

我的呻吟驚醒了在我旁邊椅子上打盹的一名老婦。她是一名獄卒的妻子，被雇來照顧我；她的表情寫滿了她那個階級特有的惡劣德性，臉部線條生硬而粗糙，正如那些看慣了痛苦場面而無動於衷的人。她說話的語氣，顯示她的內心冷若冰霜，對人漠不關心。她用英語對我說話，我好像在昏迷期間聽過這個聲音：

「你好些了嗎，先生？」她說。

我用同樣的語言虛弱地回答：「我想是吧。不過，如果這一切都是真的，如果我確實不是在作夢，那麼我很遺憾，竟然還得活著來感受這種種痛苦與戰慄。」

「那件事情嘛，」老婦人回答，「如果你指的是被你謀殺的那位紳士，那我覺得你還不如死了的好，因為我猜你會受到極刑，等到下一次開庭，你就會被問吊。不過，那不關我的事，我是被派來照顧你，讓你恢復健康的。我心安理得地盡自己的本分，問心無愧。要是每個人都能像我一樣，那就好了。」

我厭惡地轉身背對老婦人；對一個剛剛從死亡邊緣被救回來的人，她居然能說出如此冷酷無情的話。但我覺得渾身虛脫，無力去思考過去的種種變故。我這一生如夢一場，有時我懷疑那些經歷是不是真的，因為在我心裡，這一切從來不具有任何真實的力道。

當漂浮在我眼前的影像逐漸清晰，我也開始發起熱病，越來越躁動不安。黑暗從四面八方壓迫著我，身旁沒有人會用充滿愛意的輕聲細語來安慰我，也沒有人會伸出親切的手來扶持我。醫生來過，開了一些藥方，老婦人也替我備了藥；但前者明擺著馬馬虎虎、滿不在意，後者則面露惡狠狠的凶光。除了能賺幾個錢的劊子手，有誰會關心一個殺人凶手的命運？

這些是我一開始的想法，但是我很快得知，柯溫先生一直非常善待我。他叫人給我安排獄中最好的牢房（這裡雖然又破又舊，但確實是最好的了）；也是他派了醫生和護士來照顧我。的確，他很少來看我，因為儘管他熱切希望減輕每一個人的苦難，卻也不願意去聽殺人犯發出痛苦而可憐的胡言亂語。所以，雖然他偶爾會來看看，確保我沒有受到疏忽，但他每次來的時間都很短，而且間隔很長。

一天，當我漸漸恢復健康，我坐在椅子上，眼睛半開半合，臉色像死人一樣鐵青。我陷入憂鬱與悲傷，經常想著我寧可一死了之，也不願在這個充滿不幸的世界苟活下去。我一度想著是否該索性認罪，接受法律制裁，因為我還比不上可憐的潔絲汀那樣無辜。我正這麼想著，牢房的門突然開了，柯溫先生走了進來，臉上流露出憐憫與同情。他拉了一張椅子在我身邊坐下，然後用法語對我說——

「這地方恐怕讓你非常吃驚，我可以做些什麼使你更舒適一點嗎？」

「謝謝您，不過，您提到的這些事情，對我來說都沒有意義了。在這世上，我再也沒有辦法感到舒適。」

「我知道，對於像你這樣慘遭橫禍打擊的人來說，陌生人的同情沒有什麼安慰作用。但是，我希望你不久就能脫離這個悲慘的住處，因為證據將會輕易洗刷你的罪名，這一點無庸置疑。」

「那是我最不在意的事情了。我遭遇了一連串離奇事件，成了世界上最不幸的人。對於我這樣一個飽受迫害與折磨的人來說，死亡又算得了什麼？」

「的確，沒有什麼比最近發生的這些怪事更不幸、更令人痛苦的了。你在因緣巧合之下，被沖到了這個素以熱情好客聞名的海岸，卻立刻遭到拘捕，被控殺人。你第一眼見到的，就是朋友的屍體，事實上，他死得非常蹊蹺，而且屍體還被某個魔鬼放在你的必經之路上。」

柯溫先生說話的時候，我因為想起了往事而激動不已，但同時也感到吃驚，因為他似乎對我有一定的認識。我的臉上想必露出驚訝的神色，因為柯溫先生趕緊接著說——

「你病倒一兩天後，我才想起檢查你的衣服，說不定能從中找到一些線索，以便將你的不幸遭遇和生病的消息通知你的家人。我找到幾封信，其中一封從開頭來看，我發現是令尊寄來的。我立刻去函日內瓦，從我把信寄出去到現在，已經快兩個月了——哎呀，你還病著，甚至現在還在發抖呢，你不適合太過激動。」

「這樣子吊胃口比最可怕的事情還要糟糕一千倍。快告訴我，最近又有什麼死亡事件？我該為誰的遇難而傷心哀悼？」

「你的家人都安然無恙，」柯溫先生溫和地說，「而且有個人來看你，是你的一名親友。」

我不知道這個念頭是從哪一串思緒中冒出來的，但是它突然閃進我的腦海——一定是那凶手跑來嘲笑我的不幸，想用克萊瓦爾的死來刺激我，逼我滿足他的邪惡欲望。我捂住雙眼，痛苦地大喊——

「噢！把他趕走！我不能見他。看在老天的份上，別讓他進來！」

柯溫先生帶著不解的神情看著我。我這樣放聲吶喊，不由得令他推斷我有罪，因此用相當嚴厲的語氣說——

「年輕人，我原以為令尊的到來會令你開心，而不是引起如此強烈的反感。」

「我的父親！」我大喊一聲，全身上下的五官和肌肉都放鬆下來，從痛苦轉為喜悅。「我的父親真的來了嗎？太好了，真是太好了！可是他在哪裡？他為什麼不趕緊來看我？」

我的態度如此轉變，令治安官又驚又喜。他也許以為我剛才的大吼大叫是一時復發了癔症，於是立刻恢復原先的和藹可親。他站起來，跟護士一起離開房間。沒多久，我的父親走了進來。

在這一刻，沒有什麼事情能比父親的到來更令我快樂。我向他伸出雙手，大聲呼喊——

「這麼看來，您一切安好。那麼伊麗莎白和恩尼斯特呢？」

父親要我放心，再三保證他們過得很好，並且想方設法聊聊我感興趣的話題，好讓我振作精神。不過，他很快發現監獄不是個令人愉快的住所。「我的孩子，你住的這是什麼地方啊！」他哀傷地看著鐵窗和破爛的囚室說，「你出門旅行是為了尋找快樂，但是災難似乎緊跟著你。而可憐的克萊瓦爾——」

聽到我那不幸遇害的朋友名字，我激動不已，虛弱的身體再也承受不住，不禁潸然淚下。

「啊！是的，父親，」我回答道，「最可怕的命運懸在我頭上，我必須活著接受宿命，否則，我肯定早就死在克萊瓦爾的棺材上了。」

我們不被允許長時間交談，因為我的身體狀況還不穩定，有必要採取一切預防措施，確保我維持平靜。柯溫先生走進來，堅持說我不能過度勞累，以免體力透支。但是對我來說，父親的到來有如天使降臨，我漸漸恢復了健康。

我雖擺脫了病痛，卻陷入揮之不去的憂鬱與哀愁，眼前老是浮現克萊瓦爾遇害之後的蒼白面孔。這些回憶總讓我激動難安，不只一次讓我的親人擔心我會舊病復發。啊！他們何苦留下這麼一條可悲又可恨的生命？肯定是為了讓我完成我那已即將完結的宿命。噢，快了，死亡很快就會讓我的心臟停止跳動，讓我卸下那沉重的痛苦，一起歸於塵土；而在執行正義的同時，我也將得到安息。當時，儘管我時時刻刻想死，但死亡離我十分遙遠；我經常一連好幾個鐘頭呆呆坐著，不發一語，企盼發生一場重大變故，把我和我的仇人一同埋進廢墟之中。

巡迴法院的開庭日期快到了。我已經入獄三個月。儘管我還非常虛弱，而且病情隨時可能復發，但我不得不長途跋涉，前往將近一百英里外的縣城接受審判。柯溫先生自告奮勇，不遺餘力地為我尋找證人、安排辯護。由於此案沒有提交到決定生死的法庭審判，我免去了以罪犯身分當眾出庭的恥辱。由於證據顯示，我朋友的屍體被發現時，我還在奧克尼島上，大陪審團因此駁回了此案的起訴書。於是在抵達縣城的兩週後，我終於走出監獄，重獲自由。

父親見我洗清了罪名，又能呼吸到新鮮空氣、重返故土，簡直高興極了。可是我卻高興不起來，因為對我來說，地牢的四壁蕭索或宮殿的金碧輝煌，同樣令人討厭。生命之杯已被人永遠下了毒[11]。雖然陽光照耀著每一顆幸福快樂的心，也同樣照耀著我，可是當我舉目四望，卻只看見一片濃密而可怕的黑暗。沒有任何光線能穿透那層黑暗，除了一雙緊盯著我的目光。有時候，那是克萊瓦爾垂死時含情脈脈的雙眼，烏黑的眼球幾乎被眼皮和又長又黑的睫毛完全蓋住；有時候，那又像是怪物那雙混濁而濕潤的雙眼，正如我在英戈爾施塔特的房間裡第一次看到的那樣。

父親試圖喚醒我心中的愛。他聊起我即將返回的日內瓦，也聊起伊麗莎白和恩尼斯特，可是這些話只會引起我深切的呻吟。有時候，我確實渴望幸福，因此懷著憂傷的喜悅思念我心愛的表妹，或著帶著強烈的思鄉之情，盼望再次見到兒時那湛藍的湖泊和湍急的羅納河。不過，我一般處於麻木不仁的狀態，不論置身監獄或絕美的大自然，對我來說沒什麼兩樣。除了偶爾爆發強烈的痛苦與絕望，鮮少有事情會打破我的麻木狀態。在這些時候，我經常恨不得結束我憎恨的這條

---

11 維克多的痛苦腐蝕了他的身心，讓他以沾染成見色彩的眼光看待全世界，不論當下的處境如何。正如他的這段話，對他而言，「地牢的四壁蕭索或宮殿的金碧輝煌，同樣令人討厭」。鑑於維克多的「現實面」——他的「生命之杯」——深受他的個人痛苦與悲傷形塑，這個觀點不禁令人懷疑「客觀現實」是否真的存在。（Nicole Piemonte 註）

生命，必須有人日夜守護我，隨時保持警戒，才能阻止我走上絕路。

我記得出獄時，聽到有人說，「他也許沒殺人，但他肯定心裡有鬼。」這些話震撼了我。心裡有鬼！是的，我確實問心有愧。威廉、潔絲汀和克萊瓦爾都因我那該死的祕密計畫而死。「該付出哪一條性命，」我哭喊著，「才能結束這場悲劇？啊！父親，快離開這個討厭的國家，帶我到一個能讓我忘掉自己、忘掉我的存在、忘掉全世界的地方。」

父親一下子就順從了我的請求。於是向柯溫先生辭行之後，我們即刻動身前往都柏林。當郵船順著風勢揚帆駛離愛爾蘭，我覺得彷彿卸下了千斤重擔，永遠離開了這個帶給我太多痛苦回憶的國家。

午夜時分，父親在船艙裡睡覺，我躺在甲板上，仰望滿天繁星，聆聽海浪湧起的潮聲。我向黑夜歡呼致意，因為它讓愛爾蘭從我眼前消失。想到很快就能見到日內瓦，我不禁欣喜若狂，心跳加速。往事猶如一場可怕的夢境，但是我搭乘的這艘郵船、將我吹離那可恨的愛爾蘭海岸的海風，還有四周圍的茫茫大海，全都強力地告訴我，這一切都不是夢，而克萊瓦爾，我的摯友和最親密的夥伴，已淪為我和我製造的那個怪物的犧牲品。我回首自己這一生，想起我和家人住在日內瓦的那段平靜的幸福時光，想起母親的溘然離世，也想起我離家赴英戈爾施塔特求學的事。我渾身顫抖地回想起那股驅使我製造出我那恐怖仇敵的瘋狂激情，也回想起他獲得生命的那個夜晚。我無法繼續回想下去，一時百感交集，忍不住痛哭起來。

自從退燒以來，我每夜固定服用少量的鴉片酊，因為唯有靠這種藥物，我才能得到維持生命所需的睡眠。由於被各種傷心往事惹得心情沉重，我服用了雙倍劑量，很快就沉沉睡去。不過，睡眠並未幫助我擺脫紛亂的痛苦思緒，我的夢中出現層出不窮的恐怖景象。天快亮的時候，我做了一場噩夢，覺得那個魔鬼掐住了我的脖子，怎樣也無法掙脫，呻吟和哭喊的聲音一直在我的耳邊嗡嗡作響。父親一直守護著我，他發現我翻來覆去，睡不安寧，於是喚醒了我，指著我看前方的霍利希德港，我們即將在此靠岸。

第五章

我們決定不去倫敦，而是橫越鄉間前往樸茨茅斯，再從那兒渡海到法國的勒阿弗爾。我選擇這樣的行程，主要是因為害怕再次看到我不久前才開開心心跟摯友克萊瓦爾一同遊歷的地方。想起再次見到我們曾經往來熱絡的朋友，我就一陣心驚；他們很可能問起事情的始末，而回憶這件事會讓我再度痛不欲生，就像在客棧凝視他了無生氣的軀體時那樣。

父親一心一意希望再次見到我恢復健康與平靜。他無微不至地關心我、照顧我；我的哀傷與憂鬱是個難以治癒的頑疾，但是他毫不喪氣。有時候，他以為我是因為被控謀殺、不得不為自己辯護，而深深覺得人格受辱，因此努力向我證明自尊心是多麼空洞的東西。

「哎！父親，」我說，「您實在太不了解我了。如果像我這麼一個混蛋也有自尊心的話，那就真的侮辱了全人類和人類的感情了。潔絲汀，可憐的、不幸的潔絲汀，她跟我一樣無辜，也跟我承受同樣的罪名，可她卻含冤而死，而我是罪魁禍首——是我害死了她。威廉、潔絲汀和亨利——他們全都死在我的手上。」

在我被關押期間，父親經常聽到我說同樣的話。當我這樣指責自己，他有時候似乎希望我解釋清楚，有時候，他又似乎覺得這是精神錯亂的後遺症，認為在我患病期間，這樣的念頭跑進了我的腦海，病癒之後還存留在記憶中。我不願做出解釋，並且絕口不提自己造出的那個怪物。我寧可被當成瘋子，這樣就能永遠保持沉默，不必向全世界說出這個致命的祕密。

這一次，父親露出極為驚訝的表情說，「你這些話是什麼意思，維克多？你瘋了嗎？我親愛的孩子，我求你別再這樣胡言亂語了。」

「我沒瘋，」我振振有詞地說，「我做的事情天知地知，太陽和蒼天可以為證。這些受害者無辜至極，我是害死他們的元凶，他們是死於我做的那個見不得人的勾當。我千百次希望一點一滴流乾我的鮮血，來挽回他們的性命，可是我沒辦法，父親，我實在不能犧牲全人類啊！」

最後這句話使父親確信我已精神錯亂；他立刻改變話題，試圖轉移我的思路。他希望盡可能把在愛爾蘭的那段經歷從我的記憶中抹去，因此從此不提那些事情，也不再讓我談那些不幸的遭遇。

隨著時間流逝，我漸漸恢復了平靜。痛苦已經深深埋進我的心底，但我不再那樣語無倫次地述說我的罪行；意識到它們的存在，對我來說便已足夠。我用盡最大力氣，克制內心那股迫切想對全世界吶喊的痛苦聲音；我從冰海回來以後，我的言行舉止從未像現在這樣平靜與從容。

我們五月八日抵達勒阿弗爾，立刻趕往巴黎；由於父親在那兒有幾樁生意，我們停留了幾星期。在這座城市中，我收到伊麗莎白的來信——

致維克多・法蘭肯斯坦

我親愛的朋友：

收到舅舅從巴黎寄來的信，我大喜過望。你不再遠在千山萬水之外，也許不到兩個星期，我就能再見到你。我可憐的表哥，你遭了多少罪啊！我可以料想，你的模樣肯定比離開日內瓦時更加憔悴。這是一個最難熬的冬天，我一直牽腸掛肚，焦慮難安。不過，我希望在你臉上看見安詳，希望你的心裡還存有一絲慰藉與寧靜。

然而，我擔心一年前讓你如此痛苦的情緒也許還在，並且隨著時間的推移而益發強烈。我本不願意在你被種種不幸壓著心頭的時候來打擾你，但舅舅在臨行之際和我談了一次，我覺得有必要在我們見面之前對你稍加解釋。

解釋！你可能會說，伊麗莎白會有什麼事情需要解釋？如果你真的這麼說，那你就解答了我的疑惑，我也就不再需要多說什麼，可以就此停筆，只須寫下「你摯愛的表妹敬上」即可。可是現在你我相隔兩地，你可能對我要做的解釋又怕又喜，既然如此，我不敢多加耽擱，趕緊寫下你不在家的這段期間，我經常想對你表達卻又沒有勇氣開口的話。

你很清楚，維克多，打從我們小時候，我倆的結合就是你父母最大的心願。我們從小就被告知這件事，所以我們都把這樁婚事視為理所當然，學會期盼它的發生。小時候，我們是青梅竹馬的玩伴，長大之後，我相信我們也成了最親密、最寶貴的摯友。然而，正如兄弟姊妹之間也能有濃厚的感情，卻沒想過更親密地結合，我倆會不會也是這種情況呢？告訴我，最親愛的維克多，為了彼此的幸福，我懇求你開門見山地回答我——你是不是有了另一個心上人？

你曾四處遊歷，也曾在英戈爾施塔特度過幾年時光。我得承認，我的朋友，去年秋天，當我見到你那麼不快樂，封閉自我，不願意與任何人來往，我忍不住猜測你是不是對我倆的婚事感到後悔，卻覺得自己在道義上必須實現父母的願望，即便這些願望有違你的心意。但這是錯誤的想法。我向你坦白，我的表哥，我愛你，在我對未來所做的幻夢中，你始終是我的摯友、我的伴侶。我希望擁有幸福，但也同樣希望你得到快樂，所以我告訴你，除非出於你的自由選擇，否則我們的婚姻將使我永遠痛苦。即便現在，當我想到你在遭受最殘酷的打擊之際，卻因為「道義」二字扼殺了唯一能讓你振作起來的愛情與幸福希望，我就忍不住傷心落淚。我對你一往情深，但卻可能阻礙你實現願望，讓你的痛苦增加十倍。啊，維克多，請相信你的表妹兼玩伴對你情深意摯，不會因為做出這個推斷而痛苦不堪。快樂起來吧，我的朋友；如果你答應我的這個請求，那麼請儘管放心，這世上再也沒有任何事情能擾亂我內心的安寧。

別讓這封信影響你的情緒；如果回信會帶給你痛苦，那麼明天、後天，或甚至你回來以後都不必回答我。舅舅會寫信告訴我你的健康狀況。如果這封信或我的其他努力，可以讓我在重逢時看見你嘴角浮現一絲微笑，我將不再需要其他幸福。

伊麗莎白．拉凡瑟

一七××年五月十八日於日內瓦

這封信又讓我想起原先已經淡忘的一件事：那魔鬼的威脅——「我會在你的新婚之夜來找你！」這就是對我的判決。在那一夜，那惡魔將使出渾身解數來毀滅我，把那勉強能安慰我的一絲幸福從我身邊奪走。在那一夜，他將以我的死為他的罪行畫下圓滿結局。欸，那就這樣吧！到時候一定會有一場生死搏鬥，如果他贏了，我將永遠安息，而他也無法繼續威脅我了；要是他被我打敗，我將重獲自由。啊！那算什麼自由？好比農人眼見家人慘遭殺戮、屋舍付之一炬、土地一片荒蕪，而他流離失所、一文不名、孑然一身，但還擁有自由。我得到的就是這樣的自由，只是我還擁有伊麗莎白這件無價之寶，可以跟糾纏我至死的那些悔恨與內疚互相平衡。

溫柔可愛的伊麗莎白啊！我一遍又一遍讀著她的信，一股柔情悄悄爬進我的心底；那柔情膽敢對我竊竊私語，勾起我對愛情與喜悅的美好幻想。但是禁果已經被吃下肚，天使也已揮動臂膀，趕走我的一切希望。然而，我願以死來換取伊麗莎白幸福快樂。如果那怪物真的把他的威脅付諸行動，死亡將無可避免。然而，我再次想到我的婚姻是否可能加速厄運的降臨。我的劫數也許真的會提前幾個月到來，但如果我那仇家起了疑心，認為我被他的威脅嚇得拖延了婚期，他肯定會想出其他更可怕的報復手段。他雖然發誓會在我的新婚之夜來找我，但他並不認為這項威脅能約束他在我婚前收斂一點，因為他在發出威脅後，立刻對克萊瓦爾痛下毒手，似乎是為了向我顯示他還沒嘗夠鮮血。因此我決定，如果跟表妹立刻結婚能為表妹或我父親帶來幸福，那麼不論我的仇家打算如何取我的性命，這樁婚事連一個鐘頭都不能延遲[12]。

我就是在這樣的心境下寫信給伊麗莎白，信中的語氣平靜而深情。「我親愛的女孩，」我說，

「在這世上，我們的幸福恐怕已所剩無幾。但是，如果我將來還能享有幸福，那必然全都集中在妳身上。拋開妳那無謂的憂慮吧；我這一生以及我對幸福的追求，都只奉獻給妳一個人。伊麗莎白，我有個祕密，一個可怕的祕密。一旦向妳吐露這個祕密，妳一定會嚇得骨頭發冷，到時候，妳非但不會對我的痛苦感到驚訝，只會詫異我竟能在這種種災難下挺過來。我會在我們婚後第二天告訴妳這個悲慘而可怕的故事，因為，我可愛的表妹，我們倆之間必須坦誠相待，毫無保留。但是我懇求妳，在那之前，千萬別提起或暗示這件事。我衷心懇求妳，我知道妳會答應的。」

在接到伊麗莎白的來信後大約一星期，我們回到了日內瓦。我的表妹熱情歡迎我，但是當她見到我憔悴的身形和燒紅的臉頰，忍不住淚眼婆娑。我也看見她的變化。她瘦了，以前令我著迷的天真活潑也少了許多。但是她的溫順以及充滿同情的柔和目光，使她更適合做我這樣一個飽受摧殘的不幸之人的伴侶。

我這時享受的平靜生活沒有維持多久。回憶帶來了瘋狂，而當我想起過去發生的一切，我真的變成了瘋子，有時暴跳如雷，怒火中燒；有時又情緒低落，萎靡不振。我不發一語，兩眼無

---

12 利他主義——為他人最大利益著想的無私行為——一般被視為一種美德。維克多在此確實顯得為他人著想，但他從未對創造物顯現無私的關懷，反而推卸了他對科學怪人及其福祉應盡的責任。另外，在科學研究的脈絡下，我們有必要思考，讓研究人員澈底克制自我的孜孜不倦或「利他」行為，是否會導致思慮不周的決策與行動。如果維克多在追求科學探索的過程中，曾經花些時間反省自己——他的動機、決定、欲念與行動——也許當初就會阻止自己為科學怪人注入生命。（Nicole Piemonte 註）

神，只是一動不動地坐著，被那不堪負荷的種種災難折磨得六神無主，神智不清。

只有伊麗莎白才能把我從這些錯亂時刻拉回現實。她的溫柔話語能安撫我激動不安的心，並在我陷入麻痺時，喚醒我內心的種種感情。她陪我一起哭泣，也為我傷心流淚。等我恢復理智後，她會苦口婆心地勸我聽天由命。啊！遭遇不幸的人盡可以聽天由命，但有罪之人永遠得不到安寧。有時候，沉溺於悲傷也是一件奢侈的事，但悔恨的痛苦竟使我連這樣的奢侈也不可得。

我回來後不久，父親便提起要我立刻和伊麗莎白成婚。我沉默不語。

「難道說，你的心另有所屬？」

「絕無此事。我愛伊麗莎白，也滿懷喜悅地期盼和她結婚。就讓我們把日子訂下來吧；到了那一天，無論是生是死，我都會為了表妹的幸福奉獻所有。」

「親愛的維克多，別說這樣的話。我們雖然遭受了沉重的打擊，但更應該珍惜還握在手中的一切，把我們對死者的愛轉移到生者身上。我們的生活圈子不大，但親情和共同承擔的不幸使我們緊緊相依。當時間緩和了你的絕望，我們關心疼愛的新生命將會降臨人世，取代那些被人如此殘忍地從我們身邊奪走的親人。」

這就是父親對我的教誨。但是我又想起我受到的威脅；你可以想像，既然那魔鬼殺人行凶無所不能，在我看來，他幾乎是個打不倒的敵人，所以當他說出「我會在你的新婚之夜來找你」，我自然也認為自己在劫難逃了。但是和失去伊麗莎白相比，我並不怕死。於是，我帶著滿足的、甚至喜氣洋洋的神情，答應了父親。只要表妹同意，婚禮將在十天後舉行；我心裡想著，這麼一來，我的命運已大致底定。

天啊！如果我能想到我那惡毒仇人的陰險意圖，即便只有一瞬的時間，我都寧可永遠離開家鄉，無依無靠地浪跡天涯，也絕不會答應這樁悲慘的婚事。但是，那怪物彷彿擁有魔力，使我看不見他的真正意圖。當我以為我只須為自己的死亡做好準備，豈料卻加速了另一個更心愛的人走向生命終點。

隨著婚期越來越近，也許是出於怯懦，或基於某種預感，我的心情卻越來越低落。但我掩飾自己的情緒，裝出高興的模樣；這讓父親喜逐顏開，卻瞞不過伊麗莎白那雙銳利的眼睛。她平靜而滿足地期待我們的結合，但由於過去的種種憾事留下的陰影，她也不免擔心現在看似確鑿而具體的幸福，可能轉瞬間就化為夢幻泡影，消失得無影無蹤，徒留深沉而無盡的悔恨。

家人忙著籌備婚禮、接待前來賀喜的客人，每個人的臉上都掛著微笑。我盡可能封藏在我心底隱隱作祟的焦慮情緒，裝出認真的模樣跟父親商量婚禮的計畫，儘管這些事情到頭來可能只是為我的悲劇添上一些點綴罷了。父親為我們在科隆附近買了一棟房子，我們可以在那裡享受田園風光，同時和日內瓦僅僅咫尺之遙，可以天天和父親見面。為了方便恩尼斯特完成學業，父親將繼續住在家裡。

在此同時，我採取了各種防備，以免那魔鬼公然地攻擊我。我總是隨身攜帶手槍和匕首，時時刻刻提防任何陰謀詭計。採取了這些措施之後，我安心了許多。事實上，隨著越來越接近婚期，那魔鬼的威脅越來越像是一個幻覺，不值得我為它忐忑不安，提心吊膽。而我企盼從婚姻中獲得的幸福也變得越來越確定；當婚期越來越近，我不斷聽到人們談起這件事情，彷彿沒有任何意外能阻礙這場婚禮如期舉行。

伊麗莎白看起來很快樂，我平靜穩定的舉止讓她踏實了很多。但在我即將了卻心願、完成宿命的那天，她卻鬱鬱寡歡，一股不祥的預感盤據在她心上。或許，她也想起了我答應在婚後第二天告訴她的那個可怕祕密。父親這時倒是喜不自勝，忙著操辦婚禮，只把外甥女的憂鬱當成新娘的羞怯。

婚禮完成後，父親在家中辦了一場盛大宴會，但是我們原先就商量好，伊麗莎白和我將在依雲鎮度過那天下午及晚上，隔天早晨回到科隆。由於天氣晴朗，風向有利於航行，我們決定走水路出發。

那是我這一生最後一段幸福時光。我們飛快地航行；陽光炙熱，但我們可以躲進遮陽篷下欣賞美麗的風景，有時在湖的這一面，我們欣賞薩雷布山和蒙塔萊格的青翠堤岸；遠方，美麗的白朗峰睥睨群山，周圍層層疊疊的雪山徒勞地想跟它一爭高下。有時，船沿著湖的另一側航行，我們看見雄偉的侏羅山，它以陰暗的一面遏止任何人的叛國野心，又以幾乎難以逾越的屏障阻擋征服者入侵。

我拉起伊麗莎白的手說：「我的愛人，妳如此憂傷。哎！如果妳知道我吃過怎樣的苦，未來又將遭受怎樣的罪，妳一定會努力幫助我品嘗這份寧靜，擺脫絕望；至少今天，請允許我享受快樂吧。」

「快樂起來吧，我親愛的維克多，」伊麗莎白回答，「但願沒有什麼事情會使你痛苦。請放心，儘管我沒有露出歡欣雀躍的神色，我的心卻是滿足的。不知什麼聲音在我耳邊低語，叫我不要對眼前的遠景寄予厚望。不過，我是不會理會這個邪惡的聲音的。看看我們的船航行得多快，還有那雲彩時而遮住白朗峰，時而從峰頂冉冉升起，使得這美麗的景色更加引人入勝。再看看，無數的魚兒在清澈的湖水中優游，甚至連湖底那一顆顆鵝卵石都清晰可見。多麼美好的一天！大自然的一切看起來多麼歡樂、多麼恬靜！」

伊麗莎白就是這樣極力轉移注意力，希望將我們倆的心思從那悲傷的回憶分散開來。但是她的心情起伏不定，眼裡偶爾閃爍出喜悅的光芒，但又不斷被恍惚、失神所取代。

夕陽西沉，我們過了德朗斯河，看見它蜿蜒地穿過高山的裂口和丘陵的幽谷之間。在這裡，阿爾卑斯山離湖更近了，我們駛進構成阿爾卑斯山東麓的環形山脈。在周圍的樹林和上方一層又一層山脈的包圍下，依雲鎮的教堂尖塔被夕陽照得熠熠生輝。

吹得我們一路疾行的風，在日落時分降低了力度。輕柔的微風吹皺了湖面，我們靠岸的時候，樹枝迎風搖曳，一陣醉人的花香、草香撲鼻而來。我們上岸時，太陽已落到地平線以下。但是我一踏上陸地，那種種憂慮和恐懼又浮上心頭；我感覺它們很快就會攫住我，永遠纏著我不放。

第六章

上岸的時候，已經八點了。我們在湖畔散步了一會兒，欣賞那轉瞬即逝的夕陽餘暉，然後回到客棧，凝望美麗的湖光山色。這片美景在夜色下朦朧不明，但仍看得出黝黑的輪廓。

先前在南邊漸息的強風，此刻猛然颳向了西邊。月亮已升到最高點，開始漸漸西斜。浮雲以勝過禿鷹飛行的速度掠過天際，讓月光為之黯淡。湖面倒映著瞬息萬變的天光雲影，卻因剛開始掀起的洶湧波濤而顯得更加紛亂。這時，天上驀然降下了一場暴雨。

白天，我一直很平靜，但是當夜色模糊了萬物，千百種憂慮又在我心頭升起。我焦躁不安、戒慎恐懼，右手緊緊握住藏在懷裡的手槍，一點點風吹草動都會讓我悚然一驚。不過我已打定主意，我絕不輕易送死，在拚個你死我活之前，我絕不會從這場即將來臨的搏鬥中退縮。

伊麗莎白提心吊膽地看著我的激動神情，好一陣子默不作聲，最後終於開口，「我親愛的維克多，什麼事情讓你這麼焦躁不安？你究竟在害怕什麼？」

「噢！鎮定，鎮定，親愛的，」我回答，「只要過了今夜就平安了，但是今夜很可怕，非常可怕。」

我在這種精神狀態下度過了一個鐘頭，然後猛然想起，隨時會爆發的那場搏鬥對我妻子而言多麼可怕。所以我懇求她先去休息；我決定等到稍微了解敵人的情況之後，再回房陪她。

伊麗莎白離開之後，我在客棧的走廊上來來回回巡視，檢查敵人可以藏身的每一個角落。但我沒發現他的蹤跡，於是忍不住開始猜想，也許我交上了好運，有什麼事情阻止那惡魔前來兌現他的威脅。這時，我突然聽到一聲淒厲的慘叫；這聲音是從伊麗莎白的房間傳出來的。一聽到這聲尖叫，我頓時明白了一切。我的雙臂發軟，垂了下來，身上每一塊肌肉、每一根纖維都無法動彈。我可以感覺血液在我的血管裡流動，四肢末梢又刺又麻。這種狀態僅持續了一剎那。又傳來一聲尖叫，我立刻衝向房間。

天啊！我為什麼沒有當場死掉！為什麼還活著在這裡述說我最美好的希望、這世上最純潔的生命如何遭到毀滅？她就在那兒，悄無聲息、一動不動地倒在床上，腦袋下垂，頭髮半掩著蒼白而扭曲的面容。現在，無論我轉向何方，眼前總出現同一幕畫面——那雙毫無血色的臂膀，以及被凶手扔在他打造的新婚棺柩上的那副軟綿綿的身軀。目睹了這副景象，我怎麼還能繼續活著？天啊！生命太頑強了，偏偏抓著最想死的人不放。就這麼一瞬間之後，我失去意識，昏了過去。

甦醒過來時，我發現自己被客棧裡的人團團圍住，他們一個個露出驚恐的表情，彷彿透不過氣來似的。但是和我內心的感受相比，他們的恐懼似乎只是一個笑話，如此微不足道。我逃離他們，跑回伊麗莎白陳屍的房間；我的愛，我的妻子，不久前還那麼活蹦亂跳、那麼可愛、那麼珍貴。她的遺體被動過了，不再是我第一眼見到的那個姿勢。現在，她躺在床上，頭枕著手臂，一塊手帕蓋住她的臉和脖子，就像睡著了一樣。我衝過去，熱情地擁抱她，但那死氣沉沉的冰冷肢體告訴我，如今我抱在懷裡的，不再是我曾經深愛且珍視的那個伊麗莎白了。她的脖子上留著惡魔掐過的致命指印，她的雙唇也不再吐出氣息。

我痛苦絕望地在她身邊流連不去時，無意間抬頭望了一眼。這房間的窗戶原先漆黑一片，此刻見到昏黃的月光照了進來，我不由得一陣心驚。百葉窗被掀開了，我懷著無法形容的恐怖感受，在敞開的窗邊看見那個最醜陋、最令人憎惡的身影。那怪物咧嘴笑著；他用邪惡的手指指著我妻子的遺體，似乎是在發出嘲笑。我衝向窗口，掏出懷裡的手槍朝他開火，但被他躲了過去。他從原先站立的地方跳開，開始以閃電般的速度奔跑，最後縱身躍入湖中。

槍聲把人群引進這間屋子裡來。我指出他最後消失的地點，我們一行人便乘船追蹤，並撒網撈捕，可惜一無所獲。耗費幾小時後，我們打消了希望，大部分同伴都認為我看到的不過是個幻影。上岸後，他們分成幾路人馬，繼續在樹林與草叢間進行搜索。

我沒有和他們一起去。我累壞了，眼前一片模糊，肌膚也因發熱而灼燒。我就這樣躺在床上，對周遭的事情幾乎渾然不覺，雙眼恍恍惚惚地在屋子裡游移，彷彿在尋找一件丟失的東西。最後，我想起父親會迫不及待地等著再次見到我和伊麗莎白，而我得獨自一人回家。想起這件事，我不禁潸然淚下，哭個不停。但各種思緒紛至沓來，我想起我的種種不幸及其原因，驚愕與恐怖的陰影把我弄得暈頭轉向，手足無措。威廉死了，潔絲汀被處決，克萊瓦爾也遭殺害，最後是我的妻子。即便在那一刻，我都不知道我僅剩的親人是否安然無恙、沒有受到惡魔傷害。此刻，我父親說不定正在他的魔爪下掙扎，而恩尼斯特可能已經死在他的腳下。這個念頭使我不寒而慄，喚醒我採取行動。我一躍而起，決定全速返回日內瓦。

由於雇不到馬車，我只能坐船從湖上回去，只是風向不利於航行，此刻又下著傾盆大雨。無論如何，當時天還沒亮，我很有希望在天黑前趕回日內瓦。我雇了幾個人幫忙划船，自己也拿起了槳，因為我總能靠肢體的勞動來減輕精神上的煎熬[13]。不過，此刻我太過痛苦，極度焦躁不安，根本使不上力氣。我扔下船槳，把頭埋進雙手，任憑各種陰暗的念頭在我心裡翻湧。只要一抬頭，我就會看見快樂時光中的熟悉景色。不過一天以前，伊麗莎白還陪著我一起欣賞美景，而現在，她卻化成了一道影子、一段記憶。我淚如泉湧。雨停了一陣子了，我看見魚兒在水中嬉

---

13 在弟弟、摯友和新娘相繼死後，維克多試著以費勁的肢體勞動逃避悲傷，正如他造出科學怪人之後，在英戈爾施塔特街頭走來走去那樣。啟蒙運動時期的大思想家熱切地探討心靈與身體的關係，以及運動在身心健康中扮演的角色。十七世紀的法國科學哲學家笛卡兒認為人類的本質是二元的——包括物質的身體和非物質的心靈；這兩者雖然分離，卻能透過松果體互相影響。約瑟夫・艾迪生（Joseph Addison，1672-1718）是十八世紀初一位深具影響力的思想家兼散文家，他對身體影響心靈的方法有大致的理解，大量撰文說明運動可以防止男性「鬱卒的脾性」和女性的「憂思」。「無論如何，」他說，「我們都應該維持振奮的精神，切莫陷入不滿，方法就是維持身體的運動和心靈的平和」（1711）。維克多・法蘭肯斯坦聽從艾迪生在一世紀之前提出的忠告，藉由運動來紓解精神上的痛苦。當代神經科學家同樣認為激烈運動能刺激腦下垂體分泌安多酚——一種可以舒緩痛苦並帶來幸福感（也就是著名的「跑者的愉悅感」）的物質；科學家也已找到證據顯示規律運動能減輕焦慮與沮喪。（詳見Anderson與Shivakumar，2013；Batchelder，2012；Leuenberger，2006）。（Eileen Gunn 註）

戲，正如幾小時前那樣；當時，伊麗莎白也看著這副景象。世上最痛苦的事，莫過於突如其來的劇變。不論陽光普照或天昏地暗，對我來說，一切都和前一天不一樣了。那魔鬼奪走了我對未來幸福的一切希望。從來沒有人比我更悲慘；如此可怕的事件，恐怕在人類歷史上也絕無僅有。

最後這起事件澈底擊垮了我，我又何必喋喋不休敘述在那之後發生的事情？我的經歷是一段恐怖故事，此刻已達到最高潮，接下來要說的事情，只會使你感到單調乏味。你知道，我的親人一個接著一個被奪去了性命，留下我形單影隻，孑然一身。我已筋疲力盡，所以只能三言兩語說完這個恐怖故事的剩餘部分。

我回到日內瓦，父親和恩尼斯特還活著，但我帶回來的噩耗令父親哀痛逾恆，健康狀況急轉直下。他的身影如今還浮現在我眼前，我那傑出而可敬的老父啊！他的眼神空洞迷離，失去了原有的魅力與光彩。他對這個比親生女兒還親的外甥女傾注了所有的愛，因為人到晚年已不易動情，反而更依戀還留在身邊的人。那可惡的、該下地獄的魔鬼給我白髮蒼蒼的老父帶來了不幸，害他在痛苦中度過餘生！他再也承受不住接二連三的災厄，突然中風倒地，幾天後就在我的懷中撒手人寰。

後來發生了什麼事，我自己也說不清楚。我失去了知覺，唯一能感受到的，就是沉沉的枷鎖與黑暗。的確，我有時夢到自己和年少時的朋友一起在繁花似錦的草地和風景如畫的山谷中漫步；可是醒來後，卻發現自己身處暗無天日的牢籠，隨即陷入深深的憂鬱。不過，我漸漸認清了自己的遭遇與處境，於是被解除囚禁。人們原先說我瘋了，後來我才知道，好幾個月來，我一直被單獨關在一間密室裡。

要不是我在恢復理智的同時也想起了復仇，自由對我來說無非是個無用的禮物。當痛苦的往事沉重地壓在我心頭，我開始反省事情的根源——我造出的那個怪物、我親手帶到人世間來毀滅我的那個卑劣惡魔。一想到他，我就燃起熊熊的怒火，我極度渴望並誠心禱告能抓到他，然後狠狠擊碎他那該死的腦袋，以此來報仇雪恨。

我的仇恨並沒有一直局限在空洞的願望上；我開始思索抓捕他的最佳辦法。為此，我在獲釋大約一個月後，就去找城裡的刑事審判官，告訴他我要提出控訴。我說我知道是誰害我家破人亡，要求他動用一切力量，把凶手緝捕歸案。

治安官專注而親切地聆聽我說話。「請放心，先生，」他說，「我一定會不遺餘力地找出這個惡棍。」

「謝謝，」我回答，「那麼，請您聽一聽我接下來要提出的供述。這確實是個非常離奇的故事，其中有些地方雖然光怪陸離，卻不由得您不信，若非如此，我怕您會懷疑整起事件的真實性。這件事前後連貫，脈絡分明，絕不能被誤認為是一場夢境；況且，我也沒有弄虛作假的動機。」我對他說這番話的時候，語氣真摯而平靜；我已暗自決心要追捕我的仇人，至死方休。這個目標平息了我的痛苦，使我暫時甘心活下來。於是，我簡單扼要地敘述我的經歷，態度堅定而嚴謹。我精確交代了各項事件的具體日期，從頭到尾沒有偏離主題去破口大罵，或呼天喊地。

治安官起先露出全然不信的表情，但隨著我繼續說下去，他變得越來越專注，也越來越感興趣。我看到他有時嚇得打起冷顫，有時又驚訝不已，但臉上沒有摻雜一絲懷疑的神色。

陳述完畢之後，我說，「這就是我要指控的傢伙，我請求您盡全力搜捕他，將他繩之以法，這是您身為治安官的責任。我相信、也希望，您的感情不會影響您在這件案子上的執法能力。」

這幾句話令聽者的表情出現很大的變化。他對我的故事原本就半信半疑，彷彿在聽什麼鬼怪故事或超自然的傳說。但是當他被要求正式展開行動，內心裡的種種懷疑全都一湧而出。不過，他還是委婉地回答，「我很樂意提供一切支援，協助你進行追捕。但你所說的那個怪物似乎力量強大，就算我使盡全力也無濟於事。誰追得上一個能橫越冰海、以無人敢闖的洞穴為家的野獸？再說，從他犯案至今，幾個月過去了，沒有人猜得到他後來去了哪裡，現在又棲身在什麼地方。」

「我毫不懷疑他就徘徊在我的住處附近，就算他真的躲進阿爾卑斯山，他也可以像小羚羊那樣輕易就擒，或者像野獸那樣遭到格殺。不過，我看出您的意思：您不相信我的故事，並不打算去緝拿我的敵人，給他應得的懲罰。」

我說這話時，眼裡閃爍著憤怒的火光。治安官嚇到了。「您誤會了，」他說，「我會盡一切力量；如果我有能力逮到那怪物，請您放心，他一定會得到應有的懲罰。不過，依照您對他的描述，這件事情恐怕很難辦。因此，在我們採取一切適當手段的同時，您也得做好失望的準備。」

「這是不可能的，但是，我再多說什麼也沒用了。我的復仇對您並不重要，儘管我承認復仇是一種罪惡，但我可以坦言，我的靈魂只剩下這麼一股強烈的激情。只要想到我放到人世上的那個殺人凶手還好端端活著，我就憤怒得難以言喻。您拒絕了我的正當要求，那我就只剩下一個辦法；無論是死是活，我都要拚盡性命去消滅他[14]。」

我一邊說著，一邊激動得渾身顫抖。我的舉止有些癲狂，而且我相信，還帶有古代殉道者據說具有的那種正氣凜然的狠勁。但是日內瓦的治安官日理萬機，腦子裡裝不下奉獻精神或英雄氣概之類的念頭，對他而言，這樣昂揚的精神看起來簡直和瘋狂相去無幾。因此，他努力像奶媽哄小孩那樣安撫我，轉而認為我的故事是精神錯亂的結果。

---

14 報應是對任何傷害、惡行或罪惡的懲罰。在井井有條的社會，法律以諸如監禁等各種懲罰來實施報應。而在沒有法律或法律失靈的社會，個人也許會依靠瘋狂且肆無忌憚的報復來尋求報應——這是本書的一大主題。科學怪人被他的創造者遺棄，又遭他愛慕的家庭拒絕，因而憤怒地發誓「此生跟全人類不共戴天，此仇非報不可」。他對復仇的渴望，最後集中在維克多的至親好友身上，於是接連殺害了威廉、潔絲汀、克萊瓦爾和伊麗莎白。伊麗莎白死後，維克多首先希望透過法律尋求報應，因而力促治安官讓科學怪人受到制裁。當治安官表示他無力幫忙追捕——意味著社會讓維克多失望了——維克多也開始執迷於報復，成了科學怪人的一面鏡像。如此一來，維克多既失去了科學家的理性，也失去文明人的正常連結與情感。他對科學怪人的追捕，帶領他一路走到冰天雪地的北極——一段象徵盲目追求報復導致情感麻木不仁的旅程。這類追尋的毀滅性質，是古希臘以來常見的文學主題。在此，瑪麗融入了令人驚心的意象，科學本身——不論站在多麼理性的基礎，並且以追求人類進步為目標——可能在無意間製造了混亂，釋放出社會機構無法壓制的、最不理性且暴力的人類情緒。（Mike Stanford註）

「哎呀，」我大聲喊道，「您自恃聰明，其實無知得很！罷了，您根本不知道自己在說些什麼[15]。」

我怒氣沖沖又心神不寧地奪門而出，回家去靜靜思考還能採取哪些行動。

15 維克多在此抗議的是，日內瓦治安官裝出他（治安官）認為施捨寬恕所不可或缺的理解態度，其實是一種自大。這一刻預示了現代市民認為自己懂得太少、不足以參與科學倫理討論的焦慮感。（Chris Hanlon 註）

第七章

我當時已完全無法思考其他事情；憤怒驅策著我，唯有復仇能帶給我力量與平靜。復仇的意念塑造了我的情緒，在我原本會落得精神錯亂或一命嗚呼的時候，幫助我變得深於城府、沉著冷靜。

我的第一個決定就是永遠離開日內瓦。當我還幸福快樂、被人所愛，我的國家在我眼裡多麼可愛！可是現在我身陷逆境，它又變得那樣可恨！我帶上一筆錢和母親留下的一些珠寶，就此離開故里。

我從此開始四處流浪，只要還活著，我就不會停止漂泊。我走遍大半個地球，歷盡旅人在沙漠與荒野一定會遇到的各種艱辛。我不知道我是怎麼活下來的，有好幾次，我癱倒在風沙漫漫的荒原上，一心祈求死亡。但復仇之心維持了我的生命，我不敢把我的仇敵留在人世上，自己就這樣死去。

離開日內瓦時，我做的第一件事就是尋找線索，設法追蹤我那惡毒仇敵的下落。但我沒有明確的計畫，只是接連幾個小時在城郊打轉，不確定該走哪一條路。天快黑的時候，我發現自己走到了威廉、伊麗莎白和我父親長眠的墓園門口。我走進去，來到他們的墓碑前。除了被風吹得窸窣作響的樹葉，墓園裡一片寂靜；夜幕即將低垂，眼前的景象就算對一個毫不相干的旁觀者來說，都顯得那麼肅穆、那麼淒涼。死者的魂魄似乎在周圍飄蕩，投下憑弔者只能感受卻無法看見的一道黑影。

這副景象一開始在我心裡激起的深切悲痛，很快化成了憤怒與絕望。他們死了，我卻還活著，殺害他們的凶手也還活著。為了消滅他，我必須延續我這條乏味煩悶的性命。我跪倒在草地上，親吻泥土，用顫抖的雙唇大聲呼喊，「我對我現在跪著的這片神聖土地，對那些在我身邊徘徊的暗影，對我感受到的深刻而永恆的哀傷，我發誓；噢，黑夜，我也對您以及您的主宰者發誓，我一定會追上造成這一切不幸的那個惡魔，跟他決一死戰！為了這個目的，我會留下性命去執行這項重要的復仇計畫。我將再次見到太陽，再次踏上綠色大地；如果報不了仇，就讓這一切從我眼前永遠消失吧！我請求你們——死者的亡靈和遊蕩的復仇之神——請你們協助我、指引我，讓那該死的惡魔暢飲痛苦的滋味，讓他也感受一下此刻折磨著我的絕望吧！」

我一開始是帶著肅穆而敬畏的心情起誓的，我幾乎相信那些慘遭殺害的親人亡靈都聽到了我的祈禱，也認同我的決心。但是說到最後，怒火占據了我的心，我的喉嚨彷彿噎住了似的，再也說不出話來。

一陣惡毒的狂笑聲劃破夜的寂靜，作為對我的回應。這笑聲又響又亮地在我耳畔迴盪不已，連山谷也傳來了回音。我彷彿身陷地獄之中，被魔鬼的嘲弄與笑聲包圍。在那一刻，要不是我已發誓要活著報仇雪恨，我肯定會崩潰發瘋，結束自己這條可憐的生命。笑聲漸漸停歇，這時，突然傳來一個令人憎恨的熟悉聲音；那聲音似乎就在我的耳邊低語，字字清晰：「我很滿意，你這個可憐蟲！你決定活下去，我很高興。」

我猛然撲向聲音傳來的地方，但那魔鬼躲過了我的抓捕。剎那間，一輪明月升起，在他以超出常人的速度奔逃之際，月光將他那猙獰而扭曲的身形照得一清二楚。

我一路追著他；這就是我這幾個月來所做的事。憑著一絲線索，我沿著蜿蜒的羅納河追下去，卻一無所獲。蔚藍的地中海出現在我眼前，在一次機緣巧合下，我看見那魔鬼趁著黑夜躲進一艘準備開往黑海的船舶。我上了同一艘船，但不知怎地，又被他跑掉了。

在韃靼和俄羅斯的曠野上，他雖然還躲著我，但我始終能找到他的足跡，一路跟隨。有時是被他的恐怖樣貌嚇壞了的農人為我指引方向，有時是他自己留下了蛛絲馬跡，唯恐我一旦完全失去他的蹤跡就會絕望而死。雪花飄落我的頭上，我會在白茫茫的荒原上看見他巨大的腳印。對你這樣一個剛剛展開人生，還沒經歷過煩惱與痛苦的人來說，又怎能體會我當時和此刻的感受？寒冷、飢渴、疲憊——在我注定要遭受的痛苦中，這些是最微不足道的。我被魔鬼詛咒，身上背負著一座永恆的煉獄。不過儘管如此，依然有個善良的神靈跟隨著我，引導我的腳步，在我滿腹牢騷的時候，突然之間把我從似乎無法逾越的困境中解救出來。有時候，在我幾乎被飢餓和疲憊打倒之際，荒漠中會有一頓大餐等著我，供我恢復體力、重振精神。這些伙食確實粗糙，就像鄉下農民吃的那種，但我毫不懷疑那些食物是我曾經祈求幫助的神靈放在那裡的。當大地一片乾涸，天空晴朗無雲，我渴得口乾舌燥時，就會有一片雲朵遮蔽天空，降下幾滴雨為我解渴，然後消失無蹤；這種事情時常發生[16]。

我盡可能沿著河道行走，但那惡魔通常避開河道，因為這裡是人們主要聚居的地方。在人煙罕至的其他地方，我一般靠恰好獵捕到的野生動物維生。我身上有錢，靠著把錢分給村民，我和他們成了朋友。有時候，我只吃了一點我打到的食物，剩下的就送給那些為我提供爐火和炊具的村民。

我真痛恨這樣的生活，唯有在睡夢中才能嘗到片刻的歡樂。噢，天賜的睡眠！我常常在最痛苦的時候沉沉睡去，讓夢境為我帶來平靜，甚至帶來狂喜。是守護我的神靈帶給我這片刻的幸福——或者更確切地說，帶給我好幾個小時的快樂——好讓我恢復體力，走完這漫漫長路。如果沒有這些喘息的機會，我早就被重重苦難擊垮了。白天，我憑藉對夜晚的期盼來支撐自己、鼓勵自己，因為在睡夢中，我會見到我的親人、我的妻子，還有我摯愛的家鄉；我會再度見到父親慈祥的面容，聽到伊麗莎白銀鈴般的聲音，看見克萊瓦爾身強力壯、神采飛揚。當我走過一段艱苦的路程，疲憊不堪時，我經常安慰自己，我現在是在作夢，當黑夜降臨，我就能回到現實，投入至親好友的懷抱。我對他們的愛多麼折磨人啊！我多麼眷戀他們那親切的身影；有時甚至在我清醒時，他們也時時刻刻出現在我眼前，讓我說服自己他們還活著！在這些時刻，我內心熊熊燃燒著的復仇之火就熄滅了，而我繼續踏上前去摧毀那惡魔的道路，倒像是上天賦予我的使命，是我未知的某種力量令我產生的機械性衝動，而不是出於靈魂的強烈渴望。

至於我追逐的那個惡魔心情如何，我就不得而知了。有時候，他甚至在樹皮或石頭上留下記號為我指引方向，故意激怒我。「我對你的控制還沒結束，」他有一次在留言中清清楚楚寫著，「你活著，我的力量才會完整。跟好了，我要去北方亙古的冰雪之地，在那裡，你將飽受天寒地凍的折磨，而冰雪卻無法傷我一根毫髮。如果你的腳步沒有落後太多，你會在這附近找到一隻死兔子，吃了它，趕緊恢復體力。來吧，我的敵人，我們還得拚個你死我活；不過，在此之前，你還得熬過好長一段痛苦時光呢。」

這惡魔竟如此嘲弄我！我再度誓言復仇，再度誓言將這卑鄙的魔鬼折磨至死。不到分出生死，我絕不會放棄追蹤他。到那時候，我就能滿懷喜悅地和我的伊麗莎白以及逝去的親人相會；此刻，他們正為了犒賞我歷盡艱辛、長途跋涉而忙著做準備呢。

我一路向北走，雪越下越大，天氣冷得幾乎令人無法承受。農人全都關在家裡，只有少數最強壯的才敢出門狩獵，捕捉那些因為飢餓而不得不從藏身之處出來覓食的野獸。河面結成了冰，抓不到魚，這樣一來，我最主要的維生方法也被切斷了。

我的旅程越艱難，我的敵人就越耀武揚威。他有一次刻下這幾句留言：「準備好吧！你的苦

16 大多數人將成就歸功於自己的努力，為自己的周全準備與精采的執行力感到自豪。然而，人們多半沒有察覺，不知有多少次，他們的成功是各種機緣以有利的方式排列，讓他們的努力與準備能得到回報的結果。當你回顧自己的人生，或許會看清哪些運氣成份與偶發事件造成了你的成功。在這段話中，維克多回想巧合與運氣為他的成功起了怎樣的作用。正當前景最灰暗的時候，各種機緣巧合聯合起來，讓他得以繼續追捕他的創造物。（Arthur B. Markman 註）

難才剛剛開始。裹上皮裘，備好糧食，我們很快就要進入另一段旅程；在那裡，你所受的苦將一解我心中無盡的仇恨。」

這些奚落的話激起了我的勇氣與毅力，我決心不達目的絕不罷休。我祈求上天支持我，然後帶著絲毫不減的激情橫越廣闊的荒漠，直到大海出現在地平線的盡頭。噢！那片水域和南方的蔚藍色海洋多麼不同啊！海上覆蓋著冰層，和陸地的唯一區別就是它更加荒涼、更加崎嶇。希臘人站在亞洲的山上看見地中海時，留下了欣喜的眼淚，高聲歡呼他們的磨難即將結束。我沒有流淚，但我跪倒在地，情難自已地感謝我的守護神將我平安帶到了我希望抵達的目的地；儘管我的對手一路挖苦嘲諷，但我終於能和他正面對決、拚出生死。

幾星期前，我弄到一架雪橇和幾條狗，因此能以驚人的速度在雪地上疾馳。我不知道那魔鬼是否掌握了同樣的優勢，但我發現，之前追他的時候，我每天都處於劣勢，但現在卻越追越近，以至於在我第一眼見到大海時，他只領先我一天的路程了。我希望在他抵達海邊之前攔截他，因此重新生出勇氣加緊追趕，兩天後便來到海邊的一座破落村莊。我向村民打聽那惡魔的行蹤，得到了精確的消息。他們說，前一天夜裡出現了一個巨大的怪物，他身上有一柄長槍和好幾把手槍。他那恐怖的模樣，把住在一間偏僻農舍的人全嚇跑了。怪物把這家人過冬的存糧搬到一架雪橇上，還抓了好幾條訓練有素的狗，給牠們套上挽具。令那些嚇壞了的村民高興的是，他當天夜裡就駕著雪橇越過冰海，朝無法抵達陸地的方向而去。村民們猜想，他很快就會因為冰層破裂而喪命，或者凍死在無盡的亙古冰原上。

一聽到這消息，我突然感到一陣絕望。又被他逃掉了；我必須展開一段毀滅性的、而且幾乎漫無止境的旅程，越過海上一座座冰山，忍受沒有幾個當地居民可以長時間忍受的酷寒，而我這個在陽光明媚的溫和氣候下長大的人，根本毫無存活的希望。然而，一想到那魔鬼可以得意洋洋地活著，我的怒氣和仇恨就像一股滔天巨浪重新湧上心頭，淹沒了其他一切感受。我稍作休息，這段期間，親人的亡靈一直在我身邊徘徊，激勵我迎難而上，去為他們報一箭之仇；休息過後，我就著手為旅行做準備。

我把陸上用的雪橇，換成專為崎嶇不平的冰海設計的交通工具，又購置了許多乾糧，然後離開了陸地。

我算不清從那時至今過了多少日子；我歷經千辛萬苦，唯有靠胸中那股永不熄滅的公理報應之火，才讓我支撐下來。崎嶇不平的巨大冰塊經常擋住我的去路，我也常常聽到冰層下的長湧浪發出轟隆怒號，威脅著我的性命。但是霜雪再度降臨，鞏固了海上的道路。

從我消耗掉的食物數量來看，我猜我已經在海上走了三個星期。一想起我的願望遲遲無法實現，我就不禁流下失望與哀傷的淚水。絕望幾乎攫住了我，我很快就會被痛苦擊垮。有一次，那些可憐的狗使盡力氣把我拉上一座冰山峰頂，其中一條狗還脫力而死，我悲痛地望著眼前這片無邊無際的冰海，突然間，昏暗的冰原上有一個小黑點吸引了我的目光。我睜大雙眼，拚命想看清楚那究竟是什麼東西。當我發現那是一架雪橇，上面坐著的是我熟悉的畸形身軀時，我忍不住發出狂喜的吼叫。噢！希望如猛烈的湧泉重新灌入了我的心！熱淚奪眶而出，我趕緊擦乾眼淚，以免淚水遮住那惡魔的身影。不過，我還是被滾燙的淚珠模糊了視線，再也按捺不住情緒，放聲大哭起來。

但這會兒可不是耽擱的時候；我解開那條死狗，並給剩下的狗好好吃一頓，休息一個鐘頭——雖然我心急如焚，但這是絕對必要的——再接著趕路。那架雪橇依然清晰可見，除了偶爾被冰岩短暫遮住了視線，我再也沒有失去他的蹤影。我確實明顯地拉近了距離，將近兩天後，我看見敵人已在前方不到一英里外，一顆心激動得怦怦亂跳。

但是此刻，就在我即將逮住敵人的時候，我的希望瞬間破滅了。我比以往任何時候都更澈底地失去他的蹤跡。我聽見冰層下的長湧浪在翻滾、湧動，發出陣陣怒號，一刻比一刻更凶險可怕。我繼續奮力前進，但只是白費力氣。大風揚起，海水呼嘯，彷彿突然發生強烈地震似的，冰層在一聲震耳欲聾的巨響中破裂了。一切很快就要結束：幾分鐘後，奔騰的海水湧進我和我的敵人之間。我在一塊浮冰上隨波逐流，這塊浮冰不斷縮小，準備帶領我走向可怕的死亡。

就這樣，好幾個小時在驚恐中過去。好幾條狗死了，我自己也即將被層層痛苦壓垮。就在此時，我看見你的船停在海上，為我帶來了獲救與生存的希望。我從沒想過會有船隻航行到如此遙遠的北方，看到它的時候，我著實大吃一驚。我趕緊拆下部分雪橇做成船槳，靠著這個方法，耗盡力氣把我所在的這塊浮冰划向你的船。我打定主意，如果你們要往南行駛，我就繼續待在海上，聽天由命，絕不放棄我的目標。我還打算說服你給我一艘小船，讓我繼續追逐我的敵人。不過，你們是要往北航行的。你們在我筋疲力盡的時候把我救上船，否則，我很快就會在重重艱難中喪失性命，但我還不想死啊，因為我還沒有完成使命。

噢！什麼時候，我的守護神才能將我帶到那個惡魔面前，讓我得到殷切渴望的安寧？難道我必須死去，任由他活在這世上嗎？如果我真的死了，華頓，你得向我發誓，你不會讓他逃掉；你會找到他，以他的死為我復仇。不過，我怎能要求你去走我未走完的路，讓你忍受我受過的種種苦難呢？不，我還沒有這樣自私。但是，等我死後，如果他出現了，如果復仇之神真的把他帶到你面前，請你發誓不會讓他活下去，不能讓他對著我的種種災難耀武揚威，並且活著繼續為非作歹，使另一個人像我一樣痛苦。他巧舌如簧，能言善辯，我也曾經被他的言語打動了心。不過，別相信他。他的靈魂和他的外表一樣醜陋，充滿了狡詐和魔鬼般的惡意。不要聽信他的話；請召喚威廉、潔絲汀、克萊瓦爾、伊麗莎白、我的父親，以及可憐的維克多的魂魄[17]，並將你的利劍刺進他的心窩。我將徘徊在你的身邊，引導你的鋼劍一擊中的。

華頓的信（續）

一七××年，八月二十六日

瑪格麗特，你已經讀完這則離奇而恐怖的故事，難道不覺得全身的血液都因恐懼而結成了塊？就像我一樣，到現在，我還嚇得全身僵硬呢！有時候，他會被突如其來的痛苦揪住了心，無

---

17 瑪麗在此用的是「manes」這個字眼，引用其拉丁原義：鬼魂或死者的魂魄。（Joey Eschrich 註）

法繼續說下去；還有些時候，他用哽咽而尖銳的聲音，艱難地吐出充滿痛苦的話語。他那清澈漂亮的雙眼有時燃起憤怒的火花，有時又因憂鬱哀傷而黯然失色，被無盡的苦難澆熄了光芒。有時候，他努力控制自己的表情和語氣，用平靜的語調述說最恐怖的事件，設法壓抑每一絲激動的痕跡，然後彷彿火山爆發似的，他突然臉色大變，露出狂怒的神色，尖叫著詛咒那個迫害他的怪物。

他的故事前後連貫，就像在描述一個最簡單的真相。不過我得承認，儘管他的語氣誠懇，故事脈絡分明，但相對於聽信他的一面之詞，我是因為他給我看了費利克斯和莎菲的信，而且我們在船上也見到了那個怪物的身影，才更加確信這則故事的真實性。這個怪物真的存在！我毫不懷疑這一點，但它確實令我詫為奇事，驚嘆不已。有時候，我努力想從法蘭肯斯坦嘴裡打聽出創造這個怪物的具體細節，但在這一點上，他始終守口如瓶，毫不鬆口。

「你瘋了嗎，我的朋友？」他說，「你那無謂的好奇心會把你帶到什麼地方？你也想為自己和這個世界製造一個惡魔般的敵人嗎？鎮定，鎮定！從我的苦難記取教訓，別為自己增添煩惱了。」

法蘭肯斯坦發現我把他的經歷記錄下來，便要求看看這些內容，並在許多地方做了修正與補充，但主要是讓他和那敵人間的對話變得更加生動傳神。「既然你記下了我的故事，」他說，「我不願意為後世留下一篇殘缺不全的記載。」

一個星期就在我聆聽這個最超乎想像的離奇故事中過去了。我的客人以他的經歷和溫文儒雅的舉止，贏得我對他的濃厚興趣，把我的整副心思深深吸引住了。我很想安慰他，但我又如何勸慰一個受盡苦難、心灰意冷的人好好活下去呢？噢，不！他如今能體會到的唯一喜樂，就是當他那破碎的心靈在九泉之下獲得平靜的一刻。不過，他還能享受從孤獨與幻想中得到的一絲安慰：他相信在夢中，他可以和親朋好友交談，透過這些交流撫慰他的傷痛，或激發他的復仇決心；他相信這不是幻覺，而是他們真的從另一個遙遠的世界來探望他。這項信念為他的幻想平添莊嚴的氣氛，使我覺得那些幻想幾乎就像真的一樣，既令人嘆服又生動有趣。

我們談話的範圍，並不局限於他的個人經歷和不幸遭遇。在各個學術領域上，他都展現出淵博的學識和敏捷精闢的見解。他說起話來擲地有聲，令人動容；在他敘述某個可悲的事件，或有意激起聽者的愛與憐憫時，我也無法不潸然落淚。他在落魄時還能如此高貴聖潔，那麼在他意氣風發的日子裡，想必是個光芒萬丈的人物。他似乎對自身的價值以及此刻的巨大落差，都有一定的自知之明。

「早些年間，」他說，「我相信自己注定要成就一番偉大事業。我雖然感情豐富，卻具備適合創造輝煌成就的冷靜判斷力。正因為意識到自身性格的價值，我才能在別人會感到沉重的時候支撐下去，因為我覺得，將原本可以造福於人類的才能白白浪費在無用的哀傷中，無異於犯罪。每當我想到自己完成的那件作品，想到自己創造了一條有感情、有理性的生命，就無法把自己歸類於平庸的匠人之流。在我的事業生涯之初，這樣的想法是我的精神支柱，但是現在，這個念頭只會令我更加無地自容。我的一切憧憬和希望都毫無價值，我就像那個一心渴望擁有無限權力的天使長，最後被永遠禁錮在地獄之中。我有鮮活的想像力，又有強大的分析與應用能力；在這些特質的結合下，我萌生一個構想，然後實際造出了一個人[18]。直到現在，每當我想起還沒完工之前的那些美妙遐想，心裡仍充滿了激情。我那時任思緒天馬行空，時而為自己擁有的力量洋洋得意，時而想起這些力量能產生的作用而激動不已。我自小就擁有遠大的理想與抱負，但現在卻跌到了谷底！噢！我的朋友，如果你認識從前的我，絕對認不出我現在這個失意潦倒的模樣。我以前很少意氣消沉，似乎注定鴻運高照，直到我重重摔了個跟頭，從此萬劫不復，再也爬不起來了。」

難道我真的得失去這麼一個可敬之人？我一直渴望朋友，始終在尋覓一個能跟我心意相通的知己。瞧，在這片茫茫大海上，我終於找到這樣一個人，但就在我了解他的價值之後，我恐怕很快又得失去他。我勸他好好活下去，但他謝絕了我的好意。

「謝謝你，華頓，」他說，「謝謝你對我這個不幸之人展現善意。但是當你提到新的關係、新的感情時，請你想想，有誰能取代那些已逝的親人？在我的心中，有哪個男人能取代克萊瓦爾，又有哪個女人能成為另一個伊麗莎白？兒時的玩伴就算沒有任何優越的特質來深深打動我們的感情，他們在我們心中總占有一定的地位，那是後來結交的朋友難以企及的。他們了解我們兒時的脾氣，不論我們長大後有了哪些改變，天生的個性永遠無法根除；而且，他們能從我們的行為更準確地判斷出我們純正的動機。除非早有跡象，否則兄弟姊妹之間永遠不會懷疑彼此居心叵測，然而對其他朋友，不論感情多麼深厚，都有可能不由自主地抱持疑心[19]。但我還是喜愛朋友，不僅僅是基於習慣或彼此的往來才珍視他們，而是因為他們自身的美德。不論我身在何處，伊麗莎白那悅耳的聲音和克萊瓦爾的談話，總會在我的耳畔輕輕回響。他們已離開人世，在這樣的孤寂中，只有一種心情能說服我活下去。如果我投身於對我的同胞有極大用處的某種崇高事業，那麼我還能活著去完成這項使命[20]。但這並不是我的命運，我必須追捕我賦予了生命的那個怪物，消滅掉他。到時候，我就完成了這一生的命運，可以安然死去了。」

---

18 剛剛踏進廣大世界時，維克多覺得自己擁有能造福社會的才能。他冀望在這世上建立一番偉大事業，選擇了創造生命這個崇高的目標，卻沒有仔細考慮後果。他對自己的高度期許並未壓抑他的創造能力，雖然他得到令人嘆為觀止的成果，但到頭來只令他備受煎熬——他最後恍然認清自己和科學怪人一樣罪大惡極，一如撒旦。維克多若能從一開始創造生命就仔細思索這項行動的深遠影響，必然獲益良多。如果說白白浪費才能無異於犯罪，那麼，魯莽地運用才能進行創造，不也等同於犯罪？（Stephanie Naufel註）

19 在這段話中，維克多突顯了他人在我們形成自我、建立身分認同感的過程中造成的影響。正如他指出的，他人「在我們心中總占有一定的地位」。他人對科學怪人的觀感與恐懼，無可避免地影響了科學怪人對自己的看法（醜陋、嚇人、可厭），同樣的，維克多的親朋好友也塑造了他對自己的觀感。哲學家米哈伊爾．巴赫汀（Mikhail Bakhtin；1895-1975）曾提出，「人沒有獨立的內在領土，他全然且永遠站在邊界往內看自己；他望進他人的眼裡，或者用他人的眼光看世界」（1984，287）。由於人們無法不透過他人眼光看自己，照巴赫汀所言，人們唯有透過與他人交往才能意識到自己，甚至「成為自己」。事實上，維克多本人就表示伊麗莎白的「性命與我緊緊相依」。（Nicole Piemonte註）

20 今日的科學研究以兩種互相衝突的方式延伸了維克多的立場。一方面，科學一般被視為具有利他色彩，是一種「崇高事業」，產生能造福人類的發現與技術。十九世紀，虛無縹緲的自然哲學漸漸演變成在科學領域上開疆闢土的實際研究。漢弗里．戴維爵士的英國同胞請求他不僅將他的聰明才智運用於抽象的化學問題，也用於解決工業革命中的勞工困境（導致他發明了革命性的安全礦工燈）。富蘭克林之所以備受推崇，不只因為他是科學家，也因為他身兼發明家和創業家的身分。

九月二日

我親愛的姊姊，

在提筆寫信給妳的此刻，我身陷險境，不知道此生是否還能見到親愛的英格蘭，以及住在那裡的至親好友。我們被重重冰山包圍，無法脫困，船隻隨時都可能被冰層碾碎。當初被我勸來一起出海的勇士們，此刻都對我投來求助的目光，但我也一籌莫展。我們的處境十分危急，但我並未失去希望與勇氣。我們或許能逢凶化吉，但如果真的無法死裡逃生，我將秉持塞內卡[21]留下的智慧，抱著一顆善良的心赴死。

然而，瑪格麗特，妳那時會有怎樣的心情呢？妳永遠不會接到我遇難的消息，所以依然望眼欲穿地盼著我歸來。日子會一年一年過去，妳會被一陣又一陣的絕望侵襲，同時又遭受希望折磨。噢！我親愛的姊姊，一想到妳因為殷切的期待一次次落空而備受煎熬，比我自己死去更令我難受。幸好，妳有丈夫，還有可愛的孩子；妳可以過得幸福快樂。願上蒼保佑妳，賜給妳幸福的人生！

我那位不幸的客人用最溫柔的慈悲對待我。他竭力讓我充滿希望，從他說話的模樣，彷彿他自己也非常珍視生命。他提醒我，以往試圖穿越這片海域的航海家們，也常常遭遇同樣的意外狀況。他的話讓我的心不由自主裝滿了樂觀希望。就連水手們也被他的口才感染了力量；當他開口說話，他們不再感到絕望。他激起了他們的幹勁；一聽到他的聲音，水手們就覺得這些巨大的冰山不過是小丘罷了，終將在人類的意志面前冰消瓦解。但這些感受有如曇花一現。期待一天天落空，水手們的內心都充滿了恐懼，我幾乎害怕這樣的絕望會釀成一場叛變。

另一方面，二十世紀出現了一套新的漂亮說詞。二次大戰以來盛行的一套主張認為，科學家自私地為了知識本身而追求知識（如同維克多的做法），才能為人類帶來最大的福祉。當今許多科學倡議者，仍狂熱地捍衛不受任何實際或實用目的限制的基礎研究。

然而，唯有融合探索與實用，才能使科學深刻地造福人類；維克多認為這是他唯一的救贖之路。富蘭克林的避雷針、巴斯德的狂犬疫苗、柏思麥的煉鋼法、羅布林的布魯克林大橋、愛迪生的發電廠、自來水與污水管道、雜交玉米與冰箱、雷射與光纖電纜，全都具備「極大的用處」，並且合起來構成了一個最不浪漫的詞彙——「基礎建設」；多虧了這些基礎建設，否則生命仍會相當艱辛、殘忍且短暫——而科學將只是一種消遣，別無用處。（Daniel Sarewitz and Ed Finn 註）

21 盧修斯．阿奈烏斯．塞內卡（Lucius Annaeus Seneca），又稱「小塞內卡」，羅馬時代斯多噶學派哲學家、劇作家、散文家，並曾任尼祿皇帝的導師與顧問。斯多噶學派強調禁欲，但塞內卡卻聚斂了大量財富，以至終身逃不掉偽善的罵名。當他捲入刺殺尼祿的案件（很可能是被冤枉的），塞內卡被迫自殺謝罪。根據羅馬歷史學家塔西佗（Tacitus）的記載，他的死原本應該快速且無痛，最後卻成了一場結合毒藥與血腥的漫長折磨。和在塞內卡之前因獲罪而高貴死去的哲學家蘇格拉底一樣，後世的藝術與文學也將塞內卡之死作為淨化與救贖的象徵，甚至為他施行洗禮，因為他死在水盆裡。被困在冰層之中危在旦夕的華頓船長表示，他將和塞內卡一樣，「抱著一顆善良的心赴死」。瑪麗之所以為華頓（和維克多）提供塞內卡——以及蘇格拉底——的「智慧」，有沒有可能是因為華頓在原本應該更自制時過度狂熱地追求知識，瑪麗希望藉此讓他獲得救贖？（Judith Guston 註）

九月五日

剛剛發生了非同小可的一幕。儘管這些信件很可能永遠到不了妳手中，我還是忍不住把它記錄下來。

我們依然被冰山重重包圍，依然隨時面臨在冰山互相擠壓之下被碾碎的危險。天氣酷寒，許多同伴已經在這淒清荒涼的景色中命喪黃泉。法蘭肯斯坦的健康情形每況愈下；他的眼中還閃爍著狂熱的火焰，但他已筋疲力盡，只要突然使些力氣，就會立刻氣息奄奄，顯得毫無生氣。

我在上封信中提到擔心會發生叛變。今天早晨，我正坐著端詳我那位朋友的蒼白面容——他的雙眼微微睜開，四肢無力地下垂——這時，我聽到五六位水手的聲音，他們吵著要進入船艙。他們進來後，帶頭的人對我發話。他說他們幾個人被其他水手選作代表，要來向我提出一項要求——一項從公平正義的角度來看，我不能拒絕的要求。我們被困在冰山之間，說不定永遠無法脫身，不過他們擔心的是，萬一冰雪消融，打開了一條通道，我卻魯莽地繼續原定的航程，在他們高高興興脫險之後，又將他們帶入新的危險之中。因此，他們要求我鄭重承諾，船隻一旦脫困，我就立刻掉頭南行。

這番話令我相當為難。我還沒有絕望，也沒想過一旦脫險就立刻返航。但是，我有任何道理、或甚至任何可能拒絕這項要求嗎？我猶豫不決，不知如何作答。法蘭肯斯坦起先默默不語，而且看起來也確實沒有力氣搭理人，這時卻突然強打起精神，目光炯炯，臉頰因一時激動而泛紅。他轉過身對那些人說：

「你們這是什麼意思？你們對船長提出了什麼要求？難道你們就這麼輕易放棄理想？你們不是把這次航行稱為光榮的遠征嗎？它何以光榮？絕不是因為這條航道像南方的海域一樣風平浪靜，而是因為途中充滿艱險，危機四伏，你們得拿出勇氣克服危險。這就是這趟航程之所以光榮、之所以令人敬佩的原因。今後，你們將受到人們歡呼致敬，盛讚你們為人類造福；你們將名垂千古，被譽為為了人類的榮譽與福祉而捨生忘死的勇者。可是現在，瞧瞧，才一想到危險，或者——如果你們願意這麼說的話——才第一次遭遇對勇氣的嚴峻考驗，你們就畏縮不前，心甘情願被人當成一群無力忍受嚴寒和危難的懦夫；就這樣，這群可憐人哪，他們冷得發抖，要躲回溫暖的火爐邊去了。欸，早知如此，當初又何必多做準備；你們根本沒必要大老遠跑到這裡來，拖著你們的船長遭受失敗的恥辱，只為了證明你們是一群懦夫。噢！拿出男子氣概，成為男人中的男人吧！你們應該堅定目標，矢志不移。冰層和你們的心不同；冰是會變的，只要你們想擊敗它，它就阻擋不了。別在額頭烙上恥辱的印記回家；你們要勇於奮戰，在敵人面前絕不退縮，像個英雄那樣凱旋而歸[22]。」

22 在此，維克多懇求船員繼續遠征，呼籲他們在危險面前拿出勇氣與利他精神。說來諷刺，他鼓勵他們這麼做，因為這樣能讓他們「名垂千古」，或者「受到人們歡呼致敬，盛讚你們為人類造福」，然而，他也是基於同樣的動機而造出科學怪人，最終卻導致他痛苦而死。這段話顯示維克多（以及或許人類）的動機與欲望多麼複雜；利他的動機有可能摻雜了自負與傲慢。因此，我們有必要透過內省和有意識的自我檢討，查明是什麼力量驅使我們做出某些決定，尤其在面對高度風險時更須如此。（Nicole Piemonte 註）

他說話的時候，語調隨著情緒起伏而抑揚頓挫，目光裡閃爍著崇高的理想與英雄氣概，你可以想像，那些水手深受感動。他們面面相覷，無言以對。我開口了；我讓他們回去休息，仔細想想剛才的這番話。我告訴他們，如果他們執意返航，我不會帶著他們繼續北上，但我希望深自反省之後，他們能重新鼓起勇氣。

水手們退下去後，我回到我的朋友身邊，但他已經累癱了，幾乎奄奄一息。

這一切最後將如何了結，我不知道；但我寧死也不願意半途而廢，帶著恥辱返航。不過，我擔心這終歸是我的命運，那些水手並沒有榮耀和名譽的觀念來支撐他們，因此絕不會願意繼續忍受眼前遭遇的種種難關。

九月七日

大勢已定。我已經同意，只要我們沒有命喪於此，就立刻帶著大家返航。我的希望，就這樣被怯懦和猶豫不決給毀了。我將一無所獲，抱憾而歸。我還沒有那麼豁達，可以平心靜氣地接受這個不公平的待遇[23]。

九月十二日

事情都過去了；我已在返回英格蘭的途中。我已失去造福人類、享受榮耀的希望——我已失去我的朋友。但我會盡力向妳描述這段痛苦的經歷，我親愛的姊姊，而且，既然我們正朝著英格蘭、朝著妳前行，我將不再沮喪。

九月九日，冰層開始移動，遠方傳來雷霆般的巨響。冰山乍裂，向四面八方散開。我們的處境十分危急，但也無計可施，只能靜觀其變。於是，我把注意力集中在我那位不幸的客人身上，他已沉痾難起，完全下不了床。冰山在我們背後崩裂，以萬鈞之勢朝北方移動。西面吹來一股微風，到了十一日，南向的航道澈底暢通。水手們見狀，確信自己能返回家鄉，欣喜若狂地爆出一陣歡呼，聲音響亮，經久不衰。正迷迷糊糊打著瞌睡的法蘭肯斯坦被吵醒了，問起這陣騷亂的原因。「水手們高聲歡呼，」我說，「是因為他們很快就能回英格蘭了。」

「這麼說，你真的要返航了？」

「哎呀！確實如此。我擋不住他們的要求。我不能強迫他們身歷險境，只能返航。」

---

23 華頓在許多方面顯然與維克多恰恰相反。華頓救了一個人並以朋友之道相待，而這個人在故事一開始比他的創造物更邪惡，到最後則不分軒輊，因為兩者同樣因悲傷、憤怒與復仇心而扭曲。華頓是在明知有可能付出生命的情況下追求知識。他努力兌現對維克多的承諾，純粹是基於兩人之間柏拉圖式的友誼。在追求知識的過程中，當他和同伴的生命受到冰層威脅，他並未退縮，而且一開始從他的角度來看，他是因為手下船員的怯懦才偏離了正軌。（Sean A. Hays註）

「那麼隨你吧，不過我是不會回去的。你可以放棄你的目標，但我的目標是上天派給我的，我不敢違抗。我很虛弱，但是協助我復仇的神靈肯定會賜予我足夠力量。」他一邊說話，一邊掙扎著起床，但是這樣子使勁讓他吃不消，他跌回床上，暈了過去。

他過了好久才甦醒過來，我好幾次以為他已經澈底走了。最後，他終於睜開眼睛，艱難地呼吸，根本無法開口說話。醫生給他服了鎮定劑，囑咐我們別去打擾他。在此同時，醫生告訴我，我的朋友已經沒有幾個小時可活了。

他的判決已定，我也只能哀傷地耐心等待。我坐在他的床邊凝望他，他緊閉雙眼，我還以為他睡著了。可是一會兒後，他用虛弱的聲音呼喚我，要求我湊近一點。他說：「唉！我仰賴的力量消失了，我的死期將至，而他，我的仇敵、我的迫害者，可能還活著。華頓，雖然我認為自己渴望取走仇敵性命的想法完全符合公理正義，但請別以為在生命的最後時刻，我的心還是像過去所說的那樣，燃燒著熊熊的恨意，殷切渴望報復。在這最後的日子裡，我一直反省過去的所作所為，覺得自己沒有做錯什麼。我在狂熱的衝動下，造出了一條有理性的生命，理應竭盡所能確保他幸福、健康。那是我應盡的責任，但我還有另一項更重要的義務。我更應該關注我對同胞的義務[24]，因為那涉及了更廣大的幸福與痛苦。基於這樣的想法，我拒絕為我造出來的第一條生命再造一個同伴，而且拒絕得很對。他展現了無比的惡毒與自私，殺害了我的親友，一心一意戕害那些具有細膩情感、幸福與智慧的生命。我不知道他對報復的渴望哪裡才是盡頭。雖然他很可憐，但為了不讓他製造其他悲劇，他只能死。毀滅他是我的任務，但我失敗了。我曾出於自私與惡劣的動機，要求你接替我未完成的工作；如今我再次提出請求，但這次純粹是出於理性與善念。

「然而，我不能要求你為了完成這項任務而拋棄家鄉和親友。如今既然你要回英格蘭去了，恐怕不會有什麼機會遇見他。但是關於這幾點，以及你如何權衡你應盡的義務，我留給你自己決定。我的判斷力和想法因為死期將至而受到干擾，我不敢要求你去做我認為對的事情，因為我仍然有可能被激情誤導。

「令我不安的是，他還活在這世上繼續為非作歹。就其他方面來看，我即將獲得解脫的此時此刻，是我多年來唯一享有的幸福時光。已逝至親的身影在我眼前飛舞，我急著投入他們的懷抱。永別了，華頓！你要在平靜的生活中尋找快樂，千萬別野心勃勃，即便那些看起來單純無

---

24 瑪麗的「怪物」是個素食主義者：「我吃的食物跟人類不同，我不會宰殺小羊來滿足口腹之欲，橡實和漿果就能為我供應充足的養分」。科學怪人對於他認為跟自己相似的其他生命展現同理心，透過具體行動呈現出「人性」，瑪麗明白地描繪科學怪人具有會照顧他人的一面。寵物一旦有了名字就不再只是動物，而維克多從未替他的實驗人命名。儘管他在故事尾聲承認他的創造物具有理性、理應得到幸福，但在維克多眼中，科學怪人始終是他的「白老鼠」。西方的客觀性概念始於歐洲啟蒙運動，然而，我們同情所有會引發情感的事物，例如胚胎幹細胞，因為它們源於人類胚胎，並且是各種人體細胞的源頭。每一個「採集」來的、在特定條件下具短暫生命性質的胚胎幹細胞，如果植入子宮，而不是放在實驗室裡供人研究，是否天生都具有轉變成人並且發育完全的能力？瑪麗的科學怪人表示他不吃（或使用）其他動物的肉，是否暗指他在某些層面比人類更具人性？胚胎幹細胞在研究過程中或研究結束之後終究會被銷毀，由此看來，它們的生命價值是否跟「小羊」不相上下，還是比較低賤？比較高貴？甚至毫無價值？瑪麗筆下吃素的「怪物」會如何回答這個問題？（Miguel Astor-Aguilera註）

害、只是想在科學與探索的領域中出人頭地的抱負也應該避免。我為什麼這麼說呢？我自己就是毀於這些雄心壯志，但是，可能還會有其他人步入我的後塵啊[25]。」

他說話的聲音越來越微弱，最後耗盡力氣，陷入了沉默。大約半小時後，他還想再說些什麼，卻已無法開口。他虛弱地按著我的手，永遠闔上了雙眼，一抹溫柔的笑意從他的嘴邊一閃而過。

瑪格麗特，這麼一個傑出人物如此英年早逝，我還能說些什麼？我該怎麼說，才能讓妳明白我的傷痛有多深？言語所能表達的，是那麼蒼白、薄弱。我淚如泉湧，心裡蒙上了失望的陰影。但我正航向英格蘭，也許能在那裡得到安慰。

有個聲音打斷了我。這聲音代表著什麼？現在是午夜時分，微風輕輕吹拂，甲板上負責瞭望的人完全沒被驚動。又傳來了一聲；聽起來像是人的聲音，只是更粗啞些。那是從停放法蘭肯斯坦遺體的艙房傳來的。我得去查看一下。晚安，我的姊姊。

老天爺啊！剛剛發生的一幕太可怕了！我現在回想起來，都還覺得頭暈目眩。我不知道自己是否有能力詳述這件事情，但如果不把這個令人驚嘆的結局寫下來，我記錄的故事就不完整了。

我走進我那命運多舛卻令人敬佩的朋友停靈的船艙。有一個人影俯身望著他；我實在找不到言語形容這副身影，他異常高大，然而樣貌粗野，身材完全不成比例。他俯身在靈柩旁，臉被一縷縷亂蓬蓬的長髮遮住。他伸出一隻巨大的手，皮膚的色澤和肌理就像木乃伊一樣。當他聽到我走近的聲音，立刻止住那哀傷而恐怖的叫聲，縱身跳向窗口。那張臉是我見過最恐怖的東西，那麼噁心，醜得嚇人。我不由自主閉上眼睛，努力思索我該如何對付這個破壞者。我叫住了他。

他停下腳步，驚訝地望著我，然後再度轉身面對他的創造者那副毫無生氣的軀體。他似乎忘了我的存在；每一個表情、每一個姿態，似乎都被一股無法控制的強烈憤怒所支配。

「又一個人死在我手裡！」他呼喊著，「害死了他，我的罪孽已到達頂點，我這悲慘的一生也該結束了！噢！法蘭肯斯坦！你這個天性寬厚又願意犧牲自我的人啊！我現在請求你的寬恕又有什麼用？我殺害了你最深愛的每一個人，對你造成無可挽回的傷害。天啊！他的屍骨已冰冷，永遠無法回答我了。」

他似乎語帶哽咽。我一開始想要遵照朋友的臨終囑託去殺了他，但此刻卻因為好奇與憐憫而打消了衝動。我走近這個龐然大物，但不敢再度抬眼注視他的臉龐。他的醜陋不屬於這個人世，格外嚇人。我想開口說話，但話到嘴邊又打住了。那怪物繼續瘋狂而語無倫次地責怪自己。最後，趁他瘋狂騷動的情緒暫時停歇，我終於下定決心對他說：「你的懺悔此刻已經是多餘的了。如果當初在

---

25 維克多雖然稱讚華頓的善行，特別是他細述的關於愛的情節，不過，維克多卻批評華頓缺乏想像力。他進一步暗示，華頓之所以沒有能力思索船纜與支桅索（航海用語，一種纜繩，一般指用來支撐主桅的一部分繩索）以外的事物，是因為他將生命都花在海上。瑪麗將一個重要的浪漫主義觀點壓縮在這段話中。當時的經驗主義者主張「白板說」（tabula rasa），認為人類的心靈就像一塊蠟板，全然空白地接觸這個世界，直接蒐集萬物留下的印痕；他們相信人類的心靈應該保持空白以利觀察。相較之下，浪漫主義者則認為人類能觀察到的事物，受到心靈中既有印象的影響；這套理論說明了在接觸同樣的風景、人物或自然奇觀時，不同的人為什麼會得到不同的觀感。在維克多看來，華頓的想像力有限，因為他的經驗局限在海上的生活，這跟維克多自己的童年與教育經驗截然不同；維克多相信正是他的童年與教育，塑造了他那適合追求科學研究的心靈。（Hannah Rogers 註）

你施加泯滅人性的報復之前，聽聽良心的聲音[26]，想想懊悔的痛苦，法蘭肯斯坦就不會死了。」

「你是在夢中嗎？」那惡魔說，「你難道以為我當時對痛苦與悔恨就麻木不仁嗎？他，」他指著遺體繼續說道，「事情終結之前，他並沒有受太多苦，跟我在這漫長報復過程中所受的痛苦相比，根本不及萬分之一。一股可怕的自私心理驅策我繼續做下去，而我的心卻受到悔恨的煎熬。你以為克萊瓦爾的呻吟在我聽來有如美妙的音樂嗎？我有一顆容易被愛與憐憫打動的心，但是當它被罪惡與仇恨的痛苦所扭曲，在這樣的巨變過程中，它所受的折磨遠遠不是你能想像的。

「殺了克萊瓦爾後，我回到瑞士，肝腸寸斷，痛苦難當。我可憐法蘭肯斯坦，但我的憐憫卻轉成了嫌惡；我痛恨自己。但是當我發現他——這個既賦予我生命，又帶給我難言痛苦的人——竟敢奢望幸福；在他不斷往我身上堆積痛苦與絕望之際，自己竟然去尋找我永遠無法享受到的情感與熱情。就這樣，我的心湧上了徒勞無益的嫉妒與苦澀的憤慨，不由得充滿了無法饜足的報復欲望。我想起自己曾發出的威脅，決心付諸行動。我知道這麼做會給自己帶來極大的煎熬，然而我受到衝動奴役，身不由己。我雖然厭惡這樣的衝動，卻無法不受它擺布。然而在她死去的時候！——不，那時我並不痛苦。我已擺脫了所有情感，壓制了一切痛苦，在極度絕望中肆意妄為，從此把邪惡當成良善。走到這一步，我已別無選擇，只能調整我的本性去適應我自己選擇的處境。完成我的邪惡計畫，成了一股永難滿足的欲望。如今一切都結束了，我的最後一個受害者就在那裡！」

一開始，我被他描述的痛苦經歷打動了，但是我想起法蘭肯斯坦曾說他巧舌如簧、能言善辯；我再次看看我那朋友毫無生氣的冰冷遺體，胸中重新燃起了熊熊怒火。「你這卑鄙的傢伙！」

我說，「說得好聽，你竟然跑來這裡哭訴你造成的悲劇。你把火扔進整片房屋之中，等到房子燒成了灰燼，你卻坐在廢墟上，哀嘆房屋倒塌。虛偽的魔鬼！如果你哀悼的這個人還活著，他肯定仍然是你的目標，還會慘遭你那該死的報復。你現在的心情並非憐憫；你之所以悲嘆，只是因為你的受害者已經脫離你的魔掌，你不能再對他逞凶作惡了。」

「噢，不是這樣的——不是這樣，」那怪物打斷我的話，「一定是我的行動表面上看起來用心歹毒，才給你留下這樣的印象。不過，我不想求得人們對我的不幸遭遇感同身受；我永遠不可能得到同情。我當初追求同情，是因為我喜愛美德，而且全身流淌著對幸福與溫情的感受力，所以才渴望加入人群。但是如今，美德對我已成幻影，幸福和溫情化成了痛苦與可憎的絕望，我又能到哪裡尋找同情？必須受苦的時候，我甘願一個人獨自承受。等我死時，我也會因記憶中充滿憎恨與辱罵而心滿意足。有關美德、名聲與享樂的幻夢曾經撫慰我的想像力；我也曾錯誤地期盼遇到一些不介意我外表的人，他們會因為我展現的良好品行而愛我。我曾懷抱崇高的榮譽感與奉獻精神。可是如今，罪惡已讓我淪為最卑劣的禽獸。我犯的罪、我造的孽、我的歹毒和痛苦，這世上無人能比。當我一一回顧我那些令人毛骨悚然的罪行，我簡直無法相信自己是那個曾經充滿高尚情操、一心嚮往美與善的人。但即便如此，墜落的天使已成了惡毒的魔鬼。不過，就算是上帝

---

26 聽了科學怪人對如今已死的維克多表達感激之情，並對自己不可寬恕的行動懊悔不已，華頓批評這些懺悔已徒勞無益。科學怪人原本可以選擇聆聽良心的聲音區分是非善惡，而不是試著報復。科學怪人的感恩之情，原本可以戰勝他在遭到拒絕時體驗到的種種感受。（Joel Gereboff註）

與人類的敵人，在淒涼的處境中仍有朋友相伴，我卻澈底孤獨，孑然一身。

「你自稱是法蘭肯斯坦的朋友，似乎很清楚我犯下的罪行和他遭遇的不幸。但是，在他描述的細節中，一定無法完整說明我如何在痛苦中度過日日夜夜，如何受到無益的激情所煎熬。我雖然毀滅了他的希望，但我自己的欲望卻沒有因此獲得滿足。我的欲望始終是那麼熾烈，我仍然渴望愛情與友誼，但我依舊遭人摒棄。這當中難道沒有任何不公不義？當全人類都對我施惡，為什麼唯獨我被視為罪犯？當費利克斯傲慢無禮地把他的朋友趕出家門，你們為什麼不恨他？當那個鄉下人試圖殺死他的孩子的救命恩人，你們為什麼不咒罵他？那可不行，因為他們都是純潔無瑕的正人君子！而我則是個被遺棄的、長相畸形的可憐蟲，活該遭人唾棄、侮辱與踐踏。即便現在，一想起這些不公平待遇，我的血液仍然沸騰不已。

「但我確實是個卑鄙無恥的傢伙。我殺害了美麗可愛、無力反抗的弱者，也曾趁無辜之人熟睡時掐死他們，而他們從沒有傷害過我，也沒有傷害過任何生命。我的創造者是一位值得愛與敬重的英才，但我一心一意要使他痛苦，甚至將他逼入了無可挽回的絕境。現在他躺在那兒，在死亡中蒼白冰冷。你恨我，但你的恨比不上我對自己的恨意。我看著這雙行凶的手，想著這顆冒出邪念的心，渴望有朝一日，我的眼睛再也看不見這雙手，我的思緒再也不會被這顆心糾纏。

「你不用擔心我會繼續作惡，我的工作已經差不多完成。我只需一死，這一生該做的事情就都做完了，功德圓滿，不需要取你或其他人的性命[27]。別以為我會拖拖拉拉地不敢自我了斷。我將離開你的船，跳上載我來到這裡的那艘冰筏，前往地球最北的極地；我將給自己架起火葬的柴堆，將這具醜陋的軀體燒成灰燼，不留任何痕跡給那些好奇的、褻瀆神靈的人，免得他們造出另一個和我一樣的生命。我將死去，不會再感受到此刻啃噬著我的痛苦，也不會再被那些得不到滿足也無法澆熄的感情折磨。賦予我生命的那個人死了，等我也失去生命，有關於我們倆的記憶很快就會煙消雲散。我再也看不見日月星辰，再也感受不到微風輕拂臉頰。光、情感和知覺都將消失，唯有這樣，我才能找到幸福。幾年前，世間的各種影像第一次呈現在我眼前，我感受到夏天令人愉悅的暖意，聽到樹葉沙沙作響、鳥兒啁啾歡唱；當時，那就是我的一切，那時如果面對死亡，我會悲傷哭泣。現在，死成了我的唯一安慰。我的生命被罪惡玷污、被最痛苦的悔恨撕扯，除了死亡，我還能到哪裡尋找安寧？

「永別了！我將離開你，你將是這雙眼睛見到的最後一個人類。永別了，法蘭肯斯坦！假如你還活著，假如你還渴望對我展開報復，那麼我活著，比我死去更能滿足你的欲望。可是情況並非如此，你一直想要消滅我，以免我成了更大的禍害。然而，如果在我未知的那個世界，你還能

27 在此，瑪麗預見了有關非預期後果的問題；這是當今科學家與技術專家面臨的最嚴肅爭論之一。我們如何確定我們帶到世界的新創造物會始終受到約束、控制，而且維持我們預期它們應有的模樣？一個廣受討論的例子，就是關於「灰蟲」（grey goo）的辯論。想像一個現代維克多創造出一種具有自我複製能力的奈米技術，能夠運用環境中的資源來複製自己。如果控制不當，這種物體可以在短短幾天內毀滅地球上的一切，將整個世界變成由密密麻麻的奈米機器人組成的灰色黏稠物。
科學怪人描述的自我毀滅計畫，是對另一個相關問題最令人沉痛的探索——如果爭議中的新技術不僅具有自主能力，還擁有某種程度的自我意識，那麼設置安全限度，或許意味著要求我們的創造物採取某種行動來結束自己的生命。
（Ed Finn 註）

思考與感受，你一定會讓我活著承受痛苦，不會再想取我的性命了。你已離開人世，但我的痛苦依舊比你還深，悔恨將不斷刺痛我的傷口，直到死亡將傷口永遠癒合。

「不過，快了，」他帶著悲壯的激情呼喊，「我就要死了，一切感受將不復存在。這些灼熱的痛苦將被澆熄，我將以勝利者的姿態登上我的火葬台，在烈焰灼身的痛苦中得到狂喜[28]。熊熊的火光將漸漸消失，我的灰燼將隨風飄入大海。我的靈魂將永遠安息；如果到時候它還能思考，它也肯定不會再思考這些事情了。永別了。」

說著說著，他便躍出窗外，跳上靠在船邊的冰筏。不一會兒，海浪就帶著他飄向遠方，消失在無盡的黑暗之中。

【全書終】

---

28 科學怪人最後的話，描述他打算高貴地自行了斷（參考註21的塞內卡之死，以及註27的自我犧牲的技術）。科學怪人決定「秉持塞內卡留下的智慧，抱著一顆善良的心赴死」，這與當代許多描述某種具有自主能力的技術為了人類的福祉犧牲自我的情節不謀而合。在《魔鬼終結者2》中，阿諾·史瓦辛格飾演的超強能力機器人便做了類似的犧牲；他為了保護約翰和莎拉·康納，不惜自己走進一池熔化的鋼液中。

隨著自動系統日益普及（想想自動駕駛車），如何將道德判斷寫進自動系統的程式編碼，也成了日益緊迫的問題。自動駕駛車應該犧牲自己以避免傷害路上行人，這似乎是理所當然的事。但是，假如自動駕駛車必須在傷害車上駕駛人和撞到行人之間抉擇，系統應該如何反應？正如維克多和科學怪人發現的，我們的道德決策多半涉及了傷害他人的風險，使我們不得不在左右為難的狀況下做出艱難的決定。（Ed Finn註）

作者導言（一八三一）

《科學怪人》入選範本小說系列時，出版社希望我提供一篇文章，說明這則故事的緣起。這正合我意，因為我恰好可以趁此機會概略回答別人經常對我提出的一個問題——「當年還是年輕女孩的我，怎麼會生出這麼一個驚悚的構想，並且詳細鋪述？」的確，我很不喜歡在文章裡現身說法，但由於這篇記述只會出現在一部舊作的附錄，而且我要談的，僅限於和我的作家身分相關的話題，我不至於怪罪自己洩漏了個人隱私。

我的父母都是傑出文人，在文壇頗負盛名。身為他們的女兒，我年紀輕輕就興起寫作的念頭，並不是什麼奇怪的事。我小時候就愛塗塗寫寫，在我獲得的娛樂時間裡，最喜歡的消遣活動就是「寫故事」。不過，我更愛做的是「打造空中樓閣」——沉溺在白日夢中；各種奇思異想紛至沓來，形成一連串虛構事件。我的白日夢比我寫下的故事更異想天開，也更引人入勝。在寫作上，我是隻學舌鸚鵡——只會照著別人的作品依樣畫葫蘆，而不是順著自己的想法隨意揮灑。我寫的故事是要給別人看的，而且至少有一個讀者，那就是我童年時期的玩伴兼好友。但我的白日夢只屬於我一人，我從不對別人提起；它們在我心煩意亂的時候撫慰我，又在我無憂無慮的時候，帶給我莫大的歡樂。

我的童年大抵在鄉間度過，而且在蘇格蘭住了很長一段時間。雖然我偶爾造訪那一帶的風景勝地，但我平常是住在單調而荒涼的泰河北岸，離丹地（Dundee）不遠。如今追憶往事，我說那裡的景色單調而荒涼，但我當時可不這麼想。那裡是自由的鷹巢、歡樂的天地，因為我可以跟我幻想中的角色閒話家常、促膝談心，不被任何人發現。我當時已開始寫作，不過用字遣詞無非一些陳腔濫調。我真正的行文風格——那天馬行空的想像力——是在我家院落的大樹下，或附近那些寸草不生的荒涼山坡上，才逐漸誕生、茁壯。我從未把自己寫成故事裡的女主角，在我眼裡，我的生活太過平淡，我無法想像那些浪漫的生離死別和精采的人生際遇會發生在我身上。因此，我沒有受限於自我認知，反而創造出許許多多比我那個年紀的生活經驗更生動有趣的人物與情節，用這種方法填滿了無數時光。

在此之後，生活突然忙碌起來，現實世界取代了胡思亂想。然而，我的丈夫從一開始就急著要我揚名立萬，證明自己不負出身書香門第。他總是激勵我在文壇上成名，雖然我後來變得淡泊名聲，但在當時，就連我自己也渴望一鳴驚人。那時候，他希望我寫些東西，倒不是認為我能寫出什麼值得注目的文章，而是想親自判斷我有沒有天賦，今後能不能寫出更好的作品來。不過，我還是什麼都沒寫。旅行和照顧家庭占據了我的所有時間，而我唯一專心從事的文學活動，就是靠著閱讀來學習，或者跟他交流意見來增廣見聞，因為他的學識比我更淵博。

一八一六年夏天，我們造訪瑞士，和拜倫勛爵成了鄰居。一開始，我們泛舟湖上或漫步湖邊，度過許多歡樂時光。當時正在寫《查爾德．哈洛德遊記》（*Childe Harold*）第三章的拜倫勛爵，是我們當中唯一把腦中想法寫下來的人。他陸陸續續把他寫的詩篇拿給我們看，這些將詩歌的燦爛光彩與和諧聲韻展露無遺的文字，似乎寫出了天堂與人間的神聖榮光。而天地對他產生的這份影響力，我們也同樣深有體會。

不過，那是個潮濕而令人不適的夏天，連綿不絕的陰雨經常一連把我們困在家裡好幾天。我們拿到幾本從德文翻譯成法文的鬼故事書，其中一本叫《負心漢的情史》，書中男主角在說完結婚誓詞後把新娘擁進懷裡，卻發現他摟在懷中的，是一個曾被他拋棄的女子的蒼白鬼魂。還有一個故事講的是一個家族的祖先罪孽深重，導致家族的年輕男子一到準備大展抱負的年紀，就注定被死神親吻。每到半夜，死神巨大而朦朧的身影就會出現，彷彿《哈姆雷特》中的鬼影那般全副武裝，唯一的差別就是他掀開了面罩。在忽明忽滅的月光下，他緩緩走在幽暗大街上，然後消失在城堡圍牆的陰影裡。沒多久，一扇柵門吱呀一聲打開，傳來一陣腳步聲，房間的門也開了，他走向床邊。床上躺著青春正茂的少年，睡得正香甜。當他俯身親吻少年的額頭，他的臉上流露出無盡的哀傷。被他親吻之後，少年就像一朵折枝的花，漸漸枯萎。我後來沒有再看過這幾篇故事，但這些情節在我腦中記憶猶新，彷彿昨天才讀過一樣。

「我們各自來寫一篇鬼故事，」拜倫說道；他的提議得到我們四個人一致贊同。這位高貴的作家開始寫了一個故事，最後收編在他的詩作《馬捷帕》（*Mazeppa*）的結尾。比起構思故事情節，雪萊更擅長以鮮明耀眼的形象化描述，和最能為我們的語言增添美感的音樂性文字展現他的想法與情感，因此，他根據早年的經驗動筆寫了一篇故事。可憐的波里道利有一個很可怕的構想，內容是關於一個骷顱頭女士因為透過鑰匙孔偷窺而受到嚴厲懲罰；至於她看到什麼，我已經不記得了，但肯定是什麼令人震驚的壞事。不過，當她落到比著名的偷窺狂──考文垂的湯姆（Tom of Coventry）──還悽慘的境地，波里道利不知道該拿她怎麼辦，只好把她打發到卡帕萊特家的墓穴（譯註：指莎翁名劇《羅密歐與茱麗葉》中，茱麗葉家的家族墓穴），那是唯一適合她的地方。寫作的枯燥乏味讓這幾位卓越詩人感到厭煩，很快就放棄這項不符合他們胃口的工作。

我則忙著「構思故事」──構思一個足以跟一開始刺激我們去做這件事的那幾篇鬼怪奇談分庭抗禮的故事，一個會攪動人們天性中那股莫名的恐懼、讓人們不寒而慄的故事，一個會讓讀者不敢東張西望，而且嚇得血液結凍、心跳加速的故事。如果我的故事無法做到這幾點，那就不配叫做鬼故事。我整天苦思冥想，卻徒勞無功。面對大家焦急的詢問，我只能以一句乏味的「毫無進展」答覆；我腸枯思竭，靈感全無，作家最大的痛苦，莫過於此。「你的故事想出來了沒有？」他們每天早上都這麼問我，而我每天早上都只能給出一個丟人的負面答案。

套句桑丘（譯註：《唐吉軻德》中與主角一起闖蕩江湖的侍從）的話：凡事必有開頭；而這個開頭必然有脈絡可循。印度人讓一頭大象支撐這個世界，卻讓這頭大象站在一隻巨龜身上。因此，我們必須謙虛地承認，新事物的發明並不是源於虛無，而是出於混亂；我們首先必須擁有材料，因為發明者可以將含糊而不成樣子的物質塑造成形，卻無法創造出物質本身。有關發現與創造的一切——即便那些想像中的發明——都會讓我們想起哥倫布豎雞蛋的故事。創造力主要在於一個人掌握事物本質的能力，以及他透過事物本質得到靈感後，將靈感塑造成形的本事。

拜倫和雪萊經常展開長談，而我總是虔誠地聆聽他們高談闊論，幾乎不發一語。在一次對談中，他們討論了各種哲學思想，包括生命起源的本質，以及這個本質是否可能被人類發現與探討。他們談起達爾文醫生的實驗（我說的不是這位醫生確實做過的實驗，或者他說自己做過的實驗，為了更清楚表達我的意思，我指的是當時人們說他做過的實驗）。他將一根細麵保存在玻璃罐中，直到透過某些不尋常的方法，麵條自己動了起來。然而，這畢竟不是生命的創造之道。也許人們可以讓屍體死而復生；電療法已經為這類事情提出了證明：也許人們可以製造出生物的各個部位、加以組合，然後賦予它溫暖的生命。

兩人一直談到深夜還欲罷不能，我們過了半夜才終於回房休息。上床後，我遲遲無法入睡，但也不能說我是在思考。各種想像如湧泉一般不請自來，既使我著迷，也指引著我，並在我腦中冒出一連串生動逼真的畫面，遠遠超過一般奇思異想的範圍。我看見——我閉著眼睛，用敏銳的心靈之眼，看見一個鑽研瀆神之術的學生面色蒼白地跪在他組裝出來的東西旁。我看見一個奇醜無比的人形四仰八叉地躺著，靠著一部強力引擎的運轉，它出現了生命跡象，然後艱難而無力地動了一下。這故事鐵定會令人毛骨悚然，因為每當人類試圖模仿造物主的偉大機制，總會出現極其可怕的後果。這位邪術學生會因為自己的成功而感到害怕，他會嚇得魂飛魄散，急忙拋下自己親手打造的醜八怪，逃之夭夭。他會希望，他傳遞的那股微弱的生命火花在自生自滅中慢慢消失，而那看起來如此有氣無力的東西，又會變回一團死肉。然後他就可以安心入睡，相信墳墓的死寂將永遠撲滅這個醜陋死屍的短暫生命，雖然他曾經將這團死肉視為生命的搖籃。他睡著了，但從睡夢中驚醒；他睜開雙眼，看見那個可怕的東西就站在他的床邊、掀開床簾，用那雙黃濁、濕濡而充滿疑問的眼睛盯著他。

我在驚恐中睜開雙眼。這個構想占據了我的心，戰慄的電流在我身體裡亂竄，而我希望用周遭的現實環境，趕跑我幻想出來的那個恐怖畫面。我現在依然能看見那一切：那個房間、那深色的木條鑲花地板、緊閉的百葉窗，以及勉強從百葉窗縫隙鑽進來的月光；我也知道窗外就是那平靜如鏡的湖泊，以及雪白高聳的阿爾卑斯山。然而，我無法輕易擺脫那恐怖的幻影，它依然糾纏著我。我必須想點別的事情。我又想起我要寫的那篇鬼故事——我那沉悶而令人失望的鬼故事！噢！我要是能寫出一篇可怕的故事，讓讀者像我這天晚上一樣心膽俱裂，那該有多好！

一個令人振奮的念頭像光一樣射進我的腦海。「我想到了！會嚇到我的故事也會嚇到別人，我只需要把夜半時分纏著我不放的那個鬼影寫出來就好了。」隔天，我向大家宣布我想出了一個故事。我當天就開始動筆，以「十一月的一個陰沉夜晚」作為開頭，只想如實記錄我在夢寐之間見到的那些恐怖情景。

一開始我只打算寫下短短幾頁——一則短篇故事；但雪萊鞭策我拓展構想，寫出較長的篇幅。我的丈夫確實沒有對書中任何事件或甚至任何心理描寫提出建議，但如果沒有他的激勵，這篇故事絕對不會以今天這個面貌呈現世人眼前。不過，我的這個聲明並不包含序文。就我記憶所及，序文完全出自我丈夫之手。

現在，我再次將我這個可怕的孩子公諸於世，願它一路平安順遂。我對它的感情很深，因為它是我在幸福快樂的日子裡誕生的作品。那時候，死亡和悲傷對我來說只是紙上談兵，沒有在我心裡引起真正的共鳴。書中有數頁篇幅描述我們的許多次散步、許多次馬車之旅和許多次對話；當時的我並不孤單，而如今，我再也見不到我的伴侶了。不過，這些聯想是我個人的事，和我的讀者無涉。

關於我所做的修改，我只想再說一句話。這些修改基本上只是潤飾而已；我沒有更動任何情節，也沒有添加新的構想或情境。我修改了枯燥得足以影響小說趣味性的文字，而這些更動幾乎都在第一卷的開頭。自始至終，我修改的部分都局限於枝節末葉，完全沒有動到故事的骨幹與核心。

瑪麗．吳爾史東克拉芙特．雪萊

一八三一年十月十五日，寫於倫敦

科學大事紀及瑪麗・雪萊年表

1745 克拉斯特主教（Ewald Jürgen Georg von Kleist）製作出第一個電容器—萊頓瓶。

1750 布雷克（Joseph Black）闡述「潛熱」。

1751 富蘭克林證明閃電即是電。

1761 羅蒙諾索夫（Mikhail Lomonosov）發現金星大氣層。

1763 貝葉斯（Thomas Bayes）首度發表貝氏定理，為貝氏概率奠定了基礎。

1771 梅西耶（Charles Messier）公布天體列表（即所謂「梅西耶天體」），如今已知其中包含星系、星團和星雲。

1778 拉瓦節（Antoine Lavoisier）與普利斯特里（Joseph Priestley）發現氧氣，導致「燃素理論」最終遭到推翻。

1780 伽伐尼（Luigi Galvani）透過連接電流導致死青蛙的腿部出現顫動，因而發現所謂的「生物電」。

1781 赫歇爾（William Herschel）宣布發現天王星，這是當代歷史中，人類首度擴展太陽系的已知界線。

1785 威瑟林（William Withering）發表以毛地黃治療水腫的第一篇明確病例。

1787 查理（Jacques Charles）提出理想氣體定律。

1789 拉瓦節提出質量守恆定律，為現代化學揭開序幕。

1796 居維葉（Georges Cuvier）確立了生物滅絕的存在。

1796 金納（Edward Jenner）提出有關天花的劃時代紀錄。

1797 八月三十日，瑪麗・吳爾史東克拉芙特・戈德溫於倫敦出生。

1797 瑪麗的母親在產下瑪麗十天後過世，得年三十八。

1800 伏特（Alessandro Volta）發現電化序，並發明了電池。

1800 赫歇爾發現紅外線輻射。

1802　拉馬克（Jean-Baptiste Lamarck）闡述「目的論演化說」。

1804　華岡青洲破天荒地使用全身麻醉進行外科手術。

1805　道爾吞（John Dalton）說明化學的原子理論。

1812　戴維（Humphry Davy）出版《化學哲學原理》，同年受封為爵士。

1814　瑪麗與詩人雪萊離開英國到法國同居，但一個月後即用盡盤纏而返國。

1815　瑪麗的長女早產，於六週大時夭折。

1816　瑪麗與雪萊的兒子威廉於一月出生；瑪麗萌生小說《科學怪人》的靈感；瑪麗的同父異母姊姊自殺身亡；雪萊的第一任妻子投水自盡；瑪麗與雪萊於年底結婚。

1817　瑪麗完成小說《科學怪人》，並產下女兒克萊拉。

1818　《科學怪人》分為三卷出版，未標明作者。不過，書脊上出現「雪萊」之名，人們普遍認為此書為珀西所著。女兒克萊拉過世。

1819　兒子威廉夭折；瑪麗完成中篇小說《瑪蒂達》（*Mathilda*）；兒子珀西．佛羅倫斯誕生。

1820　厄斯特（Hans Christian Ørste）發現導線通電會導致磁針偏轉，奠定了電與磁的深厚關係（電磁學）。

1822　瑪麗流產，險些喪命；珀西在即將滿三十歲的一個月前不幸溺斃。

1823　《科學怪人》第二版問世。

1824　卡諾（Nicolas Carnot）闡述卡諾循環，將熱機（heat engine）的效率最大化。

1827　歐姆（Georg Ohm）提出歐姆定律（電力學）。

1827　亞佛加厥（Amedeo Avogadro）發表亞佛加厥定律（氣體定律）。

1828　維勒（Friedrich Wöhler）合成出人工尿素，打破了「生機論」（vitalism）學說。

1830　羅巴切夫斯基（Nikolai Lobachevsky）創造非歐幾何學。

1831　法拉第（Michael Faraday）發現電磁感應；《科學怪人》改版問世，瑪麗附上一篇引言說明這部小說的靈感來源和她的寫作過程。

1851　瑪麗．雪萊病逝於倫敦，終年五十三歲。

論文

責任會傷人：維克多・法蘭肯斯坦，創造者兼受害人

喬瑟芬・強斯頓

一個飽滿的主題貫穿瑪麗・雪萊的《科學怪人》，那就是「責任」。這部小說以直白——甚至帶有說教意味——的方式，敘述一位發明家為他自己和至親之人帶來了毀滅，因為他根本沒有事先考慮他那不受約束且未經訓練的好奇心會造成怎樣的傷害。這部小說不僅探討維克多・法蘭肯斯坦必須為其創造物導致的毀滅負起的責任，也檢驗他對創造物應盡的責任。科學怪人是一條新的生命，擁有自己的情感、欲望和夢想；但他很快發現他的情感、欲望和夢想無法從人類身上獲得滿足，因為人類排斥他的長相，也懼怕他擁有的蠻力。於是，科學怪人轉而向維克多求助，懇請——然後要求——維克多為他造出一個女伴，好讓他體驗平靜與愛。對於科學怪人的所作所為以及科學怪人本身，維克多都具有責任，當他勉力在理智上與實際上應付這些責任時，他也體驗了責任感對身心的傷害。透過這種方式，瑪麗・雪萊提出了責任的第三個層面——責任感對自我的衝擊。

責任是什麼？

「責任」（responsibility）這個字是個名詞，意思是管理某件事或某個人的「義務」（duty），或是導致某種結果發生的一種「狀態」（state）。這是大家都很熟悉的詞彙。事實上，我們都根據自己的責任觀念來建立日常生活的秩序，不論我們所說的責任，指的是我們照顧其他人（例如子女）的義務，或是我們認為是誰或什麼讓我們得以三餐溫飽，或導致了加州乾旱。這個觀念對哲學與法學領域的學生尤其重要。

哲學界特別關注「道德責任」的概念，它指涉的並非某種因果關係，也不是伴隨特定社會角色而來的義務，而是要判定誰應該為某件事的結果或狀態受到讚揚或譴責。一個人的道德責任能力與他的天性密不可分——特別是此人是否具有作為道德行為體（morally responsible agent）的能力。在《科學怪人》中，瑪麗提出了誰有能力、而誰沒有能力負起道德責任的問題。故事一開始，她介紹了看起來有能力為自己的行動負起道德責任的主角，以及似乎沒有能力負起道德責任的對立面角色（科學怪人）。但是隨著故事發展，她開始質問這兩者之間究竟誰才是真正的理性行為人——被野心、狂熱和罪惡感迷亂了心竅的維克多，還是取得了情感、語言和智力的科學怪人。

在法律上，釐清責任歸屬的過程通常分為兩個步驟。首先，法官和陪審團必須判定被告是否導致案件中的結果——被告是否扣了扳機、射出子彈，導致被害人喪命？接著，他們必須判定被告是否具有犯罪意圖。故意行凶的殺人者可能被判處一級謀殺罪，但如果是不小心射殺了被害人，就有可能被判過失殺人或其他較輕的罪名。法律責任的認定有許多干擾因素，例如年齡（兒童通常得以免罪）、受到強迫（如果有人拿槍指著你的頭，你可能不需要為他們叫你做的事情負責），以及精神障礙（例如神智不清）。正如在法庭上判定道德責任並不容易，要釐清《科學怪人》書中情節的法律責任，也立刻成為一件錯綜複雜的工作。雖然一開始看起來，維克多不僅應該為科學怪人的存在負責，也應該為後者造成的重大傷害負起法律責任，但是我們也必須考慮到，科學怪人沒多久就發展出理性思維，因此或許可以被視為一個有能力造成傷害、也有能力興起傷害意圖的行為人。鑑於科學怪人的性格越來越複雜，到了故事最後，他或許應該為自己奪取的人命負起法律責任。

維克多體驗了責任這個詞彙的兩個基本意義。他創造了科學怪人（導致後者存在），因此至少應該為科學怪人的所作所為負起部分責任。身為科學怪人的創造者，維克多既有義務保護其他人不受他的創造物傷害，而且瑪麗似乎告訴我們，他也有義務確保創造物的生命具有價值。讓我們逐一探討這兩個概念——為事情負責（responsibility for），以及對人負責（responsibility to）。

為我們的創造結果負責

開門見山地說，維克多是導致怪物存在的原因。他隨心所欲地打造了科學怪人，並且抱著讓他活過來的希望（或者說意圖）。這件創造物的出現並非意外。儘管我們可以聲稱有許多因素干擾責任歸屬，包括難以抗拒的衝動與幻覺，然而，維克多在製作科學怪人時雖然陷入狂熱，卻毫無證據顯示他沒有製作科學怪人的意圖。事實上，維克多以喜悅、興奮，甚至得意的態度，期待自己為科學怪人的存在居功：「一個新的物種將把我奉為造物主，視我為生命的根源，對我感恩戴德、謳歌禮讚；許多幸福美好的生命將把他們的存在歸功於我；沒有哪一位父親比我更有資格接受子女的感恩之情」。

維克多錯就錯在沒有認真思考他的研究有可能產生的反作用力。雖然他說他遲疑了很久，不知道如何運用這份「能為無生命的物質賦予生命」的「驚人」力量，但他的遲疑是因為他必須克服許多技術障礙，而不是因為他擔心成功會帶來無法逆料的後果。他想過他的發現會帶來什麼益處——也許會導致起死回生術的進一步發展——但他從未想過他初步實驗下的創造物會有怎樣的未來。儘管他意識到自己執著於追逐科學成果，已讓他的生活逐漸失去平衡，但他完全沒想過，他縫補成形、而且即將注入生命火花的那副軀體，日後可能對其他人造成傷害，包括維克多自己。我們可以拿維克多與某些現代科學家相比；這些科學家考慮到自身工作的潛在害處，毅然決然終止了研究，例如一九七〇年代中期聚集在阿斯洛馬（Asilomar）探討重組DNA的研究會引發哪些後果的科學家，或者近來呼籲暫停生殖細胞基因編輯工作的科學家。

維克多沒有充分預期自己的責任——沒有考慮到他的技術成就或許有利也有弊；這是導致他崩潰挫敗的原因。怪物一睜開他那「暗沉而泛黃的眼睛」，維克多的心裡立刻充滿「令人窒息的驚恐與厭惡」。他急忙逃離現場，一開始激動得坐立難安，無法停止踱步，後來終於睡著了，卻噩夢連連。他夢到未婚妻伊麗莎白原本「青春洋溢，光彩照人」，隨後卻變成一具腐屍。維克多被怪物驚醒，卻再度「逃開」。他無法面對自己的創造物，完全沒有心理準備迎接創造物的獨立存在。

隨著故事發展，維克多第一眼見到科學怪人甦醒過來時的情緒反應——厭惡與驚恐——隨著科學怪人的行動而日益加深。維克多得知科學怪人殺害了他的幼弟威廉，但這件命案後來卻被歸責於家中的僕人潔絲汀。但維克多知道真相。他知道如果潔絲汀被處以極刑，那麼潔絲汀和威廉的死，他都脫不了干係——「我的好奇心和無法無天的手段釀成的後果，是否會導致我的兩個同伴喪命」。他飽受內疚煎熬——「被告所受的折磨還比不上我內心的煎熬：她有清白作為她的精神支柱，而悔恨卻像利爪撕裂我的胸膛，不肯放手」。但是他袖手旁觀，毫無行動。那女孩蒙冤獲罪。「我不是真正的凶手，卻勝似真凶。」

維克多持續為恐怖怪物的存在，以及怪物犯下的殺人罪行感到內疚。他將最後的生命用來橫越北極追捕科學怪人，希望除掉他。但是只有他自己明白他的這份責任：書中所有人都認為維克多是受害者，遭遇了難以言喻的厄運。雖然他一度被控殺害了他的好友亨利．克萊瓦爾——後者死於科學怪人之手——但是法庭最終撤銷了這項控訴（諷刺的是，當維克多獲釋出獄，一位旁觀者說道：「他也許沒殺人，但他肯定心裡有鬼」）。就連在冰海中遇見維克多、聆聽維克多娓娓道來的探險家羅伯特．華頓，都給予維克多高度評價，認為他高貴、儒雅且睿智。維克多應該為科學怪人的行為負起多大的責任，只能交由維克多自己的良心——以及讀者——來判斷。在這個問題上，維克多已下定決心。儘管他表示自己並未意圖製造一個如此窮凶惡極的怪物，但他認定自己必須為科學怪人的存在，以及科學怪人奪走的性命負責，而他至死都相信自己有義務為了同胞摧毀他的創造物。

對我們的創造物負責

臨終之際，維克多也承認他除了必須為科學怪人的所作所為負起責任，也必須對科學怪人負責：「我……理應竭盡所能確保他幸福、健康」。科學怪人在夏慕尼峽谷旁的高山上和維克多對詰時，也曾強而有力地提出這個論點。他一五一十地敘述他被維克多遺棄之後的經歷；他學會了覓食，並為自己找到棲身之處；透過仔細觀察一個人類家庭，他懂得了感情與人際關係，也學會說話與閱讀；他撿到幾本書，從中對人類社會與歷史產生了基本認識。然而，每一次設法接觸人類，科學怪人總會被狠狠地拒於門外——有時甚至遭到攻擊。他明白他的模樣會令人避之唯恐不及。既然人類社會永遠無法接納他，他轉而將人類視為敵人。此刻，他要求維克多為他的痛苦與孤獨負起責任：「冷酷無情的創造者啊！你賦予我知覺與情感，卻又拋棄我，任我流落在外，成為人們嘲笑與恐懼的對象。但是，只有對你，我才有權利要求憐憫與補償，我決心從你身上，取得我曾經徒勞地向那些徒具人形的生命爭取的公平正義。」

為了減輕孤獨、憤怒與痛苦，科學怪人要求維克多「為我造出一個女性伴侶，我可以跟她共同生活，進行生命不可或缺的情感交流」。科學怪人試圖跟維克多講道理：「噢！我的創造者，幫助我快樂起來吧！給我一點恩惠，讓我對你心存感激吧！讓我看見我能激起一個人的同情心；請不要拒絕我的請求！」儘管維克多被科學怪人的經歷和他對同伴的渴望激起了同情心，但基於保護世界遠離「邪惡」的責任感，維克多立刻拒絕了科學怪人的請求。

藉由讓書中的發明者造出一條有知覺的生命——尤其是智力與感情都跟故事主角旗鼓相當、甚至凌駕其上的生命——瑪麗突顯了我們對自己的創造物應負的責任。父母親明白自己的這項責任（就多方面而言，維克多被分配了父親的角色——儘管他是一個排斥並遺棄孩子的父親）。意圖創造嶄新或改良版生命型態的科學家，也必須負起這項責任。我們可以將這個論點加以延伸：任何人對某項計畫投注了時間和心血，都會感受到某種責任感，即便這項研究計畫不會導致新生命型態的誕生。我們可以光明正大地談論我們對自身工作——包括我們的成果、構想與發現——應盡的義務，認為我們的工作值得公諸於世、得到進一步發展或者受到人們重視，不只因為它可以造福他人或為我們贏得榮耀，也因為新知本身就具有價值。

體驗責任

瑪麗對責任的態度，最驚人的一面就是描述責任感對身心靈的耗損。在維克多領悟到他的科學研究以及他因此投入的繁重工作有什麼致命後果之前，責任感已經對他的身心狀態造成影響。就在他的創造物活過來的那一刻，「美夢幻滅了，心裡充滿令人窒息的驚恐與厭惡」。他奪門而出，來來回回踱步，「久久無法平復心情，難以入睡」。終於睡著之後，他卻陷入預示未婚妻之死的一連串噩夢，然後從夢中驚醒，全身冒冷汗、四肢抽搐。他跑出門外，跟好友亨利·克萊瓦爾不期而遇。後者發現他心緒不寧，於是接連數月悉心照顧患了「神經性高燒」的維克多；在那段期間裡，「我賦予生命的那個怪物時時刻刻浮現眼前，我不斷狂亂地說著關於他的囈語」。

維克多從第一次發病復原了，但好景不常。隨著科學怪人不斷殺害他的家人與朋友，維克多逐漸明白他必須為科學怪人的存在負起責任，因此某種程度上，也必須為科學怪人的所作所為負責。小威廉和亨利的相繼過世令他哀痛逾恆，而在這份哀傷之中，還摻雜了他為自己在兩起命案中扮演的角色而萌生的罪惡感。他睡不著覺，身體狀況日益惡化。憂慮不已的老父親懇求他拋開憂傷，重新投入社會：「因為過度的憂傷會阻礙你成為更好或更快樂的人，甚至導致你一事無成，無法立足於社會」。但維克多無言以對：「如果不是悔恨的苦澀滋味滲入了我的種種感受，蒙蔽了我的理智，我原本應該率先掩飾我的哀傷，設法安慰我的親友」。

隨著故事發展，維克多的心情與身體持續蒙受煎熬。親朋好友莫不憂心忡忡地試著幫助他，但維克多把自己封閉起來。他躲避親友的陪伴，漫無目的地泛舟湖上，心裡得不到平靜。他在暴風雨中攀登高山。他前往英國旅行，佯稱要在成家之前看看世界，但其實是要躲起來製作另一個怪物。他形容這段時間是「兩年的自我放逐」，而他哀嘆自己無法享受旅行的樂趣，也無法跟途中認識的朋友開心交往。他描述牛津之旅，說他「享受著美景，但是一想起往事或思索未來，我的喜悅又摻雜了苦味……我是一棵遭到雷殛的樹，閃電貫穿了我的靈魂；我當時覺得，我應該活下去，向人們展示我很快就能擺脫的那副模樣——一個被蹂躪了人性的可憐蟲，受別人憐憫、令自己厭惡」。

故事最後，維克多在華頓的船上溘然長逝。這位探險家和讀者都很清楚他為什麼喪命。當科學怪人上了船，看見剛剛嚥氣的維克多，他高呼自己該為維克多的死負責——「又一個人死在我手裡！」科學怪人呼喊著，「我殺害了你最深愛的每一個人，對你造成無可挽回的傷害」。然而，毀滅維克多的，不僅因為他失去了親人與朋友，也因為他對自己如此輕率地創造了一個怪物並賦予他生命，深感內疚與懊悔。

結論

在《科學怪人》中，瑪麗．雪萊至少探討了責任的三個層面：維克多必須為他的創造物犯下的致命罪行，以及後者的存在對他的親人、朋友以及維克多擔心對全世界造成的威脅負起的責任；維克多對其創造物的健康幸福應盡的責任；以及沉重的責任感對維克多的身心造成的影響。

這部小說是一篇哥德式的恐怖故事——虛構的情節、充滿張力的場景，以及命運多舛的主角。但它也是一部警世寓言，非常嚴肅地探討了科學家與工程師的社會責任。瑪麗擔心不受制約的科學熱忱可能導致不可預料的傷害。藉由讓主角因為沒有預先設想自己的研究會導致什麼後果而遭遇重大不幸，瑪麗向讀者強調了謙卑與自制的價值。她描寫一個被褊狹的人類社會鄙視與排斥的怪物所承受的莫大痛苦，藉此要求我們在發明創造之前，先想想我們對自己的創造物應盡的義務。

讀者不由得納悶，倘若維克多展現更負責的行為，故事的發展是否會有不同。倘若他預料到科學怪人力大無窮，因而決定停止創造，或者修改計畫，讓怪物比較不具威力、比較不嚇人，情況會有什麼不同？倘若他沒有遺棄科學怪人，而是承擔起父親的角色，努力讓科學怪人擁有快樂的生活，情況又會有什麼不同？瑪麗沒有告訴我們維克多應該怎麼做——那是讀者在思索我們自己對今日的創造物以及創造物帶來的後果應負起怎樣的責任時，必須深自反省的工作。

我創造了一個怪物！（你也可以！）

柯瑞・多克托羅

若說起預測未來，科幻小說家可以媲美德州神槍手：他們朝穀倉外牆放了一陣亂槍，然後依照彈著點繪製槍靶，再對任何一個願意把他們當一回事的人宣稱自己神準無比。在瑪麗・雪萊寫下關於創造者及其創造物的「現代普羅米修斯」故事之前和之後，科幻小說家曾做出不計其數的「預測」，其中少數預言最後成真了；這毫不奇怪——擲飛鏢擲了夠多次，即使你帶著眼罩，到頭來總會讓你矇到一次紅心。

總之，預測未來是一件徒勞無益的蠢事。假如未來可以預測，那麼事情的發展便無可避免；假如事情無可避免，那麼我們做些什麼就都無關緊要。而假如我們做什麼都無關緊要，早上又何必急著下床？科幻小說所做的，其實是比預測未來更厲害的事——科幻小說影響未來。

我們記得的科幻小說——例如《科學怪人》——都是能讓大眾的想像力產生共鳴的故事。大多數科幻小說出版後不久就被人遺忘，但是有一些故事風靡了好幾年、好幾十年——甚至像《科學怪人》這樣流傳了好幾世紀。故事吸引了大眾想像力的事實，並不代表故事內容未來一定會成為現實，不過，它確實說明了當下的某些狀況。當有關未來的願景成了爭議或娛樂的焦點，你可以從中略窺世界的現況。

如果某位可憐的英文老師要求你找出瑪麗的《科學怪人》的「主題」，正確答案顯而易見——她指的是「野心」與「傲慢」。之所以說「野心」，是因為維克多・法蘭肯斯坦挑戰了死亡本身。死亡是宇宙永恆不變的真理之一；宇宙萬物終有一死：鯨魚和人類、狗和貓，星星和星系。至於說「傲慢」——亦即「極度自豪或自信」（感謝維基百科！）；則是因為當維克多為他的創造物注入生命，他已澈底被自己的野心蒙蔽了雙眼，完全不顧慮這項行動會導致怎樣的道德後果。他沒有停下來捫心自問，對於被他創造出來的這條會思考的生命來說，被人拼拼湊湊縫補成形、注入了生命，然後扔進一個冷漠的世界，究竟是什麼感覺。

《科學怪人》剛出版時，被許多評論家批評得體無完膚，但它廣受讀者喜愛。它成了一本暢銷書，在劇院上演時場場爆滿。瑪麗喚醒了大眾的想像力；不難理解她喚醒的是什麼：一則關於科技掌握人類而非服務人類的故事。

瑪麗一八一八年出版《科學怪人》之際，工業革命正如野火燎原，科技創新失速發展，英國被攪得天翻地覆。持續了數世紀的生活方式轉眼間煙消雲散，威廉・華茲華斯（William Wordsworth）很快就要寫下悲傷的書信和詩歌，哀嘆鐵路毀掉他摯愛的田園風光。古老的行業無聲無息消失了，新的職業一夕之間出現。每一項常規都被推翻，每一張地圖都被重畫；古老而穩定的生活步調被瘋狂地打亂了節奏。著手撰寫《科學怪人》時年方十八的少女瑪麗，感受到了空氣中的革命氣息。

一九九九年，道格拉斯．亞當斯（Douglas Adams）——另一位當代預言奇才——針對年輕人與科技的關係，發表了一番鞭辟入裡的言論：

我提出一套法則來描述人們對科技的反應：

1. 你出生時便已存在世界上的一切都是正常而普通的，隸屬於世界固有的運作方式。
2. 在你十五歲到三十五歲之間發明的一切都是新的、令人興奮的、革命性的，你有可能從中找到工作。
3. 在你三十五歲之後發明的一切，全都有違事物的自然規律。

根據你的年紀，你可能無法一眼看出亞當斯法則的真實性，以及十九世紀讀者在領略《科學怪人》書中有關科技主宰創造者的警訊時，心中萌生的恐懼。但我們無疑活在科技不斷發生巨變的世界，如今的資訊革命讓瑪麗那個年代微不足道的工業革命相形失色，然而正因如此，我們才會對兩百年前這部有關死而復生、在科學層面上語焉不詳的小說，維持不墜的關注。

不過，「科技變遷」並非大自然的力量。科技的變遷以及它對我們的生活造成的改變，是我們作為工具製造者、個別使用者及群體共同選擇的結果。

科技變遷從何而來？

羅伯特・海萊因（Robert Heinlein）——科幻小說巨擘（同時也是巨擘級的問題人物）——一九五七年出版的《夏之門》（*The Door into Summer*），是一部以科技革命為主旨的時光旅行小說。他在書中寫道，「當鐵路時代來臨——而非之前——世界就會出現鐵路」。從古至今，發明家總愛胡亂塗鴉，畫出直升機之類的東西，其中包括著名的達文西。然而，在許多事物就緒之前，例如冶金術、引擎設計、空氣動力學等等，直升機根本不可能出現。夢想家的腦海中一再出現直升機漂浮我們上空的畫面，但是光因為你能想像並設計出水平旋翼，不代表你能設計出柴油引擎，更別提建造出一架能載運坦克車的塞考斯基直升機。

這套科技進展理論稱為「鄰近的可能性」（adjacent possible）。憑著天馬行空的想像力，人類總能突發奇想，蹦出各種荒誕不經的靈感。只要擁有足夠的必要條件，幻想就會一一成真。當鐵路時代來臨，世界就會出現鐵路。長久以來，作家總夢想讓沒有生命的物質活過來——想想後來變成亞當、或者被猶太拉比做成有生命的假人的那團泥土。瑪麗生活在電療法盛行、工業革命與民主革命方興未艾、理性主義剛剛抬頭的世界，因此有能力在不訴諸超自然力量的情況下，為我們創造出一個有生命的假人。

但鐵路時代不僅帶來了鐵路，也帶來了強盜大亨。這些資本家打造巨大的企業「托拉斯」，肆無忌憚地剝削大眾，以使少數人發財致富。鐵路時代還帶來了奴工；許許多多被綁架或誘騙而來的中國勞工，或者被一船船運來的奴隸，在這裡被迫做著鋪設鐵軌的血汗工作。在鋼鐵、路線、土地和引擎萬事俱備的情況下，鐵路的出現或許是大勢所趨，但奴役絕非無可避免。那是一種選擇。

然而，鐵路修建完成後，人們面臨了益發艱難的選擇。鐵路改變了農人販賣貨品的方式、改變了人們拓荒開墾的方式，也改變了氣壞華茲華斯的一切事物；地圖得重新繪製，舊的產業消失，新的產業登場。生活很難忽視鐵路的存在，而且越來越難，最後變得根本不可能辦到。不論是外地的客戶期望盡速聽到你的回音，或是你的子女會找到怎樣的工作，你就是無法選擇脫離鐵路，而不同時脫離你的夥伴或親人靠鐵路從事的各種活動。

以何種方式修建鐵路是個人選擇的結果，而且往往是不符合道德的選擇。至於以何種方式使用鐵路，則是你的社會脈絡——家人、朋友、上司和老師——集體選擇的結果。

那就是為什麼獨自一人的阿米希（Amish）村落不可能存在。要皈依阿米希宗派，就必須和生活周遭的每一個人達成共識，並在採用哪些科技、如何運用科技等問題上，做出同樣的選擇。

臉書——一個擁有十億人口的阿米希村落

臉書出現之前，網際已存在巨大的社群網路：Sixdegrees、Friendster、Myspace、Bebo，以及其他數十個曇花一現的網站。「鄰近可能性」在其中發揮了作用：網際網路和全球資訊網業已存在，並且日益茁壯，你想要交談的許多朋友都已在線上，只缺有人來設計一項服務幫助你尋找他們或認識他們。

臉書這類服務的出現是大勢所趨，但臉書的運作方式則不是必然的結果。臉書的設計有如賭場遊戲，頭彩是受到萬眾矚目（按讚和留言），賭桌則是絕大多數時候無法一窺堂奧的巨大機台。你下注賭賭看揭露哪些個人資訊會中三星彩，然後拉霸——按下「發布」鍵——等著輪盤轉動，看看你是否會中大獎。和所有賭場一樣，臉書遊戲也有一條舉世皆然的法則：莊家穩贏不輸。臉書不斷調整它的演算法，確保你揭露最大量的個人訊息，因為它可以把你的個人資訊賣給廣告主來賺錢。你奉送的訊息越多，它就有越多管道賣掉你——如果某個廣告主想針對父母在東北部大城市租房而居的十九歲工學院學生販賣糖水或次級貸款，那麼洩漏你的這些相關資料，就會讓你從用戶變成可銷售的商品。

為臉書加上監視用戶的商業模式，是一種個人選擇。但是使用臉書——它如今已是市場龍頭老大——則是群體的選擇。

我是個臉書維根主義者（Facebook vegan）。我完全不碰臉書，甚至不使用臉書旗下的Whatsapp或Instagram。那意味著我基本上從未受邀參加派對、無法掌握女兒學校的最新動態、找不到我的老同學，也無法在同學過世時參加他的線上追思會。除非你認識的每個人都和你一樣拒用臉書，否則臉書維根主義者的處境真的非常艱難。但這也讓你看清了它的賭場本質，因而對你仰賴的科技做出更明智的選擇。

瑪麗・雪萊深諳被社會放逐的滋味。她背棄了自己在英國的社會脈絡——她十六歲時跟有婦之夫珀西・比希・雪萊私奔，在兩人終於正式結婚之前為他二度懷孕。雪萊的一生，可說體現了歸屬的鄰近可能性，而《科學怪人》的故事，則體現了在科技大鞭下大幅失序的年代，一場極其可信的災難的鄰近可能性。

一九八九年，柏林圍牆倒塌，德意志民主共和國——一個名號很諷刺的政權——即將告終。德意志民主共和國（通常被稱為「東德」）是全球歷史上監控最嚴密的國家之一。其祕密警察組織「史塔西」（Stasi），成了極權控制的同義詞；人們低聲說出這個名稱時，總讓聽者聞風喪膽。在東德，每六人當中就有一人是史塔西的線民——一支監視著全國的大軍。

今天，美國國家安全局（NSA）對全世界的全面監控，達到史塔西作夢也想像不到的程度。若不計算外包人員，NSA每名雇員的監視範圍可以達到兩萬民眾。

NSA以不到史塔西十分之一的人力監視著一整個星球。

NSA是怎麼做到的？我們是如何一步一步，讓監視的人力成本在短短幾十年內筆直下降？方法就是讓被盯梢的人主動上繳情報。你的行動裝置、你的社群媒體帳戶、你的網路搜索查詢，還有你的臉書貼文——那些生動詳盡、掏心掏肺的臉書貼文——涵蓋了NSA意欲得知的全民訊息，而且蒐集這些訊息的費用，由全民自己買單。

鄰近可能性讓臉書的出現成了必然結果，但技術人員與企業家的個人選擇，卻使臉書成了一支監控大軍。拒用臉書不是一種個人選擇，而是社會的集體選擇——是你若隻身犯險，就得犧牲社交生活、與所愛之人切斷連繫的一種選擇。

《科學怪人》提出了科技掌控人類、而非人類掌控科技的警訊。維克多可以選擇如何使用科技，但是他一再做出錯誤的選擇。然而，科技並不掌控人類：是人類運用科技來掌控其他人。

在你一生中，這世界的鄰近可能性會幫助你幻想出許多新的科技，但你對此做出的選擇，卻有可能剝奪別人的可能性。是否採用某種已廣為流行的技術，你從來沒有百分之百的決定權。然而，要不要開發某項技術？如何開發？

全憑你自己作主！

改變中的「人類本質」概念

珍・梅恩簡及凱特・麥克寇德

《科學怪人》有點像寓言故事中的那頭大象，每個盲人看到的大象都不同，視他們摸到的是大象鼻子、尾巴或皮膚而定。讀者閱讀瑪麗・雪萊的小說，也看到了許多截然不同的面貌。「科學怪人」這個關鍵字有將近五千萬次的Google查詢次數，超過「馬克白」的點擊量，說明了這部小說的流行程度與續航力。在此，我們打算探討這篇故事傳達的人性概念，以及這些概念自古至今出現了怎樣的變化。

亞里斯多德

既然要回顧兩百前的事，不妨再多倒推兩千年。西元前四世紀，希臘哲學家亞里斯多德即打下了基礎，讓人們從「偏離物種正常本質」的角度思索所謂的「怪物」。亞里斯多德對大自然進行敏銳的觀察，也發現每個個體都必須經歷一段慢慢展開的發育過程。這兩個主題對瑪麗・雪萊而言相當重要。

首先，有關物種本質的概念——亦即本質主義（essentialism）：亞里斯多德根據他對世界的觀察，相信這個世界是由不同種類的有機體構成。每一個有機體皆屬於某個特定種類，以我們的狀況而言，即屬於人類。對亞里斯多德而言，每一個種類都透過四個因素造就出一個個體：質料因（material cause）提供材料，形式因（formal cause）提供決定最後形狀的一套計畫，動力因（efficient cause）涉及了讓材料經過時間變成正確形狀的建造過程，而目的因（final cause）則使有機物實現其存在的潛能，因而得到了生命（Lawrence 2010）。這四種原因需要時間來交互作用，也就是說，一個有機體唯有完成了生成過程，才能被視為其自然物種的一員。

除此之外，每一個活生生的有機體也具有亞里斯多德所謂的生魂（用以維繫生命），動物有覺魂（讓動物得以活動），而人類有靈魂（賦予我們理性與情感）。亞里斯多德對於「魂」的概念並非宗教性的，而是用來解釋為什麼一個人生前和死後，有些東西會變得不太一樣。亞里斯多德以目的因及魂體的作用來說明其中的不同（見Aristotle 1943）。

其次，亞里斯多德認為生命的形成需要時間，其中涉及了讓上述四種原因與元素融合在一起的發展過程。多年以後，天主教教會提出「人化」（hominization）的概念，指的是人活過來成為人的那一刻。亞里斯多德會堅持說，「活過來」並非發生在某一刻，而是必須歷經一段時間的過程。在這一點上，數百年來的思想家都贊成亞里斯多德的說法，而這個說法的核心，至今仍是對於生命發展的最佳理解。

維克多·法蘭肯斯坦和他的創造物

就像十九世紀初的其他知識份子，瑪麗·雪萊也活在亞里斯多德的陰影之下。後來被稱為科學革命的時期（大約十六到十八世紀），試圖以唯物論、經驗主義和實驗主義取代亞里斯多德自然哲學的一部分。唯物論強調以物質及運動中的物質扮演的角色，思索世界萬物——包括生命——的成因。好比說，唯物論者否認有某種特別的生命力量存在，堅稱生命體是由隨時間改變的物質構成。相對地，生機論者則相信有某種生機或生命力量讓萬物得以活過來——生命是來自生命力量，而不是一團泥土或其他物質。透過這些新的解釋架構，人們開始探索生命科學，並詢問是什麼力量導致世界出現生命，並持續維繫生命而非製造死亡。

思想家為了理解生命而做的各種探索，顯然影響了瑪麗的思維。經驗主義與實驗主義呼籲人們嘗試新的事物——也就是說，不要光依賴過去的知識或書本上的知識，要靠自己去尋找答案。維克多·法蘭肯斯坦便接受了實驗主義的召喚。

然而，維克多似乎沒有透徹理解生命的成因及人類的本質。對某些思想家而言，例如包括帕拉塞爾蘇斯在內的十七世紀化學醫學家，生命仰賴某種特定的化學交互作用。另一些人認為是電賦予了生命；還有一些人主張熱力是生命的驅策因素；也有人相信生命源於某種無法解釋的自然生成。或許，確實有其他生命力量讓物質變得會動或者活了過來。儘管維克多似乎對生命的成因一知半解，但他深信自己可以造出一個東西，並且讓那東西取得生命必須的元素（不論那是什麼），然後甦醒過來。他希望創造生命，而瑪麗使用「創造」這個字，是刻意為之（Westfall 1977, 82-104）。

究竟是什麼力量為物質賦予生命，我們所謂的「人類本質」究竟是由什麼組成；我們今天對這些問題的著迷程度，和瑪麗那個年代的讀者不相上下。當今的科學家，經常將焦點指向胚胎細胞分裂以便從最初的受精卵產生越來越多細胞的某種過程。那些細胞含有生命似乎不可或缺的核酸。一串串去氧核醣核酸（DNA）以細胞分裂的方式複製自己，好讓多細胞生命體能隨時間而不斷發育成長。我們仍舊認為生命是以物質為基礎。我們和瑪麗的維克多不同之處，也許在於我們更了解生命的成因，也更明白我們還很無知、還有許多需要學習的地方。

無名的創造物何以成了「怪物」？

維克多的創造物促使我們思索人類本質之謎——怪物的定義是什麼？是根據外觀判定嗎？極有可能；畢竟，科學怪人比他接觸到的人類更巨大、更有力氣，而且「被賦予一副醜陋無比、人見人厭的軀體」。按照亞里斯多德的四因說，我們可以看到科學怪人的形式因與動力因受到了干擾——也就是說，物質成形的計畫與建造過程被打亂了。

然而，我們也許應該更深入探討人們認定科學怪人是個畸形怪物這件事的本質。儘管科學怪人的外觀異於常人，但他是由一塊塊人體組成的，因此至少從物質的角度，他有一定的資格被稱之為人。而且，儘管科學怪人的外表令人退避三舍，但他的身形仍然比較像人，而不是其他物種。就此而言，他具備了人類的「本質」。

科學怪人的靈魂或智力（其中包括情緒與感官）又如何呢？他是因為這方面有所欠缺才成了怪物嗎？這是另一個說得通的解釋。他的行為挑戰了那個年代的道德情感——暴力、復仇、謀殺。然而，這些行為也同樣出現在許許多多也許不會被貼上「怪物」標籤的人身上。

為了更深入探討科學怪人的怪物本質，讓我們暫時回頭談談亞里斯多德。請記得，生命的四大成因在生成過程中不斷交互作用，最後產生屬於某個特定種類、充分發育的有機體。換句話說，人之所以為人並具有人類的本質，完全是發展過程的結果。

發展為什麼重要

讓我們花點時間思索發展過程的重要性，以及這個過程為什麼對怪物的形成至關緊要，也想想怪物是否可能在欠缺適當發展的情況下成為人類。在他對創造者的長篇獨白中，科學怪人說明自己欠缺父母養育，只能靠偷聽別人說話、偷偷觀察別人來學習合乎道德的行為。維克多完成他的實驗，然後棄之不顧，留下一個新生兒的心靈與行為陷在一副成人軀殼裡。維克多犯下的致命錯誤，就是未能明白製造一條生命——一個健全而正常的活人——必須有一段發展過程。嬰兒不懂得區分是非善惡，他們需要學習道德倫理，正如需要學習如何走路、說話、騎腳踏車、讀書和諸如此類的事。亞里斯多德明白這個道理。然而在科學革命時期，一些狂熱的唯物論者認為物質和物質力量或許就已足夠。維克多或瑪麗是否明白發展的重要性，或者落入物質就已足夠的錯覺，這一點並不十分明確。

瑪麗肯定希望我們看出維克多的實驗越過了科學與醫學的分際。道德故事總是勸諫人類不要做非分之想、妄想造出新奇的生命；我們似乎總會把事情搞砸，造出了怪物。

然而，這或許不是正確的結論。相反的，我們或許應該察覺，維克多本人也欠缺有賴長時間發展的適當教育。他並未透過有系統的方式發展出對世界的理解，而且他做事情似乎只有三分鐘熱度。他一開始對一些書本愛不釋手，後來卻棄之如敝屣，轉而興致勃勃地讀起其他方面的文章。接著，他尋求老師的指導，卻同時偷偷摸摸進行自己的勾當。我們並不清楚箇中緣由，但或許可以如此解讀：維克多和他製造的怪物一樣，沒有對世界發展出適當的情感與理性，包括認識科學實驗的界線，以及實驗能得到與不能得到的結果。

這裡的重點是，瑪麗這篇故事要傳達的寓意，不僅僅具有約束性（restrictive）——「不要胡亂創造生命」；同時也具有教育性（instructive）——它希望讀者認清，生命體，尤其是人類，需要時間和特定的刺激，才能充分發展成符合物種常規的生命。

正常與異常發展

在亞里斯多德看來，生命的四大成因在生成過程中不斷交互作用，最後產生屬於特定種類的成熟個體。因此，種類（以我們來說即人類）是規律的生成過程的產物。那麼，如果生成過程受到干擾會產生什麼結果？從古至今，人們對受干擾的生成過程又有哪些理解？

這裡有兩個要點需要思考：種類，以及發展過程（即達成種類常規的正常途徑）的偏差。按照亞里斯多德的世界觀，種類是固有的單位，其成員擁有特定的特色，使他們明顯屬於那個單位（只要他們歷經了正常的發展過程）。亞里斯多德認為種類是本質性的，也就是說，同一種類的成員具有一組相同的特徵，而這些特徵就是他們的本質。本質定義了種類，同時定義了隸屬於某個種類的有機體。

讓我們更仔細審視種類的概念。這個概念在亞里斯多德之後歷久不衰。和亞里斯多德一樣，十七到十九世紀的博物學家也試圖對自然世界進行描述與分類，因此往往需要區分有機體之間的異同，分別歸入條理分明的種類中。

在亞里斯多德看來，種類是不變的實體，不過到了瑪麗撰寫《科學怪人》的年代，物種固定不變的概念已開始受到挑戰，一方面是因為人們已知有機體在發展過程中會受到環境影響，另一方面則因為人們明白這些改變會傳到下一代。這兩塊拼圖構成演化論的基礎：達爾文明白這兩點，但他無從得知發展過程中出現的改變如何傳遞給下一代；人們直到二十世紀明白了遺傳的過程與物質特性後，才掌握了這項知識。

在瑪麗的時代，人們認為發展過程的偏差是導致怪物出現的原因。舉例來說，十九世紀初，約翰・菲德烈・梅克爾（Johann Friedrich Meckel，1781-1833）便以大半生精力尋找並描述胚胎畸變（O'Connell 2013a）。梅克爾認為，發展過程受阻是解釋怪物之所以存在的理論基礎。怪物的特徵在於偏離了發展的常規（也就是不符合人類的常態）。不僅如此，按照梅克爾的說法，這些怪物意味著發育不良，他們在胚胎或胎兒時期卡在了較低等動物的發展階段。（梅克爾主張發育是演化史的重現，比恩斯特・海克爾〔Ernst Haeckel，1834-1919〕提出其著名的重演說〔recapitulation theory〕還早了許多）（Barnes 2014b；O'Connell 2013b）。按照這套理論，生成過程受阻就會創造出逾越種類的生命。

十九世紀下半葉，某些科學家為了說明發展與演化，把偏離正常類型與發展過程變異等理論吸收到他們的解釋中。舉例來說，愛德華・德林克・科普（Edward Drinker Cope，1840-1897）和亨利・費爾費爾德・奧斯本（Henry Fairfield Osborn，1857-1935）明白，有機體的齒型在演化過程中會變來變去。根據科普與奧斯本的說法，齒型的變化，是有機體的發展軌跡出現改變所致（Barnes 2014a）。在後面這個脈絡中，種類以及種類之間的移動是用來解釋演化，倒與怪物不太相干。

總而言之，科學怪人是人嗎？

按照亞里斯多德的理念，所謂人，是一條符合人的種類的生命，是一個擁有適當的人類外型，並遵循人類適當發展的生物。因此，就亞里斯多德來看，維克多．法蘭肯斯坦的創造物不能被視為人。這點我們同意。

維克多想要造出一個人。畢竟，他千辛萬苦地蒐集人體材料，孜孜不倦地執行（重新）創造生命所需的實驗。然而到最後，維克多不想投入適當的發展工作——他遺棄了創造物，讓後者停留在不完整的發展狀態。用亞里斯多德的話說，維克多妨礙了形式因、動力因與目的因，唯獨靠質料因造出一個身心皆不健全的怪物。

如果我們拋開亞里斯多德的四因說架構，集中研究瑪麗那個年代對生命的解釋方法，會得出什麼結論？讓我們暫且回頭談談唯物論。對嚴格的唯物論者而言，若要把某個東西稱為人，唯一的必要條件，就是那東西是由適當的物質組成。由於過程並不重要，純粹的唯物論者很可能認為科學怪人是人。然而，如此純粹的唯物論者寥寥無幾。物質本身並不足夠。機械唯物論是比較常見的觀點；這一學派認為適當的物質，以及這項物質以正確的方式運動，兩者皆不可或缺。這一派思想家不會將科學怪人視為人。從機械論的層面來看，過程非常重要，而物質的運動必須以正確的方式開始並持續進行。

《科學怪人》引發了我們對人類本質的疑惑。最後，讓我們思索這個疑惑具有怎樣的現代意義。作為一個人，意味著隸屬於人的種類，這既需要適當的物質型態，也需要特定的發展過程。唯有當物質與過程雙雙以適當的方式存在，才能出現個別的人。「人格」的概念承載了額外的社會詮釋，最終必須透過社會規範予以定義，然而就我們來看，要談論人格，最起碼必須——就人的形式與發展而言——是個完整的人。

我們明白，關於何者可以或應該被稱之為人，這個問題言人人殊，莫衷一是。然而，發展確實至關緊要，物質本身並不足夠。基因與遺傳物質也不足夠。有鑑於此，唯有當發展過程充分完成，一條生命才能被賦予人格，或者被稱之為人。至於怎樣的發展才算充分、足以被稱之為人，這屬於社會議題的範疇。在生物學上，要被稱為人，首先必須有能力獨立活著，而所謂「活著」，則視當前最佳的科學與醫學標準而定。

更具體地探討一個當前的熱門話題：有些人聲稱胚胎具有人格，應該被賦予人的法律權利。從我們在此解釋的人性或人格，這個定義是對胚胎的錯誤評估。就物質層面而言，胚胎確實屬於人類，但它們尚未經歷發展過程，所以在此意義上還不算是人。有些人主張胚胎是潛在的人，會在合適的條件下發展成人；或者從生物學的角度說，沒有完全發育出人的型態的胚胎或「怪物」，應該被視為具有成為人的潛力。不過潛力並非現實。我們大多數人都具有從未實現的潛力。沒有道理只因我們每個人都具有某種潛力，就表現得彷彿自己已經是奧運明星、鋼琴演奏家或數學天才。重要的是現實。科學怪人不是個真正的人，因為他沒有得到充分發展。即便經過兩個世紀，維克多和他的非人創造物，仍然能幫助我們對人類的本質產生更深的理解。

沒有被現實驚擾的夢：維克多・法蘭肯斯坦的理性技術科學夢

艾爾弗瑞德・諾曼

一般簡直不可思議的幹勁鼓舞著我

「記取我的教訓，引以為鑑……獲取知識何其危險。」維克多・法蘭肯斯坦的這句警語，是他的故事之所以歷久不衰，以及類似本書的作品不斷問世的一大原因。書中主角想效法普羅米修斯「使無生命的泥土出現生機」，這樣的野心產生了可怕的反撲力量，為當今世人提供了鮮明的教訓。然而，這個教訓跟世人一般的理解有些出入。故事一開始，維克多——也就是瑪麗・雪萊在副標題上說的「現代普羅米修斯」——透露了一個訊息，說到底，他的志趣並不怎麼現代，反而更傾向於現代化之前的那些神祕作家，例如康留尼斯・阿格里帕和大阿爾伯特等煉金術士：

我肯定會把阿格里帕扔到一邊，而把我被激起的熱情，投入當代發現的、更合理的化學理論。如此一來，那股導致我毀滅的致命衝動，甚至可能永遠不會出現在我的思緒中……看起來也許非常奇怪，十八世紀竟然出現了大阿爾伯特的一個門徒，但我的家人對科學一竅不通，我也未曾上過日內瓦學校提供的任何課程。因此，現實從來沒有機會把我的美夢打醒。我認真尋找點金石和長生不老藥，毫不懈怠。

對瑪麗在一八一八年的讀者而言，維克多的抱負並不符合「這個開明的科學時代」，跟不上當代的理性理論和化學新知。

也就是說，科學怪人並非現代科學的產物，然而，我們卻把維克多想像成實驗室裡的瘋狂科學家，身旁盡是現代化儀器產生的煙霧與火花。究竟什麼原因使這個跟不上時代、神祕兮兮的煉金術士，在今天看來如此前衛？答案很簡單，卻也非常發人深省：或許今天的「科學怪食」（Frankenfoods）和「科學怪料」（Frankenmaterials）也不是現代科學的產物，而必須回溯到煉金術士的理性之夢（Krimsky 1982; Turney 1998）[1]。這些美夢受到「一股簡直不可思議的幹勁鼓舞」，從未被現實驚擾。

1 「科學怪食」指的是基因改造食品，這個詞彙出現在一九九二年左右，隨後被收錄於辭典。至於「科學怪料」一詞，請參考本篇論文後面的討論。

的確，瑪麗的小說不僅暗示魔法與煉金術是科學的先驅，也表明科學可以為科學時代之前的玄思異想重新注入活力。維克多的老師華德曼先生指引他走上這個方向；華德曼先生將現代科學描述成一種傳承儀式，可以幫助維克多實現煉金術士「為無生命的物質賦予生命」的夢想。在本質上，科學的世界是個除魅的世界，靠著將事實分門別類而得到因果知識。但是在「開明的科學時代」之前與之後，還存在著一個奇幻無比的世界，被一股幾乎無所不能的力量所迷惑、鼓舞：

「這門科學的先師們，」他說，「許下了天花亂墜的諾言，卻從未兌現。現代大師則很少誇口；他們知道點石不可能成金，而長生不老藥不過是一種妄想。但這些現代科學家們，儘管他們的雙手似乎生來就是要沾泥巴的，雙眼就是來盯著顯微鏡或熔爐的，然而他們的確製造了奇蹟。他們鑽進大自然的幽暗深處，揭示了她不為人知的神祕運作；他們衝上天際，探索了宇宙的奧妙；他們也發現了血液的循環規律，以及我們所呼吸的空氣本質。他們獲得了新的力量，幾乎無所不能；他們可以控制雷電、模擬地震，甚至以無形世界本身的幻影來仿造那個看不見的世界。」

這段描述十分貼切，不僅適用於和維克多的野心最契合的研究——例如對動植物進行基因改造、以科技強化人體本質、製造人工生命，以及「為人類趕走一切疾病，讓人們除了死於非命之外，可以免於任何傷害」——也適用於當代的合成化學、奈米技術和材料學等等更貼近世俗生活的研究。其中，最尋常不過的塑膠，就是第一個「以世界本身的幻影來仿造世界」的科技。羅蘭・巴特在一九五七年談論塑膠時，探討的角度並不是聚合物科學的應用，而是「卓越的神奇運作：物質的轉化」：

> 那是因為塑膠的急速變裝力是全面的：它能形塑桶子，也能打造珠寶。永恆的驚奇感由此而生……這股驚奇令人倍感幸福，因為人是根據物質轉換的程度來評估他自身的能力……調整了自然的古老功能：它不再是概念，也不再是有待重獲或仿製的單純物質；這是一種人造物質，比全世界的礦藏更為豐富，它將取代自然的功能，甚至支配形式的創發。
>
> （譯文擷取自《神話學》，麥田出版社，江灝譯）

塑膠象徵著物質世界的延展性與塑造性——也就是名副其實的「可塑性」。只要有足夠創意，任何東西都能變成其他任何東西；設計師的無限創意可以仿造出豐富的自然型態。正如奈米技術專家格爾德・賓寧（Gerd Binnig）所言，我們都是二次創造的見證者與塑造者：「我們必須接受無機物並不比較低劣的觀念。好比說，一顆石頭能蘊含世界的所有奇觀，也能顯現自然的一切法則（以及由此而生的各種可能性）」（1989, 23）。如果照巴特所說，塑膠「在本質上是煉金術的玩意兒」（[1957] 1991, 97），那麼人們不斷嘗試把無機物轉變成智慧型材料，聲稱防污塗料可以製作出有自動清潔能力的表層，並且教導冰箱在牛奶即將過期或雞蛋快要用完時提醒我們，這些也都屬於煉金術的範疇。為物質賦予生命與智慧的美夢並未被現實驚擾，因為它們不接受事物在第一次（或原始）創造下的本來面貌。相反的，這些美夢使物質經歷了人類自己選擇的二次創造。

毫不值錢的現實

瑪麗的小說並非一篇關於現代科學的故事。相反的，它顯示了科學的局限性，並做了一場技術科學（technoscience）之夢——一場在科學怪料的塑膠世界中益發壯大的美夢。

科學是一種理論知識，出自一群有志形容或描繪世界，並運用技術來協助這項追求的人；因此，追求科學的人是「Homo depictor」，也就是「描繪者」。技術科學則是一種技術知識，出自一群有志控制事物的運作方式，並運用理論來協助這項追求的人；因此，追求技術科學的人是「Homo faber」，也就是「製造者」。

科學試圖以人類可以理解的範圍與方法來描述世界，而由於人類的理解力有限，科學的本質是謙遜的——轉化物質或者將基礎材料變成黃金，這些都不在科學探索的範疇之列。科學家沒興趣創造點金石或長生不老藥。「古今不可同日而語，」維克多氣餒地說，「古代大師追尋的是永生與力量，這樣的追尋雖然徒勞無益，卻高貴而宏偉。但現在情況改變了，現代學者的雄心壯志，似乎局限在破除古代大師許下的願景，而我對科學的興趣，主要就是建立在這些願景之上。

如今，我被要求拿毫不值錢的現實，替換廣闊無涯的偉大奇想。」或許從定義上來說，人腦所能理解的是比例恰當的、適度的、不輕易讓人心生敬畏的事物。舉例而言，當我們製造模型，或者以行星繞行的迷你太陽系模擬原子的內部構造，我們實際上是在建立一個心智圖像，縮小事物的比例，好讓我們輕易地理解；即便我們承認電子無形無狀、完全超乎我們的正常概念，我們仍然這麼做。從前的科學雖然仰賴簡化來降低複雜度以幫助想像並解釋事物，但這種作法並未扼殺人們想要製造複雜事物的雄心壯志，即便這些事物的複雜度超過了人們的智力範圍。技術的發展史便是這份雄心壯志的明證，而電腦技術更幫助我們突破了科學的限制。把每個對部分現實的描述——每個描述皆毫無價值——加總起來，就可以打造一個複雜的系統，模擬人們在自然界觀察到的，或者全然虛擬的動態過程。無論如何，運用那些為了幫助人類理解而降低複雜度的描述，如今，人們打造的系統可以一下子就複雜得超出人類的理解範圍：太多行程式碼、太多個參數，讓人根本摸不清狀況。

我們站在科學的基礎上，但遠遠超越了科學的極限，「獲得了新的力量，幾乎無所不能……可以控制雷電、模擬地震，甚至以無形世界本身的幻影來仿造那個看不見的世界」。我們已造出一種機器，用來模擬並預測各種複雜系統的變化與狀態，而且實際上代替人們進行思考。姑且不提我們是否解決了「人工智慧」的問題，或者這項成就是否和塑膠的發明一樣沒有引起人們注意，它確實是人們為無生命的物質賦予生命的另一個例子，也是另一個沒有被現實——即人腦的局限性——驚擾的例子：「我常自問，生命究竟如何起源？這是一個大膽的問題，始終被視為難解的奧祕。然而，若不是膽小怯懦或粗心大意限制了我們的探索，有多少未知事物就在咫尺之外等著我們去發掘？」

對大自然的魅力無感

維克多沒有受限於膽小怯懦或粗心大意，他一頭鑽進自己的研究工作，為之著迷：「那是個美麗至極的季節，大地從未賜予人們如此豐碩的收成，葡萄園也從未釀出如此香醇的美酒。但我的雙眼完全看不見大自然的魅力」。從許多方面來說，在如此入迷的凝視下，這世界呈現出一種兩面性：「為了探索生命的起源，我們首先必須求助於死亡。我開始研究解剖學，但這還不夠；我也必須觀察人體的自然衰敗與腐化」。沒有什麼東西是表面上看起來的那樣：大自然的盎然生機之下暗藏著衰敗與腐化；大自然賦予的一切都可以靠技術製造出來；無生命的物質可以被賦予智慧，而一提到氣候變遷，我們的大腦就跟機器一樣僵化。

當事物出現這樣的兩面性——當它們並非表面上看來的那樣，而是被賦予祕密的力量，就會令人產生莫名的不安。這種現象刺激佛洛伊德展開他那著名的「詭奇」（Uncanny）分析。佛洛伊德引述艾瑞克．瑞奇（Erich Rentsch）的話，指出「敘述故事時，要想輕易製造詭奇的效果，最成功的方法就是讓讀者摸不清故事中的某個角色究竟是人還是機器」（[1919]1955, 227）——你也可以補充說，讓讀者摸不清某個角色究竟是從墓園搜來的一堆死肉，或是一個活生生的人。

到了今天，佛洛伊德所說令人「懷疑某個看起來活蹦亂跳的生命是否真的活著，或者反過來說，一個死氣沉沉的東西是否真的毫無生命」的，不只是電影裡的機器人和殭屍，還有我們生活周遭的種種設備。人們野心勃勃地發展的環境智能就是個例子。當我們在地球上移動，由感應器構成的網路便會蒐集關於空氣品質的背景信息，附上我們剛剛走過的街道與房屋的維基百科詞條，並指出哪裡有我們的朋友、充電站和各式各樣的物品。這個世界成了神奇之地，假如我們善用魔法——不是靠禱告，而是用語音指揮或使用對的應用軟體——每一樣東西都可以依照我們的意願而產生意義。在環境智能與普及計算（ubiquitous computing）下，自然環境呈現了兩面性；靠著現代科學與技術的輔助，我們邁進了那個未開化的萬物有靈的世界[2]。

不適合人類為之耗費心神

現代的技術科學不受現實驚擾，因為它標榜的，是超出大自然的樣貌與形狀、非有限的辭彙所能形容的各種發明，也因為它以科學知識為基礎，達到了人類智力無法理解的複雜度。技術科學不受現實驚擾，因為它創造了怪物——看似具有頭腦或靈魂、活潑健談的無生命物質，以及會

2　參照佛洛伊德的論文《詭奇現象》（*The Uncanny*，[1919] 1955, 247-248）。很顯然，佛洛伊德提出「現實原則」（reality principle）作為一帖良藥，矯正追求神奇地實現願望的「快樂原則」（pleasure principle）。也請參考Nordmann 2008。

跑會動、但不過是機器的東西。在我們學習與這些怪物一同生活、互動之際，它們其實沒有什麼特別可怕或嚇人的地方，儘管它們偶爾讓人感到一點點不安、偶爾帶著一點詭奇的色彩，使我們在吃基因改造食品、打手機、看著電腦螢幕畫出颶風的正確路徑、試著想像自己無時無刻走在滿載資訊的無線電波大海上，或者被每一個房子、每一個房間的電氣線路包圍時，不確定我們究竟是在跟誰或什麼東西打交道。

材料科學的夢、資訊與通訊技術的夢、生物醫學研究的夢、合成生物學的夢，都是在一股幾乎不可思議的幹勁鼓舞下，試圖克服或超越已知世界的局限。閱讀這篇故事時，或許值得時時停下來反思——只為了像維克多那樣，發現「故事正說到精采之處，我卻在這裡講起了大道理」：

> 一個完美的人應該隨時保持祥和沉穩的心境，不能被激情或轉瞬即逝的渴望擾亂了內心的寧靜。我想，這條法則也適用於知識的追求，不能破例。如果你從事的研究有可能讓你變得薄情寡義、喪失對純真樂事的喜愛，那麼，這項研究必定是不正當的，也就是說，不適合人類為它耗費心神。

在技術科學時代，就連要聽明白上面這段訓誡都已相當困難。我們是否應該純粹藉著不摻雜過度野心的事物來達到完美？不動感情的科學家平靜地描述事物本質，不論它們究竟是善還是惡。然而，當現代的技術科學家努力讓自己的才能發揮到極限，或者維克多在「十一月的一個陰沉夜晚」，「懷著幾乎稱得上痛苦的焦灼心情，整理四周用來製造生命的工具，準備將生命的火花注入躺在我腳邊的這副死氣沉沉的軀體」時，這樣的寧靜心境根本不可能存在。

科學怪人新釋：以普羅米修斯為名的謬誤

伊莉莎白・貝爾

瑪麗・雪萊的不朽名著《科學怪人》，被一些人奉為英語世界科幻小說的濫觴，且經常被視為一則關於科學以及人們不該得知的祕密的警世故事。我認為這樣的詮釋不盡然正確，而且不夠全面；事實上，維克多・法蘭肯斯坦的選擇之所以釀成大禍，並不是因為他渴望新知，而是因為他逃避知識。

維克多的罪過不在於追求科學，而在於他對其他人的福祉與自身行動的後果絲毫不以為意。我也認為，瑪麗這部偉大著作所要表達的並不是追求知識的危險，而是在追求過程中，人類沒有設法預期追求的結果並對結果負起責任的道德問題。維克多對他的創造物缺乏同理心，這跟人們為了實現野心可以犧牲他人生命的傲慢態度息息相關。拒絕為自己的行動或研究結果負責是一種道德怯懦，而主角之所以缺乏同理心，便跟這樣的道德怯懦密不可分。

在這部小說的副標題中，瑪麗明明白白地把維克多比作以智慧欺騙宙斯的希臘神話人物普羅米修斯。普羅米修斯的一項大膽行動，就是跟天神盜取火種，送給人類。然而，將維克多與普羅米修斯相提並論並不恰當，因為藉由盜火，普羅米修斯確實為人類做了一件偉大的事，並因他的膽大妄為而遭天神懲罰。的確，維克多演出了社會原先認為專屬於神祇的一個角色——生命的起源；但瑪麗打一開始就表明，維克多對其工作成果的科學用途興趣缺缺，而是抱著自我膨脹的心理投入研究——他追求的不是知識，而是權力與名聲。這樣的野心，使他成為遠比他創造的生命更加醜惡的怪物。

這樣的行為動機從他少年時代便露出端倪。他排斥當代自然哲學家所做的——照他的標準——刻苦而乏味的研究（事實上，十九世紀初，這些自然哲學家的研究開始出現重大進展，為我們今日的科學奠定了基礎），反而喜愛古時候那些未經驗證的理論。這些古老的理論雖然在中世紀廣為盛行，但到了瑪麗的時代已全然站不住腳。於是，維克多追尋點金石——古代煉金術士認為可以使人長生不老的一種神祕物質——因為這些東西充滿魅力，也因為他認為當時的現代科學「毫無價值」。

他追求的目標是榮耀與名聲，而不是為人類增進福祉；這一點昭然若揭。唯有在似乎有助於他實現自己的野心時，他才對當代科學感到興趣。這種純粹站在對他個人或他追求榮耀的欲望有益的角度與他人交往的自戀情結，是他的致命缺點——他的性格缺陷——最後導致他與世隔絕、心態醜惡，甚至毀滅了自己和其他人。

維克多的最後失敗與他受到的懲罰，並非來自天神的報復，而是他有欠考慮的選擇，以及拒絕為自身行為負責的態度所導致的必然結果；這也是維克多比不上普羅米修斯的另一個地方。維克多為自己選定了研究課題，研究過程中，他封閉自己，捨棄了這個世界、家人和學校課業。他獨自一人走火入魔地追求起死回生，然而成功之後，卻以太過醜陋這樣一個曖昧的罪名嫌惡自己的作品、拋棄他，賭氣似地回床上睡覺。

他一達成執意追求的目標，立刻拒絕自己的研究成果，災難於焉誕生。

與此相關的一點是，瑪麗的文字，鮮明地寫出了基督教外皮的淺薄與千瘡百孔。儘管在瑪麗的人生經驗中，批判宗教似乎不足為奇，但這樣的反動精神在當時並不常見。不過，基督教經常被描述為一個充滿悲憫心的宗教：悲憫（compassion）這個字便起源於基督教，其中「com」意指「共同」，「passion」則意指「受苦」，例如《耶穌受難記》（*The Passion of the Christ*）中的「受難」二字。因此，照字面上的意思，「悲憫」即表示「對他人的痛苦感同身受」。

維克多表明自己是基督徒，而他的內心衝突，一大根源是他覺得自己背叛了信仰，覺得自己為死屍注入生命的行為，是篡奪了造物主的權利。但他從未想過，他也沒有盡到基督徒的一項更神聖的義務——這個宗教視為中心思想的道德金律（the Golden Rule）。他極度自戀，不僅沒有心存悲憫（即對他人的痛苦感同身受），反而在別人對他造成不便時拋棄他們，包括他照理深深愛著的家人和未婚妻。對於他的創造物，他的對待方式其實並無二致。

換句話說，維克多自稱基督徒，卻是個糟糕透頂的基督徒——對他的創造物尤為如此。由於他的自私、自我中心和缺乏遠見，他成了一個差勁的父親、差勁的造物者。一條有知覺的生命因他而生，他卻沒有為了教育、養育這條生命而做出應有的犧牲。他甚至無法把他創造出來的生命，視為另一個同樣承受著苦難、同樣需要愛與援助的人。而當至親好友一個個慘遭殺害，他並未生出悲憫或惻隱之心，而是用虛偽的宗教虔誠證明自己的痛苦比死者高出百倍，因為他們死了，已進入天堂，而他還活在人世間，飽受內疚的折磨。（然而，其中一位被害者含冤而死，依照基督教的世界觀，她至少得短暫進入煉獄滌清靈魂。）

當然，我們對瑪麗的宗教觀並沒有全面的了解，然而，我們確實知道她是在自由思想家的養育下長大成人、嫁給了一個無神論者，是當時的社會激進份子，對於女性地位及性解放等議題抱持著堅定不移的觀點。值得注目的是，書中一個高貴且勇氣十足的角色——美麗的阿拉伯女郎莎菲——是穆斯林父親和基督徒母親的結晶。她選擇信奉母親的宗教，似乎不是出於任何深刻的信念，純粹因為基督教世界賦予她更大的自由和法律上的保護。

莎菲也是個邊緣人——一個女性穆斯林——但是就連她這樣一個人物，至少都能在家庭中得到不完美的庇護；在這個家裡，女性地位雖不平等，但起碼被當成人看待。從她的經驗，我們不禁要問，書中的怪物要去哪裡尋找這樣的避難所——不論過去或現在？

換句話說，維克多是一個宗教偽君子，也是一個科學偽君子；兩者的虛偽程度同樣驚人。在書中，維克多向船長兼探險家羅伯特．華頓傾訴自己的經歷；儘管身為讀者認識維克多的媒介，華頓認為維克多氣質高貴、談吐文雅，但維克多的行為確實體現了他的醜惡與變態。維克多長相俊美，而且顯然被寵壞了，不過他自己至死都沒有察覺這一點。維克多和他身邊的人都認為他天資聰穎、才華橫溢，但是比起來，他的創造物在短短幾年內自己學會了閱讀，學會了多種語言，也學會了人類社會的細膩與虛矯之處，相較之下，維克多的智力成就遜色多了。

然而，儘管科學怪人的每一個衝動行為顯然都出於善良的本意，但他因為長相醜陋，先是被他的創造者一腳踢開，後又被他遇到的每一個人唾棄。瑪麗說得很明白，科學怪人剛製造出來時宛如一張白紙，熱愛學習；他生性善良且樂於助人，渴望被人類社會接納、得到友情。他是在屢屢遭到拋棄和拒絕之後，才變得殘暴而報復心切。

然而，偽君子維克多沒有同樣的藉口來為自己的醜惡開脫。他毫無能力為他人著想，除非能夠從中得到立即滿足，否則他從不考慮任何人的需要、願望或甚至安全。他無法超越天性中的自私，也克服不了他對自己認為醜陋和怪異的東西（即便是他自己的創造物）打心眼裡排斥、拒絕的習性。更糟的是，在許多方面代表人性之善的華頓，也無法超越維克多的美和怪物的醜，進而看穿這段關係的真相，以及維克多對其創造物的遺棄與傷害。正如其他文學作品，讀者在文中看到自己最好與最壞的一面；文學將人性形象化，好讓讀者從新的視角審視自己優缺點。

事實上，維克多極其自戀，以至於從未想過當他拒絕為怪物造出女伴，怪物會以殺害維克多的未婚妻兼人生伴侶來報仇雪恨。他始終以為自己是怪物的報復焦點。

維克多漠不關心自己的行動會導致什麼結果，身為科學家，這是重大的失職。我承認，對於維克多究竟如何保存他如此委婉描述的製作「材料」，從科學角度而言，我個人有相當大的好奇心。在他生活的世界，除了冰窖以外別無任何冷藏設備，而他說自己花了好幾個月時間蒐集人體部位、加以組合，最後才終於為他的創造物注入「生命的火花」。對於具有科學觀的一八一八年讀者，這句話很可能明明白白指涉路易吉．伽伐尼、喬萬尼．阿爾迪尼（Giovanni Aldini，1762-1834）以及班傑明．富蘭克林等近代科學家的學術探索。十九世紀初的許多讀者都很熟悉以電流讓人和動物的死屍短暫顫動的實驗，或許甚至親眼目睹了這些聲名狼藉的公開實驗。

這部小說刻意模糊了維克多的研究細節。我腦子裡出現了維克多在英國各地展開漫長旅行，行李箱裝著從墓園搜刮來的兩百磅重的人體殘肢，每天夜裡拿出來攤在爐架上烤乾的恐怖畫面。華頓描述怪物時，說他雙手的「皮膚色澤和肌理就像木乃伊一樣」——除了維克多曾說怪物的眼睛彷彿蒙上一層薄膜、身材巨大無比、長相可怕以外，這是全書對怪物唯一的實際描述。

純粹基於科學探討，我不由得納悶，維克多擔心自己開始為怪物製造的新娘會替怪物繁衍後代，這個問題，呃，不是只要不替女怪物安裝卵巢和子宮就能輕易解決的嗎？木乃伊化的睪丸還有多大能耐產生可以孕育後代的生殖細胞，這個問題確實令人相當好奇……

我要強調的是，維克多確實沒有把問題思考透徹，這也是他的一個醜惡面。自戀加上沒有追根究柢的精神，是導致他走向毀滅的致命缺點。

但科學怪人也有一個致命缺點；那就是他在遭到排擠時萌生的報復欲望。儘管維克多的自我封閉是他醜惡天性的一個徵兆，但導致他的創造物成為怪物的，卻是他對創造物的排擠——用現代術語來說，即他對怪物的「他者化」。

也就是說，由於漠不關心他的決策會對創造物造成什麼影響，然後又基於他的自私和缺乏同情心使情況雪上加霜，維克多的悲劇完全是他咎由自取。他自己的生命和其他許多無辜者的生命被毀，維克多就是罪魁禍首。

本書在最高潮處巧妙地點出了這層關係。當時，華頓的船員一個接著一個死去，剩下的船員強力要求華頓放棄探索西北航道，返回比較溫暖的南方海域。維克多名副其實地鼓起最後一口氣，怒斥他們是懦夫。然而到最後，華頓仍將船員的安全置於他追求榮耀與探索極地的自私欲望之上，也放棄了維克多希望他繼續執迷不悟地報復怪物的要求。

這樣的選擇突顯了華頓與維克多本質上的不同，也跟維克多所做的那些導致他自己和倒楣的至親好友迭遭不幸的決定形成強烈對比。事實上，在追求知識的路上，華頓展現了負責任的態度。整個冒險過程中，他時時刻刻為他人著想，並且跟自己的家人保持連繫——體現在他一抓到機會就寫信給他摯愛的姊姊。他的返航並非科學上的一次挫敗——他從未振振有詞地宣稱他的探索難如登天，也從未辯稱繼續探索徒勞無益。

相反的，華頓只是單純接受了維克多從未設法理解的一項事實：別人的生命也有其價值，也非常珍貴。即便是一群沒有名字的水手。

儘管維克多並未意識到自己完全沒搞懂問題出在哪裡，但他本人卻指出了問題所在：「我在狂熱的衝動下，造出了一條有理性的生命，理應竭盡所能確保他幸福、健康。那是我應盡的責任，但我還有另一項更重要的義務。我更應該關注我對同胞的義務，因為那涉及了更廣大的幸福與痛苦」。事實上，比起虧欠其他人，他對怪物的虧欠更深，因為他必須為怪物的存在與遺棄負起責任，然而，他從未把自己創造的這條生命視為同胞。正如怪物自己說的，「當全人類都對我施惡，為什麼唯獨我被視為罪犯？」

儘管科學怪人本性善良，但他因為長得像怪物而被視為怪物，於是成了一個怪物。而儘管維克多個性醜惡，但他因為有著天使般的外表而被當成天使，於是從來沒機會長大、改變。維克多這一生最大的悲劇在於，只要他曾思考其研究工作的道德涵義，並選擇一條不同的道路，或者從一開始就對自己創造的生命負起養育之責——換句話說，如果他曾展現科學家負責任的態度——就可以避免他必須承擔罪責的每一項悲劇（並獲得他迫切渴望的掌聲與榮耀）。

科學怪人、性別與大自然之母

安・麥勒

一八一六年六月十六日，瑪麗・吳爾史東克拉芙特・戈德溫誕下關於現代文明的一部歷久彌新的志怪小說，描寫一名科學家憑一己之力打造出一個全新物種——一個不會死亡的人形生物。在她的小說《科學怪人：現代普羅米修斯》（一八一八）中，維克多・法蘭肯斯坦到墓園和屠宰場搜刮材料，把動物和人體的各部位屍塊縫在一起，做成一個人形怪物，然後注入「生命的火花」，讓那東西活了過來。藉由這項行動，他聲稱自己讓已經明顯死亡發爛的肢體獲得重生。因此，維克多實現了人類長久以來渴望超越死亡、成為上帝的夢想。和古神話中用泥土造人，並向奧林匹亞眾神盜取火種送給人類的普羅米修斯一樣，維克多也冀望自己受到尊敬，甚至崇拜。但是當維克多妄自尊大地想成為上帝、創造永生不死的物種，他卻製造出最終殺害了他的妻子、摯友和幼弟的怪物，致使他心力交瘁而英年早逝。因此，瑪麗・雪萊的小說，為所有以掌握大自然不可控力量為目標的科學探索——不論是核分裂、基因工程、幹細胞複製或生物恐怖主義

——以及這些探索導致的非預期後果，提供了一個前車之鑑。科學家往往會跟他的創造物合而為一——以致「法蘭肯斯坦」既是科學怪人創造者的名字，也常常被當成科學怪人的名字；這項事實指引讀者更深刻地理解在瑪麗的小說中，維克多最後為什麼充滿惡意與仇恨，執意橫越荒涼的極地追捕科學怪人、報仇雪恨。這部小說暗示了另一個可能性。要是維克多當初為他的創造物負起責任，曾經愛它、養育它、教育它，說不定就能創造出他夢寐以求的一個高等物種。

芳齡十八的瑪麗·吳爾史東克拉芙特·戈德溫（後來改隨夫姓雪萊），怎麼會寫出這麼一部走在現代科學之先的故事？兩年之前，也就是一八一四年七月二十八日，瑪麗離開了倫敦的家，跟隨已婚詩人珀西·雪萊私奔到法國。七個月後，她提前產下一名女嬰，取名克萊拉。克萊拉只活了兩星期，在那之後，瑪麗反覆夢到小寶寶死而復生；女嬰只不過全身冰冷，瑪麗在火爐前不斷搓揉嬰兒身體，孩子就活過來了。瑪麗很快再度懷孕，並在一八一六年一月二十四日產下兒子威廉。四個月後，瑪麗、珀西和瑪麗的繼妹克萊拉一同離開英國，前往日內瓦與克萊拉的新情人拜倫勛爵，以及拜倫的醫生約翰·威廉·波里道利會合。由於受到一八一五年四月印尼坦博拉火山爆發的影響（這次爆發導致大量火山灰覆蓋平流層，完全遮住印度、歐洲和北美洲各地的日照），他們遇到百年來最冷的一個夏天，不得不待在室內以閱讀鬼故事為樂。一八一六年六月十六日，四個朋友決定舉辦一場比賽，看看誰能寫出最嚇人的故事。

那天夜裡，瑪麗在寤寐之間做了一場「清醒夢」，腦子裡萌生一個奇思異想，為《科學怪人》的故事埋下了種子。從瑪麗最深的妊娠焦慮出發（我如果生出怪物怎麼辦？我真有可能希望殺掉自己的孩子嗎？），這部小說精采地探討了當男人意圖撇開女性、獨力生出孩子，會發生什麼情況（維克多．法蘭肯斯坦立刻遺棄了他的創造物）；一個受到遺棄、不被愛的生命為什麼會變成怪物；當時在化學、物理和電學等領域上的尖端研究（最值得注意的是伊拉斯謨斯．達爾文、漢弗里．戴維和路易吉．伽伐尼等人所做的實驗），會出現哪些可預見的結果；以及法國大革命之後，社會如何動盪不安。瑪麗的母親難產而死，父親又娶了一個不友善的女人當她的繼母；瑪麗的童年是在孤獨與遺棄中度過。她以自己的童年心理為藍本，刻劃出一個強烈渴望家庭與伴侶的生物，描寫他因為受到所有人排斥——甚至包括純真的小男孩威廉（以威廉．雪萊為原型），以及他自己的創造者——一怒之下產生了怎樣的後果。瑪麗將自己的兒子威廉死亡的一幕寫進小說中，一字一句寫出她最深的恐懼，擔心一個不被疼愛（且受到心理虐待）的小孩，如同小時候的她，會變成一個冷酷無情的惡毒母親，甚至成了嗜血的怪物。

基於瑪麗的家世，不難理解《科學怪人》為什麼處處顯露依性別建構的世界：維克多將大自然視為女性——「我在大半夜裡闖入大自然的藏身之所……熱切地挖掘她的奧祕」——就是其中一例。維克多對女性大自然進行的科學與技術探索，只不過是小說中又一次將女性描述為可以占有、而且心甘情願依男性意志行動的被動角色。維克多竄改人類繁殖的自然模式，也暗示了女性的某種毀滅。在維克多的一場噩夢中，女性的毀滅以象徵性手法噴湧而出。這個噩夢是他在創造物活過來之後做的：他的準新娘伊麗莎白在他懷中變成了亡母的死屍——「裹屍布包著她的身體，我看見墓穴蠕蟲在法蘭絨的皺褶裡爬來爬去」。藉由竊取女性對自然繁衍的控制權，維克多消除了女性最基本的生物功能和文化力量的來源。事實上，當一名男性科學家創造出男性的科學怪人，維克多徹底消除了女性的生物必要性。這部小說最驚悚的地方，就在於維克多想打造一個純男性社會的隱性目標：維克多的創造物是男的；他拒絕創造女怪物；他意圖繁衍的這個永生不死的物種，沒有理由不可以完全由男性構成。

從文化與社會層面來看，維克多的科學抱負——成為一個優越人種的獨力創造者——呼應了父權主義對女性價值與女性性徵的否定。維克多身處的十九世紀日內瓦社會，建立在兩性角色嚴格分工的基礎上：男主外、女主內。男人在外工作，擔任公務員（阿方斯．法蘭肯斯坦）、科學家（維克多）、商人（亨利．克萊瓦爾及其父親）或探險家（華頓）；女人則被限制在家，若非像個被豢養的寵物（維克多「喜歡保護」伊麗莎白，「彷彿照顧小動物一樣」），就是扮演家庭主婦、保母和看護的角色（卡洛琳．波佛特、伊麗莎白、瑪格麗特．薩維爾），或者擔任僕役（潔絲汀．莫里茲）。

在這樣的分工下，公領域的智力活動與私領域的情感活動被區隔開來：維克多無法同時工作與愛。他無法對他的創造物產生同情；他選擇採用大型的屍塊進行拼接，因為這麼做更簡單也更快速，完全不顧這麼一來會讓他的創造物成為畸形的巨人。他極度自我中心，因此無法想像除了他自己，他的創造物有可能在他的新婚之夜傷害其他人。（男性）權力的公領域與（女性）情感的私領域之間的區隔，也是導致書中絕大多數女性香消玉殞的原因。卡洛琳．波佛特死於猩紅熱，因為只有她自願照顧還沒過傳染期的伊麗莎白；無法證明自己沒有殺害威廉的潔絲汀，由於維克多拒絕為其創造物的所作所為負責而被處以極刑；而伊麗莎白則是在新婚之夜慘遭殺害。這部小說藉由關係平等的德萊西一家，為性別角色的分工方式提供了另一種可能性。在德萊西家中，兄妹二人共同分擔照顧父親的責任，莎菲（一個以瑪麗・雪萊的母親——女權主義者瑪麗・吳爾史東克拉芙特為藍本的獨立女性）則以費利克斯的伴侶身分受到這家人接納與歡迎。但是當科學怪人闖進他們的世界，這個理想的家庭便被猛然刪除了戲份，從小說中消失，這顯示瑪麗本人並不認為這種理想家庭可以在她的時代根深葉茂。

既然維克多答應要替他的創造物造出一個女伴——為他的亞當造出一個夏娃——最後為什麼反悔了呢？對於他之所以決定銷毀做了一半的女性創造物，他是這樣說明的：

> 現在，我即將造出另一個怪物，她會有怎樣的性情脾氣，我同樣一無所知；她說不定比她的伴侶惡毒成千上萬倍，而且純粹為了取樂而逞凶作惡。她的伴侶曾發誓要遠離人群，藏匿於荒野之中，但她沒有立過這樣的誓言。她很可能會思考、有理性，因此拒絕遵守別人在她被創造出來之前訂的契約。他們甚至可能互相憎恨；那個已出世的怪物一直痛恨自己的醜惡外表，如果眼前出現一個跟他一樣醜惡的異性，他會不會對這樣的殘缺生出更深的怨恨？她也有可能嫌棄他，轉而喜愛俊美的男人。她說不定會離開他，使他再度陷入孤單，讓他因為被自己的同類拋棄而受到刺激，凶性大發。

即使他們離開歐洲，到新世界的荒野之地生活，那惡魔渴望感情的結果，首先產生的就是孩子。一支邪惡的種族將在地球上繁衍生息，使人類的生存陷入岌岌可危、充滿恐懼的狀態。我有權利為了自己的利益，導致世世代代的人類後患無窮嗎？

維克多到底在害怕什麼，以至於把製造了一半的女性怪物撕成碎片？首先，他擔心這個女怪物會有自己的意念和願望，不受他創造的男性怪物控制。正如法國和日內瓦哲學家尚雅克．盧梭筆下的自然人，她也可能拒絕遵守另一個人在她出生之前訂下的社會契約——也就是科學怪人與維克多本人之間的約定；她可能會行使革命權，決定自己的命運。第二，維克多擔心她那不受約束的女性欲望可能具有暴虐傾向：維克多想像女怪物說不定比她的伴侶惡毒「成千上萬倍」，純粹為了「取樂」而逞凶作惡。第三，他擔心女怪物會比男怪物還醜陋，連男怪物都會嫌惡地棄她而去。第四，他擔心她會比較喜歡一般男人；這裡未言明的涵義是，由於這個女怪物力大無比，法蘭肯斯坦害怕她有能力隨意捕捉甚至強暴男人。最後，他害怕她會具有生育能力，繁衍出一整族類似的怪物。

如此說來，維克多真正害怕的是女性的性徵。在他心裡，性觀念開放、可以自由選擇自己的人生以及性伴侶（必要時可以暴力相逼），並且能夠依自己的意願繁衍後代的女人，只可能醜陋無比、甚至邪惡，因為她違逆了大男人主義者認為女性應該嬌小玲瓏、端莊嫻雅、百依百順、性感嫵媚，但只跟自己的合法丈夫享受床笫之歡的審美觀。維克多被這個不受約束的女性性欲與性力量的形象嚇壞了，因此激烈地重申男性對女性身體的主控權，用象徵性侵犯的畫面戳入並毀壞女性怪物的軀體：「〔我〕激動得渾身發抖，一把抓起我正在做的東西，把它撕個粉碎」。翌日早晨，他重返現場，「那具被我毀掉的半成品的殘肢散落一地，我幾乎以為自己真的把一個活生生的人大卸八塊」。

然而，在瑪麗的女性主義小說中，大自然並非維克多想像的那麼逆來順受、那麼消極被動或「毫無生氣」；他想要控制、甚至索性消滅女性性徵的一切努力，不僅觸目驚心且徒勞無益，甚至為他自己帶來了滅亡。維克多以為他可以肆無忌憚地侵犯大自然、闖入她的藏身之所，完全不會受到懲罰。但是大自然之母抗拒他的侵犯，並對他施以報復。在維克多．法蘭肯斯坦的研究過程中，大自然剝奪了他的身心健康：「我每天夜裡都會微微發燒，緊張得無以復加」。當他決定製作第二個怪物，再度挑戰自然的繁衍法則，他的精神疾病再次發作：「每次提起暗指這件事情的話語，我就雙唇顫抖、心臟怦怦亂跳……我的精神漸漸失去平衡，越來越心浮氣躁、緊張不安」。最後，毀掉男性怪物的執念讓維克多身心俱疲、虛弱不堪，僅僅二十五歲便英年早逝。

大自然恰如其分地阻止了維克多製造出一個正常人：他那不正常的生殖方法造出了一個不正常的生物，一個身材巨大、眼睛溢淚、皮膚乾癟、黑色的嘴唇成一直線的怪物。這副尊容導致維克多嫌棄自己的作品，引發一連串事件，終於創造出一個毀了家人、朋友和自己的怪物。

除此之外，大自然以維克多盜取的電——亦即「生命的火花」——加諸在他身上：維克多工作的時候，閃電、雷霆和大雨在他周圍瘋狂起舞。他在「十一月的一個陰沉夜晚」完成實驗時，外頭下起了傾盆大雨。當他回到日內瓦，他的視線穿過雷電交加的狂風暴雨，看見科學怪人的身影出現在阿爾卑斯山上。毀掉女怪物的軀體後，他乘船出海丟棄屍塊，遭遇了狂風巨浪，預示他自己的死亡——「我俯瞰海面，那裡將是我的葬身之地」。最後，維克多在極地的冰層、極光和北極電磁場的包圍下結束了一生。對於小說中描寫的大氣效應，許多讀者認為不過是哥德式小說慣常營造的氣氛，但事實上，它突顯了大自然對逾越自然分際的人施以懲罰的能力。維克多釋放出的自然力量闖入了他的藏身之所，猶如希臘神話中的復仇三女神，在他身旁恣意肆虐。

瑪麗的小說不僅描繪出一個對侵犯者嚴懲不貸的大自然，也歌頌了讓人們又敬又愛、生機盎然的大自然。那些能夠感受自然之美的角色，都被賞賜了健康的身體與心理。好比說，亨利．克萊瓦爾與大自然的關係，便是小說中的一塊道德試金石。由於他「對於大自然的美景」抱著「滿腔熱愛」，在作者筆下，這個角色便具有豐富的同情心、生動的想像力、敏銳的才智，以及對朋友無盡的忠誠。另外，法蘭肯斯坦一家唯一倖存下來的，是拒絕律師生涯、寧願務農的恩尼斯特；這點絕非偶然。農夫必須與大自然和諧共處，務農的生活「非常健康快樂……這是最無害，或者說最有益的職業」。

正如《科學怪人》的結局所示，一個無母的孩子——例如一個未顧及可能後果、甚至意料之外的後果，且大幅改變了自然秩序的科學實驗——有可能變成怪物，足以摧毀它的創造者。這部小說隱然支持以探索知識為目的的科學，反對人們設法改變大自然的運作方式。因此，瑪麗的小說與遺傳學的最新進展引發的道德問題，產生了強烈的共鳴；這些最先進的科學發展包括運用

CRISPER-Cas9基因編輯技術修改DNA的生殖細胞工程學，以及以現今科學製造出維克多・法蘭肯斯坦夢寐以求的超級「訂製嬰兒」的可能性。在此同時，這部小說也生動地描述出，這類為「改良」人類所做的努力，可能產生怎樣可怕的衍生物和意想不到的後果。

科技甜頭的苦澀餘味

海瑟・道格拉斯

科技的甜美（technical sweetness）。當謎題的解答豁然開朗、當每一片拼圖完美地接合起來合作無間、當某項研究呈現井然有序的成果，科學家和工程師就說出這個詞語。科技的甜美非常誘人、非常濃烈，而且正如我們在維克多・法蘭肯斯坦的故事中看到的，也可能使人盲目，看不見自己追尋的解答會帶來什麼後果。受到科技的甜美驅策的科學家，可能看不見旁觀者眼中顯而易見的事實——某些計畫縱然誘人，但完成計畫不見得是件好事。

維克多最初發現生命的祕密時，立刻被成功沖昏了頭，因此沒有跟同儕分享他的發現，反而加速為自己的想法展開全面性試驗——他可以讓毫無生氣的軀體起死回生嗎？在他不顧一切執行實驗時，他把自己逼到了崩潰邊緣，徹徹底底沉溺於這項研究帶來的技術甜頭，無法自拔。他不再連繫親朋好友，也切斷了能為他的工作注入更高觀點的一切社會連結。他察覺有什麼事情不太對勁——他之所以不願意透露他的研究計畫，或許不只因為想在取得成績之前保守祕密。一直到他的創造物甦醒過來，他才明白創造這樣的生命或許不是個好主意。事實上，他對自己的創造物望之卻步，逃避了兩年。到最後，為了阻止繼續製造人性悲劇，他將生命的最後階段用來追逐科學怪人，兩人跳起了一段黑暗之舞。

誠然，維克多是一篇哥德式恐怖故事中的虛構人物，但他的研究工作的發展弧線——從靈光乍現、得到（他拒絕公布的）理論性發現、閉門實驗直到完成實際成品、對千辛萬苦造出的成品感到嫌棄，到最後終於扛起責任、為了約束創造物的行為而對它窮追不捨——這種情節並非只存在於虛構世界。這樣的發展弧線，也出現在二十世紀最重大的一項科學研究上：第一批原子彈的製造。

原子彈的研製過程跟維克多的故事並不完全吻合，因為前者是許多科學家群策群力的結果，而不是某個人的獨力之作。而且，原子彈的研製過程充滿各種道德決策，並時時刻刻處於殘酷戰爭的陰影之下。不過，這段歷程的弧線與《科學怪人》的故事弧線基本上如出一轍，而在如此複雜的情境下，更彰顯出抗拒科技甜頭誘惑的必要性。

一九三八年年末，莉澤．邁特納（Lise Meitner）和奧圖．弗里施（Otto Frisch）發現了原子核裂變的過程，消息很快傳遍全球物理學界。在這項發現之前，大多數物理學家認為核子物理學根本不可能投入實際運用，例如發電和製造武器；有些人甚至因為自己的研究沒有實際應用價值而樂在其中。然而，核裂變的發現改變了一切。英美兩國的核子物理學界不僅立刻開始思索各種問題——例如核裂變是否可以打開實際應用的大門、鈾原子核裂變產生的中子數量是否足以形成連鎖反應，以及哪些原料可以提高出現連鎖反應的機會等等——更馬上展開了研究。一九四二年十二月，美籍義大利裔物理學家恩里科．費米（Enrico Fermi）在芝加哥大學壁球館下方的實驗室中，造出了第一座可以自我維持運作的核子反應爐（使用慢中子），與此同時，負責建造原子彈（一種快速核反應）的曼哈頓計畫也正順利展開。曼哈頓計畫由分散各地的研發實驗室共同組成，場址包括田納西州的橡樹嶺（Oak Ridge）和華盛頓州的漢福德（Hanford）等大型工業區，以及科學家們關在一起研究如何設計並測試第一批原子武器的洛斯阿拉莫斯（Los Alamos）國家實驗室。

科學家們祕密前往與世隔絕的洛斯阿拉莫斯實驗室，抵達之後，立刻被嚴令禁止與內部實驗室（被稱作「技術區域」）以外的人討論這項計畫。科學家們關注的焦點是達成目標——打造一個可使用的原子武器——沒有多加思索這件事情是不是個好主意。由於大多數科學家是因為擔心納粹搶先發展出這類武器而投入曼哈頓計畫，這樣的焦點無可厚非。

洛斯阿拉莫斯實驗室坐落在新墨西哥州一座平頂山的林木線上，海拔逾七千英尺，瀰漫著令人飄飄然的工作氛圍：由聰明絕頂的歐本海默（J. Robert Oppenheimer）負責主持，過去及未來的諾貝爾獎得主齊聚一堂，在戰爭的壓力下一起工作。實驗室迅速擴充規模，從一九四三年春的一百名科學家，到了大戰結束時，已擁有六千多名研究人員（Bird and Sherwin 2005, 210）。洛斯阿拉莫斯的科學家遭遇了一連串技術挑戰，特別是關於如何讓核裂變原料釋放出最大能量；這些原料由橡樹嶺和漢福德負責生產（兩地分別負責生產濃縮鈾和鈽），非常難以蒐集，得來不易（Rhodes 1986, 460-464）。然而，到了一九四四年底，最初推動這項計畫的原始動力已大幅減弱。盟軍成功挺進德國境內後傳來消息，表示德國的原子彈研究，距離成功製造出武器還相差十萬八千里。事實上，德國還無法造出可以運作的核子反應爐，而這是美國在兩年前就已達到的成就。

製造核武的原始動機既已不復存在，對其中一位科學家——波蘭物理學家約瑟夫・羅特布拉特（Joseph Rotblat）——來說，這樣的領悟已構成退出計畫的充分理由。他在一九四四年十二月辭去洛斯阿拉莫斯實驗室的工作。不過離開之前，他被禁止跟實驗室的其他科學家談論他的這項決定（Brown，2012, 55）。洛斯阿拉莫斯的科學家進行道德反思的契機就這樣一閃而逝。

一九四五年五月，即便歐戰已進入尾聲，武器的研發工作仍如火如荼地加速進行。歐本海默後來追憶，一九四五年夏天，科學家們的拚勁達到前所未見的地步（Szasz 1984, 25）。在戰爭結束之前製造出可以終結戰爭的武器，成了至高無上的驅動力，一部分是因為洛斯阿拉莫斯的許多科學家，已經轉而以「終結一切戰爭」為開發核武找到了正當性。許多人認為，唯有使用核武結束眼前這場戰爭，人類才能體會這類武器的真正殺傷力，因而產生永久終止戰爭的動力。

一九四五年二月到該年夏天之間，洛斯阿拉莫斯的工作焦點在於鈽原子彈的測試。由於使用鈽製造武器，所需的機制複雜得多，科學家們沒有太大把握這項武器是否可行。唯有以真正的鈽進行試驗才能充分測試這項機制。這就是在一九四五年七月六日進行的三位一體（Trinity）核試驗——人類首次在地球上引爆原子彈。

科學家用堪稱狂熱的態度準備這項測試。不論取得一切技術細節、校準度量儀器，或制定應變計畫，凡此種種都需要耗費龐大心力。有可能出現三種結果：(1)受測的武器可能中看不中用，不比尋常的爆炸更有威力；(2)它可能具有龐大的殺傷力，當場造成重大傷亡，導致全國進入緊急狀態；或者(3)它可能符合科學家的期待，威力驚人但不失控（Szasz 1984, 79）。結果證明第三種可能性是對的，科學家們如釋重負。這意味他們的研究成功了，已製造出可使用的武器。他們在戰爭期間付出的努力並未白費，而且他們全都安然度過挑戰。

對於這項成功，科學家們的反應不一。引爆炸彈後，歐本海默的第一反應是狂喜地歡呼「成功了」！從科學家對爆炸威力下的賭注來看，他們大多預期爆炸規模會小得多（Szasz 1984, 65-66）。歐本海默賭的是三百噸黃色炸藥的爆炸當量；絕大多數科學家認為爆炸威力會遠遠小於一萬噸黃色炸藥。事實上，這項武器產生了將近兩萬噸黃色炸藥的爆炸威力。除了因技術上的成功而感到寬慰與興奮，這次爆炸對視覺及內心的衝擊力量，讓許多目擊者嘆為觀止。歐本海默後來回憶，他的腦海閃過《薄伽梵歌》裡的這句話：「我成了死神，世界的毀滅者」（引自Szasz 1984, 89）。伊西多・拉比（I. I. Rabi）一開始熱血沸騰，但是後來，他領悟到自己和其他科學家的研究具有怎樣的涵義，沉重得招架不住（Szasz 1984, 90）。正如維克多・魏斯科普夫（Victor Weisskoph）寫下的：「我們一開始振奮無比，然後發現自己累了，然後就開始憂慮」（引自Szasz 1984, 91）。這項計畫的技術甜頭結束了，科學家們如今得面對他們的成功在錯綜複雜的世界裡象徵的意義。試驗主任肯尼斯・班布里奇（Kenneth Bainbridge）挖苦地說，「我們如今成了一群王八蛋」（引自Bird and Sherwin 2005, 309）。

某些科學家經過一段時間的消化，才完全理解他們的所作所為背負怎樣的道德重量。在向廣島和長崎投擲原子彈、促使戰爭戛然而止後，洛斯阿洛莫斯的許多軍方人員歡天喜地，但科學家們卻為自己協助達到的成果震驚得不知所措，心情有些沉重，甚至出現身體不適的狀況（Bird and Sherwin 2005, 317）。一九四五年十月底，當菲利普．莫里斯（Phil Morrison）和羅伯特．瑟伯爾（Bob Serber）從日本返回洛斯阿拉莫斯，帶回了有關原子彈衝擊力道的第一手報導（Bird and Sherwin 2005, 321），曾參與這項計畫的科學家們，終於看清他們的成功代表著怎樣殘酷的現實，紛紛決心竭盡所能確保他們的研究用於為人類造福。

不同科學家以不同方式為他們的創造物負起責任。有些科學家致力於確保原子能受到文官機構的掌控，他們的努力促成了美國原子能委員會的成立。有些科學家倡議將原子技術交由國際機構管理，以防美蘇之間展開武器競賽。有些人努力讓世人得知原子彈的強大殺傷力，希望藉此遏止未來的一切戰爭。有些人轉而研究甚至更有威力的武器，決心牽制蘇聯的極權主義。還有些人倡議原子的和平應用。沒有人推卸他們對自己的研究成果應盡的責任。

我們可以在洛斯阿拉莫斯科學家們的故事弧線中，看到維克多．法蘭肯斯坦的故事影子。當年就有人注意到兩者的雷同之處——從激情地投入研究，到乍然領悟成功的負面影響，最後設法揚長補短。一九四五年五月三十一日，美國戰爭部長亨利．史汀生（Henry Stimson）在籲請臨時委員會（一個有關核武的高層政策委員會）召開會議的信函中寫道，原子彈「有可能毀滅或完善國際間的文明發展，有可能變成科學怪人，或變成世界和平的工具」（引自Rhodes 1986, 642）。然而在原子彈研製完成以前，參與這項計畫的科學家始終沒有看清原子彈的科學怪人本質。在享受了科技的成就與甜頭以後，與成功如影隨形的道德議題終於痛苦地清晰起來。

瑪麗．雪萊的《科學怪人》是一篇具有先見之明的寓言故事，書中闡述人類追求科學與技術時，伴隨成功而來的恐怖後果，讀來扣人心弦，堪稱非神學版的歌德《浮士德》。即便科學已壯盛發展，即便科學研究的集體特性已昭然若揭，而大科學（big science）也已占據科學界的核心地位，孤獨科學家維克多遵循的弧線依然切合時代。二十一世紀的科學家不論單打獨鬥或通力合作，在他們勉力為自己的研究成果負起責任時，仍會持續受到科技甜頭的誘惑，被它蒙蔽了雙眼。

當研究工作突然發出危險信號（例如那些被標註為「可能具有雙重用途的研究」），科學家經常迴避法規限制，不顧要求他們深刻反思的聲浪。科技甜頭以及持續在專業領域追求成功的誘惑，使得科學家很難看清、更難認真衡量其研究工作的負面影響。儘管人們正快馬加鞭地建立制度，希望幫助科學家解決他們在追求新的科學與技術能力時可能遭遇的棘手問題，科技甜頭仍然可能阻礙他們反思其研究工作的涵義和行動的急迫性，並且在完成工作之前，及時修正成功可能帶來的負面影響。

討論題目

卷一

原序

- 許多人將《科學怪人》歸類為科幻小說，甚至把它奉為英語世界科幻小說類別的濫觴。瑪麗·雪萊在原序中寫道：「故事裡引人入勝的事件……因為逐漸展開的新奇情節而受人稱許；而且，不論多麼違背自然現象，它為想像力提供了一個新的視角……刻劃出人類的激情」。從這段話來看，她認為科幻與真實之間存在怎樣的關係？你是否同意？同意或不同意的理由為何？

信件

- 瑪麗為什麼在小說中安插華頓船長寫給姊姊瑪格麗特的信？這些信件是否幫助你理解維克多（及瑪麗）置身的科學環境？社會環境？華頓船長與維克多有哪些相似和相異之處？到了小說結尾，你是否改變了一開始對華頓船長的看法？

- 在最後幾封信中，維克多不經意說出命運和宿命這些字眼。他有怎樣命定的未來？哪些命運是他自己造成的？他為什麼在此使用「命運」這類語言？

第一章

- 從瑪麗這部小說的開頭第一章，我們對維克多、他的家庭和朋友產生了怎樣的認識？你會用「如伊甸園般」來形容維克多的童年生活嗎？這樣的形容有什麼涵義？
- 年輕的維克多如何看待閱讀、學習與科學？哪些事情令他印象深刻或興趣缺缺？

第二章

- 維克多前往英戈爾施塔特就學時，已成了一個「沒有母親的孩子」，認為自己「完全不適合跟陌生人交往」。他對自己的這種看法，如何影響他的求學態度？當你出外求學、參加夏令營或前往其他地方，是否曾有同樣的感覺？如果是的話，它如何影響你的做事態度？
- 是否曾有老師指責你讀的書是「無稽之談」，就像克倫普先生對維克多的責難？如果是的話，你當時作何反應？克倫普先生對大阿爾伯特和帕拉塞爾蘇斯的評價究竟是對是錯？
- 克倫普先生和華德曼先生提供給維克多的書單上，大概會出現哪些人的名字（時間在一七九〇年左右）？華德曼先生向維克多介紹的實驗室設備中，大概會有哪些儀器？十八世紀末或十九世紀初的實驗室會是什麼模樣？

第三章

- 維克多如何看待他在英戈爾施塔特大學的學業？他的求學方法和你的有什麼不同？維克多如何選擇導師？你有導師嗎？如果指導狀況有所不同，你的求學方法會有哪些改變？
- 維克多如何得知「生命的起源」？他透過哪些途徑進行探索？他的探索範圍是否僅限於實驗室？現代科學家如何銜接實驗室內與實驗室外的研究？
- 現代大學使用哪些生物材料？材料的使用受到哪些原則規範？這些原則是怎麼定下來的？人體生物材料與非人體材料的使用原則是否不同？是否應該不同？
- 你是否曾因為從自然世界得到某項發現而感到不快樂？你是否曾因為費勁學習新知而感到不快樂？在這兩種情況下，你最後認為自己知道比較好，還是不知道比較好？你能想出有關知識造成痛苦的其他故事（不論真實或虛構）嗎？
- 維克多為什麼選擇隱瞞他的發現，不跟任何人討論他打算根據自己的發現造出一條生命的決心？隱瞞發現是對的嗎？有沒有任何關於隱瞞發現（或至少暫時保密）的案例？那些發現應該被當成祕密嗎？
- 你是否曾因為全心投入科學或創造工作而疏忽了其他職責——關於你的家人及朋友、其他課業，或者體育、藝術或娛樂活動？你這麼做的時候，當下有什麼感覺？之後有什麼感覺？

第四章

- 瑪麗對「製造生命的工具」等實驗室環境的描述，為什麼如此籠統？請將這一幕跟許多部電影中的重現畫面進行比較，尤其是愛迪生工作室一九一〇年的影片、環球電影公司一九三一年由詹姆斯．惠爾（James Whale）執導的影片，以及三星影業一九九四年由肯尼斯．布萊納執導（Kenneth Branagh）的影片。小說意象和電影畫面有什麼相異或相同之處？不同的媒體是否讓你對科學的面貌產生了不同概念？各有怎樣的道德標準？
- 維克多製作科學怪人時，是否同時採用了人體與動物材料？文中有哪些證據？如果科學怪人身上同時具有動物及人體成份，是否影響你對科學怪人的身分認知？如果醫生用豬的瓣膜修補病人的心臟，或將狒狒的心臟移植進病人的胸腔，是否影響你對現代人類的認知？那麼塑膠瓣膜、金屬關節或人工心臟呢？人工大腦呢？
- 《科學怪人》的某些（女性主義）評論，指出維克多成功製造出一條沒有母親的生命。女性創造者會以不同的方式對待創造物嗎？女性可以做到維克多當年做到的事嗎？女性科學家可以做到今天的男性科學家做到的事嗎？女性科學家會願意製造科學怪人嗎？對於科學，女性從事的領域或使用的方法會與男性不同嗎？

第五章

- 維克多「光聽到自然哲學這個名稱就厭惡至極」。他怪罪整個學術領域或其整體觀點；他的怪罪是否有任何道理？是否有任何學術領域令你感到「厭惡」——即便不是「厭惡至極」？這份敵意有何依據？是道德層面嗎？還是形而上的層面？
- 父母親的職責有可能對情緒造成極大挑戰，產後憂鬱症的盛行即是明證。維克多為創造物注入生命後，也同樣一病不起，靠著朋友亨利．克萊瓦爾的悉心照顧才恢復健康。在這段長達好幾個月的時間裡，科學怪人失去了蹤影，對此，維克多為什麼完全不聞不問？他在這段期間處於怎樣的情緒狀態？他有哪些地方像或不像一個父親？

第六章

- 威廉死後，維克多回到日內瓦，透過一道閃光照明，他見到了科學怪人的身影。這時維克多表示，科學怪人就是凶手，而「這個想法本身就是確鑿無疑的證據」。你是否曾出現這種跳躍式的直覺，讓你立刻相信自己的想法是對的，不需要任何證據或調查？你會把這類的理解跟科學家連在一起嗎？

第七章

- 潔絲汀在謀殺案件中被定罪；這項判決主要建立在間接證據上。她被人發現持有原屬於被害人威廉的項鍊墜子，而且無法提供不在場證明。法律與科學使用證據的方法有什麼不同？兩者牽涉的利害關係是否不同？法律與科學證據是否應該一致？正義是否應該始終以真相為依據？
- 在你看來，陪審團為什麼對伊麗莎白的證詞完全不為所動？
- 在潔絲汀的審判中，宗教如何影響證據的形成？如何影響維克多與伊麗莎白對潔絲汀被處決的反應？潔絲汀為什麼供認她沒做過、甚至無法理解的罪行？維克多為什麼拒絕提供他很肯定的證據？

卷二

第一章

- 維克多沒有向他的至親至愛之人請求原諒，反而選擇遠離人類社會。他到目前為止的選擇可以被寬恕嗎？理由何在？

第二章

- 瑪麗為什麼選擇阿爾卑斯山冰川這樣一個令人敬畏的崇高環境，作為維克多和科學怪人對話的場景？維克多與科學怪人雙雙出現在高山上，是否純屬巧合？
- 科學怪人為什麼不肯依維克多的提議打一架，即便科學怪人十之八九會打贏？
- 在這一章，維克多終於對威廉之死的原委以及他對待科學怪人的方式，表達出某種矛盾心理或甚至自我懷疑。這是為什麼？

第三章

- 科學怪人對他生命頭幾天或頭幾星期的描述（或者確切地說，是華頓轉述維克多所說的科學怪人的描述），你認為可信度多高？科學怪人的觀察如此精確，是否令你感到驚訝？為什麼？
- 科學怪人遇到的人為什麼怕他、敵視他，或者又怕又恨？他們的恐懼和維克多當初的恐懼相同嗎？
- 科學怪人的「童年生活」和本書開頭描繪的維克多的童年，有哪些相似或相異之處？

第四章

- 從科學怪人跟住在農舍的老人和兩名年輕人的互動，我們對他產生了怎樣的認識？科學怪人對自己產生了怎樣的認識？

- 科學怪人如何看待語言？對他而言，「學會」並且「懂得運用」（強調「並且」）特定詞彙有什麼重要意義？他很快就學會並懂得運用的詞彙，跟他還無法理解的詞彙有什麼不同？
- 科學怪人認為是他「奇醜無比的長相」，導致人們對他產生恐懼與敵意。他希望如何克服這一點？這個希望合理嗎？

第五章

- 莎菲的到來對科學怪人有什麼重要性？她的出現，對於他對語言和情緒的理解有什麼意義？
- 和維克多在小說開頭的情況相同，對於獲取知識，科學怪人也出現了矛盾心理——有時候大有益處，有時候卻造成痛苦。科學怪人對這個矛盾心理有什麼體會？他打算如何處理？
- 正如開頭幾章（例如維克多蒐集研究材料的情節）讓我們想起現代的生物醫學研究，本書後面幾章（當科學怪人開始懂得發表自己的意見），則令人聯想到人工智慧的議題。在你的想像中，科學怪人的經驗和一部逐漸出現意識的機器有什麼異同？

第六章

- 科學怪人為什麼認為他必須拿出莎菲與費利克斯的往來信件副本，才能讓維克多相信他？
- 科學怪人滔滔不絕地說起德萊西一家以及莎菲及其家人的往事；這段冗長的題外話有什麼目

的？透過跟這兩個家庭的經歷進行比較，我們對維克多和科學怪人產生了怎樣的認識？

第七章

- 瑪麗讓科學怪人無意中發現了《失樂園》（彌爾頓）、《希臘羅馬英豪列傳》（普魯塔克）和《少年維特的煩惱》（歌德）。如果科學怪人生於今天，你會選擇哪三本詩集、史書或小說（或甚至歌曲或其他類型的創作）來教育他？
- 我們每個人都想像自己是個獨一無二的「我」，具有不可分割的身體、心靈與基因成份。然而，這樣的想像屢屢遭到攻擊：佛洛伊德開啟潛意識世界，切開了不可分割的心靈；近年關於微生物叢的發現，則令人質疑身體的不可分割性，即便人類早已開始使用義肢取代人體的斷肢。就許多方面而言，「我」確實是個複雜的集合體。這樣的碎裂有什麼涵義？它會對我們的自我認知，以及我們對科學與技術的追求產生什麼影響？它是否為我們提供了新的動力？是否會造就另一種知識或另一種技術？
- 科學怪人說他把《失樂園》的情節當成「真實的歷史」。當我們把虛構事件當成現實，會犯下什麼錯誤？我們如何得知自己犯了錯？
- 原來，維克多確實為他的實驗留下了筆記或日記，科學怪人也確實讀到了這些紀錄，只不過作者從未向讀者交代其中的詳細內容。這些紀錄與小說中其他信件有什麼不同？
- 你如果設計一個有知覺和智慧的生物，你會賦予它哪一種型態或樣貌？為什麼？是否取決於它的功能？設計它的樣貌時，你會考慮它的感覺（如果它有感覺的話），或者考慮和它一起生活、工作的人的感覺嗎？

- 科學怪人把他跟老德萊西的接觸稱為「考驗」（trial）。這場考驗和書中其他人所受的考驗——例如潔絲汀與維克多的審判——有什麼不同？

第八章

- 科學怪人到了日內瓦遇見威廉時，並不知道這孩子的身分，腦子裡也沒有殺人的預謀。他以為威廉年紀很小，應該還沒沾染對醜陋外貌的偏見。但是他錯了。他在盛怒之下發現了威廉的身分，勒死了男孩。威廉的偏見（或恐懼）從何而來？科學怪人為什麼誤以為威廉還沒有美醜的觀念？
- 這一章結尾，科學怪人把他的計畫告訴維克多：請維克多為他創造「一個跟我一樣醜陋可怕」，「想必不會拒我於千里之外」的女人。科學怪人認為自己具有智力，而且握有維克多對他的創造過程所做的一切筆記。那麼，科學怪人為什麼不自己打造他的伴侶，或者請維克多教他怎麼做，或甚至和維克多合作？他為什麼強烈要求維克多，「你必須創造出這樣的一個生命」？

第九章

- 對於科學怪人的提議，維克多最後決定，「我應該答應他的請求，那是我欠他和我的同類的一個公道」。在此，正義出現了哪些互相衝突的形式或定義？
- 如果你是維克多，你會同意替科學怪人造一個伴侶嗎？為什麼？是否還有其他有待探索的辦法？

卷三

第一章

- 維克多為什麼遲遲不兌現他對科學怪人的承諾？你認為最重要的理由是什麼？
- 瑪麗深知她的世界有哪些社會限制——例如，女人、低層民眾、移民、非基督徒和奴隸就無法充分享受專為有權有勢者（通常是男性）保留的社會與政治權利。在這一章，伊麗莎白無法跟隨維克多漫遊歐洲兩年的情節，就呈現了這個問題。《科學怪人》也是一部關於技術的可能性與有限性的小說。在書中，社會的可能性（和有限性）與技術的可能性（和有限性）如何互相作用？相對寬鬆的技術有限性，是否幫助我們理解社會有限性的存在，或對此產生不同的觀感？

第二章

- 作者為什麼沒有描述維克多從他的倫敦友人取得哪些「實現諾言所需的研究資料」？要組裝女性怪物，維克多還需要學習哪些他原本不知道的事情？
- 維克多說他是「一棵遭到雷殛的樹，閃電貫穿了我的靈魂」。這句話是什麼意思？你如何在維克多被閃電擊中的隱喻，和科學怪人接受「生命火花」的經驗之間進行比較？
- 儘管維克多在第二次實驗中同樣封閉自己，但是他對待第二次實驗的方式，和第一次實驗時有所不同。差別在哪裡？他在態度上的改變，跟兩次實驗的成果有什麼關係嗎？維克多對第二次實驗的可能成果有比較清晰的認知嗎？為什麼？我們是否可能在事前澈底考慮清楚？

第三章

- 維克多為什麼決定毀掉新的創造物？難道只因為科學怪人的長相，以及他在微弱光線下看到的「無比凶惡與奸詐的表情」？如果科學怪人沒有現身，維克多會不會完成這項工作？
- 這一章描述科學怪人與維克多的衝突場面——「你是我的創造者，但我是你的主人——你必須服從我的命令！」；這或許是小說中最具張力的一幕。科學怪人的憤怒是否有他的道理？局勢是否如科學怪人想像的那樣澈底反轉？維克多決定不配合科學怪人的要求；他是否充分理解這個決定的後果？

- 維克多還必須存著哪些信念，才會認為製作一個新的創造物將是「一件最卑鄙、最惡劣的自私之舉」？他是否可以合情合理地既抱持這種想法，又同時在他丟棄第二個創造物的肢體殘骸時，覺得自己「即將犯下一起可怕的罪行」？

第四章

- 在這一章，維克多經常談起宿命。如今，他是否已山窮水盡，只能等著走完宿命？維克多認為他的宿命是什麼？他原本有可能改變宿命嗎？宿命和「路徑倚賴」（path dependency）是不是同一回事？
- 比較潔絲汀與維克多牽涉的案件，看看兩起案件的發展。兩者各有哪些關鍵證據？被告和司法機關各有怎樣的行為表現？物證、間接證據及其他因素如何集合起來構成判決？

第五章

- 維克多為什麼向他父親堅稱自己是殺人凶手？

第六章

- 維克多為什麼不把科學怪人的事告訴伊麗莎白——尤其在結婚之前，或至少在他們的新婚之夜？箇中緣由，是否跟他不願意如實告知父親或克萊瓦爾的原因相同？

- 伊麗莎白和父親相繼死後，維克多為什麼很快跳過瘋狂期？他原本是否可能面對另一場審判，這一次的罪名是謀殺他的新娘？
- 在這一章，維克多終於對某個人——日內瓦治安官——說出整件事情的來龍去脈。治安官一開始客客氣氣地聆聽，後來被激起了興趣，最後卻利用維克多的部分說詞——有關時間軸及科學怪人的力大無比——作為拒絕協助維克多的理由。這個拒絕諷不諷刺？這是對官僚作風的譴責？或者只是個省事的情節安排？

第七章

- 在這一章，維克多發了一大段誓言（或一小段禱告？），這似乎是他首次訴諸某種宗教或類宗教力量。他怎會突然發起誓來？他之所以求諸精神力量，是否跟他的科學經歷有關？跟法律經歷有關？
- 維克多為什麼在「（他的）靈魂的強烈渴望」和「某種（外在）力量產生的機械性衝動」之間進行區分？他可以輕易區分兩者嗎？我們可以嗎？維克多的創造物可以做出這樣的區分嗎？如果我們今天造出這樣一條生命，它會有能力進行區分嗎？

華頓的信（續）

- 在寫給瑪格麗特的信中，華頓船長為什麼說他真心相信維克多的故事？維克多的一面之詞是否就已足夠？

- 縱使是科幻小說，瑪麗的故事背景仍屬於過去。由於這部小說是透過信件以及輾轉轉述的故事訴說的，你認為當時的讀者，是否可能把它當成真實的、非虛構的事件？當成架空歷史（alternative history）？或像是一九三八年根據威爾斯（H. G. Wells）的小說改編的廣播劇《世界大戰》（*The War of the Worlds*）那樣，逼真得引發民眾恐慌？
- 華頓引述維克多的話，說科學怪人是「一條有感情、有理性的生命」，沒多久又把他稱為「人」。前者是對後者的一個良好而完整的定義嗎？我們今天如何定義人格性（personhood）？人格性能涵蓋非理性的動物嗎？理性的非動物呢？人格是否為一個不可分割的整體，或者有其他各種變化？
- 維克多承認他有責任確保「他〔創造物〕幸福、健康」，但他對全人類有一個「更重要的」義務。維克多認為他對全人類的義務有更高的價值，這樣的想法是基於什麼邏輯？是功利主義嗎——認為多數人的福祉比少數人的福祉重要？是社群主義嗎——認為科學怪人不是社會的一員，而社群的價值與安全比外人的福祉更重要？或者，維克多這段話的邏輯，純粹是為他之前的錯誤找藉口？是否可能在某些狀況下，將多數人置於少數人之上的邏輯是錯的，而我們應該為了某個個人，冒上犧牲社群福祉的風險？
- 這部小說呈現了某種關於受苦的相對標準：維克多聲稱他受的苦比潔絲汀更深，而華頓無意間聽到科學怪人聲稱他受的苦比維克多更深。這樣的比較有意義嗎？一個人受的苦有可能比另一個人更深嗎？受苦的程度可以客觀判定嗎？或者全然主觀？我受的苦永遠比你更深，只因為那些事情發生在我身上嗎？

- 你是否同意華頓所說的，科學怪人並非真心後悔，只是因為維克多不再受制於他而感到挫折？
- 你相信科學怪人會自我了斷嗎？如果你相信這句諾言，那麼你是否相信他關於自己的感受與意圖的其他表述？為什麼？

論文

約瑟芬·強斯頓，〈責任會傷人〉

- 這部小說描繪出科學責任的一個極端案例，但我們每個人都曾涉及必須為道德標準、特定概念或其他人負責的狀況。身為科學家、公民、創造者，並且身而為人，你必須盡哪些責任？你如何定義這些責任？所謂「感受」責任是什麼意思？
- 強斯頓認為維克多體驗了兩種責任：對事情的責任，以及對人的責任。是否還有其他種類的責任，尤其是共有的或集體的責任？

柯瑞・多克托羅，〈我創造了一個怪物！（你也可以！）〉

- 多克托羅的論文主張，科幻小說的目的其實不是要預測未來，而是要理解現況。瑪麗的《科學怪人》按說是為兩百年前的現況寫的，它能讓我們對當今的科學實踐得到什麼認識？它是否依然切合時代，或者我們需要新的故事來質疑現況？
- 根據「鄰近可能性」理論，科技的變遷來自於出現了「足夠的必要條件」。按照這個邏輯，人們只能通過若干途徑得到發現，而且，即將發生的事永遠取決於已經發生的事。你同意這種看法嗎？或者，你認為有可能出現真正的驚喜或天降的運氣？科學發展的方向，某種程度上是否早已預定？
- 多克托羅認為，儘管科技的改變經常是個人選擇的結果，但如何使用科技，卻是集體的選擇。他以臉書為例，說明推翻監控的社會是一項困難的社會選擇——但作為個人，你仍然能做出這個決定。你不認同哪些關於現代科技的集體選擇？你必須做出哪些犧牲才能自外於這項選擇？

珍・梅恩簡及凱特・麥克寇德，〈改變中的「人類本質」概念〉

- 珍・梅恩簡與凱特・麥克寇德認為，瑪麗的這部小說既有「約束性」又有「教育性」。你認為他們是什麼意思？你同意他們的主張嗎？維克多是否越過了這些界線？
- 你如何回答作者提出的問題：「科學怪人是人嗎？」？如果科學怪人到了故事最後仍不是人，

有沒有任何辦法讓他變成人？

- 你認為作者所說的生物概念上的「人」和社會概念上的「人」，兩者之間有什麼關係？我們可以輕易且乾淨俐落地區分人的社會性與生物性嗎？

艾爾弗瑞德．諾曼，〈沒有被現實驚擾的夢〉

- 諾曼的論文指出，科學怪人的現代化身——例如「科學怪食」和「科學怪料」——並非科學的產物，而是倒退到了煉金術和超自然主義。今天，科學與信仰之間存在怎樣的關係？當我們把自己託付給某一架飛機或某個信用評分系統，我們的行為是理性之舉，或是純粹放手一搏？
- 瑪麗這部小說的出版，比「科學家」這個現代詞彙的出現早了二十多年；諾曼認為她的小說「並非現代科學的產物」。維克多是科學家嗎？我們會把他視為現代的科學家嗎？如果不會，你會用哪個現代術語描述他？
- 諾曼認為現代的技術科學「沒有受到現實驚擾」；換句話說，我們正在創造大自然不必然會出現的材料、構想與生命型態。從根本上說，科學的宗旨是要理解自然世界，還是要創造或許可以描述、或許無法描述現實世界的知識架構？

伊莉莎白．貝爾，〈科學怪人新釋：以普羅米修斯為名的謬誤〉

- 貝爾認為，維克多最大的性格缺陷就是缺乏同理心。你是否贊同？同理心是從事科學研究所需的重要技能嗎？

- 維克多的自戀，是貝爾強調的另一個重大性格缺陷。這正是啟蒙時代之初對科學推理的一大批評：把人類置於宇宙中心，並且以人腦打造出的知識架構頂替上帝的客觀存在，是十足的人性傲慢。你認為追求科學新知，在本質上是一件自戀的、還是謙卑的工作？成功的科學家、工程師或創造者可以同時保持謙卑嗎？
- 貝爾談到，維克多俊美的外表使他受到人們禮遇，遠勝過科學怪人受到的待遇。你認為外貌在科學發現上扮演什麼角色，或者應該扮演什麼角色？與瑪麗同時代的詩人濟慈主張「美即是真，真即是美」；這麼說來，追尋真理是否等同於追尋美好？

安·麥勒，〈科學怪人、性別與大自然之母〉

- 《科學怪人》一開始以匿名形式出版，某些批評者或評論員猜測作者是珀西·雪萊。你認為男性可以寫出瑪麗·雪萊寫的這部《科學怪人》嗎？
- 從麥勒對這部小說的解讀，你怎麼看改變了維克多性別的幾部現代作品——例如PBS公共電視台以維多莉亞·法蘭肯斯坦為主角的《法蘭肯斯坦講堂》（*Frankenstein*, MD），或者吉姆·本頓（**Jim Benton**）寫的系列童書《法蘭妮·肯·斯坦》（*Franny K. Stein*）？如果故事核心的創造者是以女性身分被撫養長大並融入社會，不論在瑪麗的時代或今天，她和創造物的關係會有所不同嗎？如果答案為是，會有怎樣的不同？

● 當今從事合成生物學或類似研究的科學家與工程師，是在打造沒有母親的創造物嗎？

海瑟．道格拉斯，〈科技甜頭的苦澀餘味〉

● 將維克多的研究與原子能科學家在一九三〇和四〇年代的研究相提並論，這樣的類比貼切嗎？
● 你認為追求「科技的甜美」是驅策維克多完成實驗的原因之一嗎？
● 如果創造生命能帶來如此強烈的科技甜頭，而科技的甜美又是維克多創造科學怪人的重要原因，那麼他為什麼不肯替科學怪人造一個女伴？

延伸閱讀

Anthes, Emily. *Frankenstein's Cat: Cuddling Up to Biotech's Brave New Beasts*. New York: Farrar, Straus and Giroux, 2013.

Ashcroft, Frances. *The Spark of Life: Electricity in the Human Body*. New York: Norton, 2012.

Duchaney, Brian N. *The Spark of Fear: Technology, Society and the Horror Film*. Jefferson, NC: MacFarland, 2015.

Friedman, Lester D., and Allison B. Kavey. *Monstrous Progeny: A History of the Frankenstein Narratives*. New Brunswick, NJ: Rutgers University Press, 2016.

Gordon, Charlotte. *Romantic Outlaws: The Extraordinary Lives of Mary Wollstonecraft and Her Daughter Mary Shelley*. New York: Random House, 2015.

Hitchcock, Susan Tyler. *Frankenstein: A Cultural History*. New York: Norton, 2007.

Holmes, Richard. *The Age of Wonder: The Romantic Generation and the Discovery of the Beauty and Terror of Science*. New York: Vintage Books, 2010.

Kaplan, Matt. *The Science of Monsters: Why Monsters Came to Be and What Made Them so Terrifying*. London: Constable, 2012.

Lederer, Susan E. *Frankenstein: Penetrating the Secrets of Nature*. New Brunswick, NJ: Rutgers University Press, 2002.

Mellor, Anne K. *Mary Shelley: Her Life, Her Fiction, Her Monsters*. New York: Routledge, 1989.

Montillo, Roseanne. *The Lady and Her Monsters: A Tale of Dissections, Real-Life Dr. Frankensteins, and the Creation of Mary Shelley's Masterpiece*. New York: Morrow, 2013.

Shelley, Mary Wollstonecraft. *Frankenstein: The Original 1818 Text*. 2nd ed. Edited by D. L. Macdonald and Kathleen Scherf. Peterborough, Canada: Broadview Press, 1999.

Townshend, Dale, ed. *Terror and Wonder: The Gothic Imagination*. London: The British Library, 2014.

Winner, Langdon. *Autonomous Technology: Technics-out-of-Control as a Theme in Political Thought*. Cambridge, MA: MIT Press, 1977.

Young, Elizabeth. *Black Frankenstein: The Making of an American Metaphor*. New York: New York University Press, 2008.

參考書目

Adams, Douglas. 1999. How to Stop Worrying and Learn to Love the Internet. *Sunday Times* (London), August 29. http://www.douglasadams.com/dna/1999090100-a.html. Accessed October 19, 2016.

Addison, Joseph. 1711. *Spectator*, No. 143, August 14.

Aho, Kevin. 2014. *Existentialism: An Introduction*. Cambridge, UK: Polity Press.

Anderson, Elizabeth, and Geetha Shivakumar. 2013. Effects of Exercise and Physical Activity on Anxiety. *Frontiers in Psychiatry* 4. doi:10.3389/ fpsyt.2013.00027.

Aristotle. 1943. *Generation of Animals*. Translated by A. L. Peck. Cambridge, MA: Harvard University Press. https://archive.org/details/generationofanim00arisuoft.

Astor-Aguilera, Miguel Angel. 2010. *The Maya World of Communicating Objects: Quadripartite Crosses, Trees, and Stones*. Albuquerque: University of New Mexico Press.

Bakhtin, Mikhail. 1984. *Problems of Dostoevsky's Poetics*. Edited and translated by Caryl Emerson. Minneapolis: University of Minnesota Press.

Bandura, Albert. 1994. Regulative Function of Perceived Self-Efficacy. In *Personnel Selection and Classification*, edited by Michael G. Rumsey, Clinton B. Walker, and James H. Harris, 261-272. Hillsdale, NJ: Lawrence Erlbaum Associates.

Barnes, M. Elizabeth. 2014a. Edward Drinker Cope's Law of the Acceleration of Growth. In *Embryo Project Encyclopedia*. http://embryo.asu.edu/handle/10776/8067. Last modified August 6, 2014.

Barnes, M. Elizabeth. 2014b. Ernst Haeckel's Biogenetic Law (1866). In *Embryo Project Encyclopedia*. http://embryo.asu.edu/handle/10776/7825. Last modified May 3, 2014.

Barthes, Roland. [1957] 1991. *Mythologies*. New York: Noonday Press.

Batchelder, Robert. 2012. Thinking about the Gym: Greek Ideals, Newtonian Bodies, and Exercise in Early Eighteenth-Century Britain. *Journal for Eighteenth Century Studies* 35 (2): 185-197. doi: 10.1111/j.1754-0208.2012.00496.

Bieri, James. 2008. *Percy Bysshe Shelley: A Biography*. Baltimore: Johns Hopkins University Press.

Binnig, Gert. 1989. *Aus dem Nichts:* Über *die Kreativität von Natur und Mensch*. Munich: Piper.

Bird, Kai, and Martin J. Sherwin. 2005. *American Prometheus: The Triumph and Tragedy of J. Robert Oppenheimer*. New York: Vintage Books.

Blanchard, D. Caroline, and Robert J. Blanchard. 2003. Bringing Natural Behaviors into the Laboratory: A Tribute to Paul MacLean. *Physiology & Behavior* 79 (3): 515-524. doi:10.1016/S0031-9384(03)00157-4.

Blanchard, Robert J., D. Caroline Blanchard, and Christina R. McKittrick. 2001. Animal Models of Social Stress: Effects on Behavior and Brain Neurochemical Systems. *Physiology & Behavior* 73 (3): 261-271. doi:10.1016/S0031-9384(01) 00449-8.

Bolton, Gillie. 2014. *Reflective Practice: Writing and Professional Development*. 4th ed. Thousand Oaks, CA: SAGE.

Brosnan, Sarah F. 2012. Introduction to "Justice in Animals." *Social Justice Research* 25 (2): 109-121. doi:10.1007/s11211-012-0156-9.

Brown, Andrew. 2012. *Keeper of the Nuclear Conscience: The Life and Work of Joseph Rotblat*. Oxford: Oxford University Press.

Bush, Vannevar. 1945. *Science, the Endless Frontier: A Report to the President*. Washington, DC: U.S. Office of Scientific Research and Development.

Butler, Judith. 2010. *Frames of War: When Is Life Grievable?* New York: Verso.

Butler, Marilyn. 1993a. The First Frankenstein and Radical Science: How the Original Version of Mary Shelley's Novel Drew Inspiration from the Early Evolutionists. *Times Literary Supplement (London)*, April 9.

Butler, Marilyn. 1993b. The Shelleys and Radical Science. In Mary Wollstonecraft Shelley, *Frankenstein; or, the Modern Prometheus: The 1818 Text*, edited by Marilyn Butler, xv-xx. London: Pickering. Reprinted in Mary Wollstonecraft Shelley, with Percy Bysshe Shelley, *The Original Frankenstein; or, the Modern Prometheus: The Original Two-Volume Novel of 1816-1817 from the Bodleian Library Manuscripts,* edited by Charles E. Robinson, xv-xxi. Oxford: Bodleian Library, University of Oxford, 2008.

Čapek, Karel, and Josef Čapek. 1920. *R. U. R. and the Insect Play*. London: Oxford University Press.

Chess, Stella, and Mahin Hassibi. 1978. *Principles and Practice of Child Psychiatry*. New York: Plenum Press.

Christen, Markus, and Hans-Johann Glock. 2012. The (Limited) Space for Justice in Social Animals. *Social Justice Research* 25 (3): 298-326. doi:10.1007/ s11211-012-0163-x.

Coleridge, Samuel Taylor. [1817] 1907. *Biographia literaria*. Edited by John Shawcross. Oxford: Clarendon Press.

Crook, Nora. 1996. Introductory Note. In Mary Wollstonecraft Shelley, *Frankenstein; or the Modern Prometheus*, edited by Nora Crook, xciii-xcviii. London: Pickering.

D'Arcy Wood, Gillen. 2014. *Tambora: The Eruption That Changed the World*. Princeton, NJ: Princeton University Press.

Freud, Sigmund. [1919] 1955. The Uncanny. In *The Complete Psychological Works of Sigmund Freud*, vol. 17, edited by James Strachey, 217-252. London: Hogarth Press.

Freud, Sigmund. [1923] 1960. *The Ego and the Id*. Translated by James Strachey. New York: Norton.

Freud, Sigmund. [1930] 1961. *Civilization and Its Discontents*. Translated by James Strachey. New York: Norton.

Garrett, Martin. 2002. *A Mary Shelley Chronology*. Author Chronologies Series. New York: Palgrave.

Glut, Donald F. 1984. *The Frankenstein Catalog: Being a Comprehensive Listing of Novels, Translations, Adaptations, Stories, Critical Works, Popular Articles, Series, Fumetti, Verse, Stage Plays, Films, Cartoons, Puppetry, Radio & Television Programs, Comics, Satire & Humor, Spoken & Musical Recordings, Tapes, and Sheet Music Featuring Frankenstein's Monster and/or Descended from Mary Shelley's Novel*. Jefferson, NC: McFarland.

Godwin, William. 2012. *William Godwin's Diary*. Edited by David O'Shaughnessy, Mark Philp, and Victoria Myers. Bodleian Library, University of Oxford. http:/ godwindiary.bodleian.ox.ac.uk/index2.html. Accessed March 23, 2016.

Godwin, William. [1793] 2013. *An Enquiry Concerning Political Justice*. Edited by Mark Philp. Oxford: Oxford University Press.

Golinksi, Jan. 2016. *The Experimental Self: Humphry Davy and the Making of a Man of Science*. Chicago: University of Chicago Press.

Heatherton, Todd F., and Kathleen D. Vohs. 2000. Interpersonal Evaluations Following Threats to Self: Role of Self-Esteem. *Journal of Personality and Social Psychology* 78 (4): 725-736. doi:10.1037/0022-3514.78.4.725.

Heinlein, Robert A. 1957. *The Door into Summer*. Garden City, NY: Doubleday.

Hunt, Leigh. [1816] 1817. *The Story of Rimini: A Poem*. Internet Archive. https:// archive.org/details/storyofriminipoe00huntiala. Accessed March 23, 2016.

Krimsky, Sheldon. 1982. *Genetic Alchemy: The Social History of the Recombinant DNA Controversy*. Cambridge, MA: MIT Press.

Lawrence, Cera R. 2010. On the Generation of Animals, by Aristotle. In *Embryo Project Encyclopedia*. http://embryo.asu.edu/handle/10776/2063. Last modified September 25, 2013.

Leuenberger, Andrea. 2006. Endorphins, Exercise, and Addictions: A Review of Exercise Dependence. *Impulse: The Premier Journal for Undergraduate Publications in the Neurosciences* 2006:1-9.

Locke, John. 1821. *Two Treatises of Government*. London: Whitemore and Fenn.

Mellor, Anne K. 1987. *Frankenstein*: A Feminist Critique of Science. In *One Culture: Essays in Science and Literature*, edited by George Levine and Alan Rauch, 287-312. Madison: University of Wisconsin Press. http://knarf.english.upenn.edu/Articles/mellor1.html.

Milton, John. [1667] 2007. *Paradise Lost*. Edited by Barbara Kiefer Lewalski. Malden, MA: Blackwell.

Mori, Masahiro. [1970] 2012. *The Uncanny Valley*. Translated by Karl F. Mac Dorman and Norri Kageki. IEEE Spectrum, June 12. http://spectrum.ieee.org/ automaton/robotics/humanoids/the-uncanny-valley.

Newton, John Frank. [1811] 2015. *The Return to Nature, or a Defence of the Vegetable Regimen: With Some Account of an Experiment Made during the Last Three or Four Years in the Author's Family*. London: Forgotten Books.

Noble, David F. 1997. *The Religion of Technology: The Divinity of Man and the Spirit of Invention*. Vol. 1. New York: Knopf.

Nordmann, Alfred. 2008. Technology Naturalized: A Challenge to Design for the Human Scale. In *Philosophy and Design: From Engineering to Architecture*, edited by Pieter E. Vermaas, Peter Kroes, Andrew Light, and Steven A. Moore, 173-184. Dordrecht, Netherlands: Springer.

O'Connell, Lindsey. 2013a. Johann Friedrich Meckel, the Younger (1781-1833). In *Embryo Project Encyclopedia*. http://embryo.asu.edu/handle/10776/6282. Last modified February 9, 2015.

O'Connell, Lindsey. 2013b. The Meckel-Serres Conception of Recapitulation. In *Embryo Project Encyclopedia*. http://embryo.asu.edu/handle/10776/5916. Last modified February 17, 2015.

Plato. 1999. *The Symposium*. Edited by Christopher Gill. New York: Penguin.

Polanyi, Michael. 1962. The Republic of Science: Its Political and Economic Theory. *Minerva* 1:54-74.

Prior, Stuart. 2015. Meet the Real Frankenstein: Pioneering Scientist Who May Have Inspired Mary Shelley. *The Conversation*, December 4. http://theconversation.com/meet-the-real-frankenstein-pioneering-scientist-who-may-have-inspired- mary-shelley-51833.

Prophets of Science Fiction. 2011. Episode 1: Mary Shelley. Aired November 9.

Produced by Ridley Scott, Gary Auerbach, Julie Auerbach, Henry Capanna, Mary Lisio, David Cargill, and David W. Zucker. Hosted by Ridley Scott. Science Channel.

Radcliffe, Sophie. 2008. *On Sympathy*. New York: Oxford University Press.

Review of *Frankenstein*. 1818. *British Critic* 9 (April): 432-438.

Rhodes, Richard. 1986. *The Making of the Atomic Bomb*. New York: Simon and Schuster.

Robinson, Charles E. 2013. *Frankenstein* Filmography. In *Frankenstein, or The Modern Prometheus [by] Mary Shelley*, appendices, chronology, filmography, and suggested further reading by Charles E. Robinson, 307-330. New York: Penguin Books.

Robinson, Charles E. 2015. Percy Bysshe Shelley's Text(s) in Mary Wollstonecraft Shelley's *Frankenstein*. In *The Neglected Shelley*, edited by Alan M. Weinberg and Timothy Webb, 117-136. Farnham, UK: Ashgate.

Robinson, Charles E. 2016a. Frankenstein Chronology. In Mary Wollstonecraft Shelley, *The Frankenstein Notebooks: A Facsimile Edition of Mary Shelley's Manuscript Novel, 1816-17 as It Survives in Draft and Fair Copy*, 2 vols., edited by Charles E. Robinson, 1:lxxvi-cx. New York: Routledge.

Robinson, Charles E. 2016b. Introduction to the Frankenstein Notebooks. In Mary Wollstonecraft Shelley, *The Frankenstein Notebooks: A Facsimile Edition of Mary Shelley's Manuscript Novel, 1816-1817 as It Survives in Draft and Fair Copy*, 2 vols., edited by Charles E. Robinson, 1:xxv-lxxv. New York: Routledge.

Rousseau, Jean-Jacques. [1762] 1979. *Emile: Or, On Education*. New York: Basic Books.

Rushton, Sharon. 2016. The Science of Life and Death in Mary Shelley's *Frankenstein*. In *Discovering Literature: Romantics and Victorians*. British Library. http://www.bl.uk/romantics-and-victorians/articles/the-science-of-life-and-death-inmary-shelleys-frankenstein. Accessed March 23.

Sartre, Jean-Paul. [1943] 2012. *Being and Nothingness*. New York: Philosophical Library/Open Road.

Shelley, Mary Wollstonecraft. 1980. *The Letters of Mary Wollstonecraft Shelley*. 3 vols. Edited by Betty T. Bennett. Baltimore: Johns Hopkins University Press.

Shelley, Mary Wollstonecraft. 1987. *The Journals of Mary Shelley*. Edited by Paula R. Feldman and Diana Scott-Kilvert. Baltimore: Johns Hopkins University Press.

Shelley, Mary Wollstonecraft. [1831] 2000. *Frankenstein: Complete, Authoritative Text with Biographical, Historical, and Cultural Contexts, Critical History, and Essays from Contemporary Critical Perspectives*. 2nd ed. Edited by Johanna M. Smith. Boston: Bedford/St. Martin's.

Shelley, Mary Wollstonecraft, with Percy Bysshe Shelley. 2008. *The Original Frankenstein; or, the Modern Prometheus: The Original Two-Volume Novel of 1816- 1817 from the Bodleian Library Manuscripts*. Edited by Charles E. Robinson. Oxford: Bodleian Library, University of Oxford.

Shelley, Percy Bysshe. 2002. *Shelley's Poetry and Prose: Authoritative Texts, Criticism*. 2nd ed. Edited by Donald H. Reiman and Neil Fraistat. New York: Norton.

Snow, C. P. [1959] 2013. *The Two Cultures and the Scientific Revolution*. Eastford, CT: Martino Fine Books.

St. Clair, William. [1989] 1991. *The Godwins and Shelleys: A Biography of a Literary Family*. Baltimore: Johns Hopkins University Press.

Szasz, Ferenc Morton. 1984. *The Day the Sun Rose Twice: The Story of the Trinity Site Nuclear Explosion, July 16, 1945*. Albuquerque: University of New Mexico Press.

Tennyson, Lord Alfred. 2004. *Selected Poems*. London: Penguin.

Turney, Jon. 1998. *Frankenstein's Footsteps: Science, Genetics, and Popular Culture*. New Haven, CT: Yale University Press.

Vygotsky, L. S. 1978. *Mind in Society: The Development of Higher Psychological Processes*. Edited by Michael Cole, Vera John-Steiner, Sylvia Scribner, and Ellen Souberman. Cambridge, MA: Harvard University Press.

Westfall, Richard S. 1977. *The Construction of Modern Science: Mechanisms and Mechanics*. New York: Cambridge University Press.

國家圖書館出版品預行編目（CIP）資料

科學怪人（MIT 麻省理工學院出版社「特別註解版」）：為科學家、工程師及創作者設計，上百條專業評註、七篇跨學科論文，重探科幻小說原點／瑪麗．雪萊(Mary Shelley)著；黃佳瑜譯. -- 初版. -- 臺北市：麥田, 城邦文化出版：家庭傳媒城邦分公司發行, 民109.10
面；　公分. -- (Courant ; 8)
譯自：Frankenstein : Annotated for Scientists, Engineers,and Creators of all kinds
ISBN 978-986-344-813-6（平裝）

1.科學　2.科幻小說

300　　109012037

Courant 8

科學怪人（MIT 麻省理工學院出版社「特別註解版」）
為科學家、工程師及創作者設計，上百條專業評註、七篇跨學科論文，重探科幻小說原點
Frankenstein : Annotated for Scientists, Engineers,and Creators of all kinds

作　　者／瑪麗．雪萊（Mary Shelley）
譯　　者／黃佳瑜
責任編輯／江灝
主　　編／林怡君

國際版權／吳玲緯
行　　銷／巫維珍　何維民　蘇莞婷　林圃君
業　　務／李再星　陳紫晴　陳美燕　葉晉源
編輯總監／劉麗真
總 經 理／陳逸瑛
發 行 人／凃玉雲
出　　版／麥田出版
10483臺北市民生東路二段141號5樓
電話：(886)2-2500-7696　傳真：(886)2-2500-1967
發　　行／英屬蓋曼群島商家庭傳媒股份有限公司城邦分公司
10483臺北市民生東路二段141號11樓
客服服務專線：(886) 2-2500-7718、2500-7719
24小時傳真服務：(886) 2-2500-1990、2500-1991
服務時間：週一至週五09:30-12:00．13:30-17:00
郵撥帳號：19863813　戶名：書虫股份有限公司
讀者服務信箱E-mail：service@readingclub.com.tw
麥田網址／https://www.facebook.com/RyeField.Cite/
香港發行所／城邦（香港）出版集團有限公司
香港灣仔駱克道193號東超商業中心1/F
電話：(852)2508-6231　傳真：(852)2578-9337
馬新發行所／城邦（馬新）出版集團Cite (M) Sdn Bhd.
41-3, Jalan Radin Anum, Bandar Baru Sri Petaling, 57000 Kuala Lumpur, Malaysia.
電話：(603)9056-3833　傳真：(603)9057-6622
讀者服務信箱：services@cite.my

封面設計／兒日設計
印　　刷／前進彩藝有限公司

■2020年10月　初版一刷　　Printed in Taiwan.

定價：499元

ISBN 978-986-344-813-6